중학 수학
내신 대비
기출문제집

2-2 중간고사

PDF 정답과 풀이는 EBS 중학사이트(mid.ebs.co.kr)에서 다운로드 받으실 수 있습니다.

| 교재
내용
문의 | 교재 내용 문의는 EBS 중학사이트
(mid.ebs.co.kr)의 교재 Q&A
서비스를 활용하시기 바랍니다. | 교재
정오표
공지 | 발행 이후 발견된 정오 사항을 EBS 중학사이트
정오표 코너에서 알려 드립니다.
교재학습자료 → 교재 → 교재 정오표 | 교재
정정
신청 | 공지된 정오 내용 외에 발견된 정오 사항이
있다면 EBS 중학사이트를 통해 알려 주세요.
교재학습자료 → 교재 → 교재 선택 → 교재 Q&A |

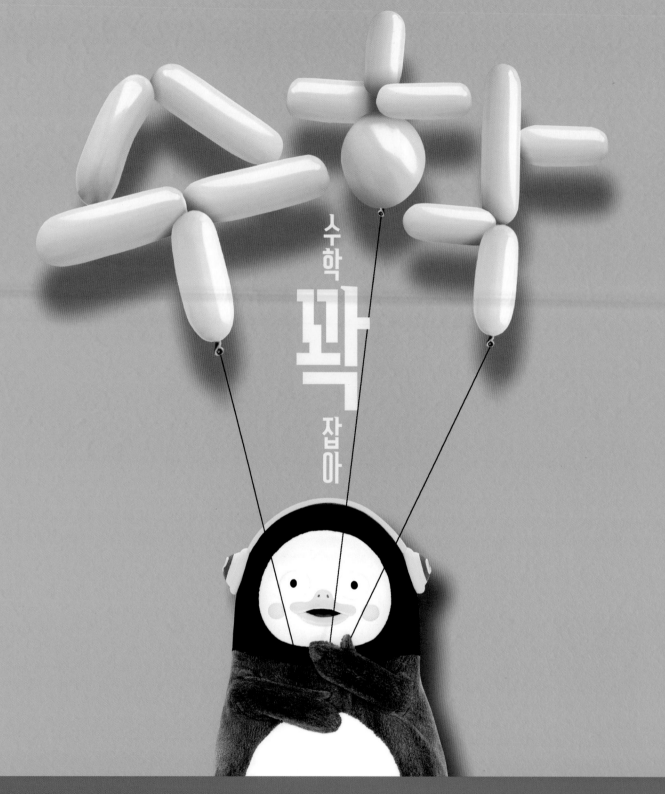

중학 수학 완성

EBS 선생님 **무료강의 제공**

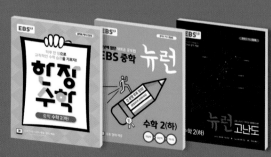

① 연산 〉 ② 기본 〉 ③ 심화
1~3학년   1~3학년   1~3학년

중학 수학
내신 대비
기출문제집

2 - 2 중간고사

구성과 활용법

1

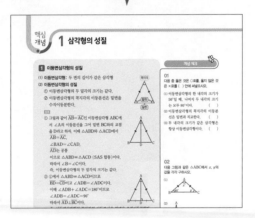

핵심 개념 + 개념 체크

체계적으로 정리된 교과서 개념을 통해 학습한 내용을 복습하고, 개념 체크 문제를 통해 자신의 실력을 점검할 수 있습니다.

2

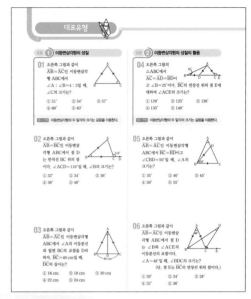

대표 유형 학습

중단원별 출제 빈도가 높은 대표 유형을 선별하여 유형별 유제와 함께 제시하였습니다.

대표 유형별 풀이 전략을 함께 파악하며 문제 해결 능력을 기를 수 있습니다.

8

최종 마무리 50제

시험 직전, 최종 실력 점검을 위해 50문제를 선별했습니다. 유형별 문항으로 부족한 개념을 바로 확인하고 학교 시험 준비를 완벽하게 마무리할 수 있습니다.

7

실전 모의고사 1회

실전 모의고사(3회)

실제 학교 시험과 동일한 형식으로 구성한 3회분의 모의고사를 통해, 충분한 실전 연습으로 시험에 대비할 수 있습니다.

부록

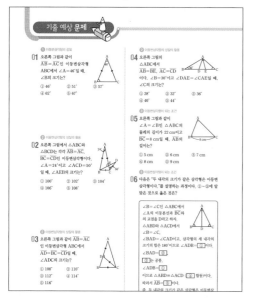

기출 예상 문제

학교 시험을 분석하여 기출 예상 문제를 구성하였습니다. 학교 선생님이 직접 출제하신 적중률 높은 문제들로 대표 유형을 복습할 수 있습니다.

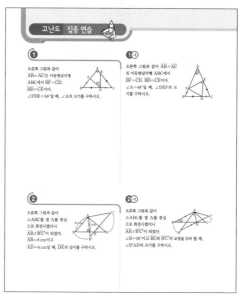

고난도 집중 연습

중단원별 틀리기 쉬운 유형을 선별하여 구성하였습니다. 쌍둥이 문제를 다시 한 번 풀어보며 고난도 문제에 대한 자신감을 키울 수 있습니다.

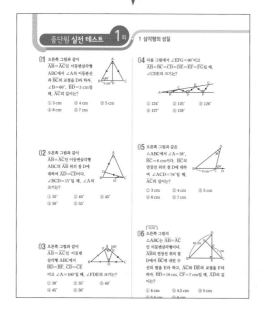

중단원 실전 테스트(2회)

고난도와 서술형 문제를 포함한 실전 형식 테스트를 2회 구성했습니다. 중단원 학습을 마무리하며 자신이 보완해야 할 부분을 파악할 수 있습니다.

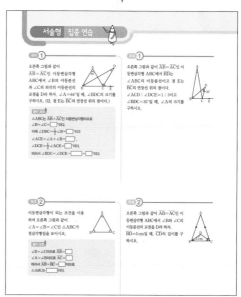

서술형 집중 연습

서술형으로 자주 출제되는 문제를 제시하였습니다. 예제의 빈칸을 채우며 풀이 과정을 서술하는 방법을 연습하고, 유제와 해설의 채점 기준표를 통해 서술형 문제에 완벽하게 대비할 수 있습니다.

이 책의 차례

2 - 2 기말

Ⅴ 도형의 닮음과 피타고라스 정리

1. 도형의 닮음
2. 닮음의 활용
3. 피타고라스 정리

Ⅵ 확률

1. 경우의 수
2. 확률

EBS 중학 수학 **내신 대비 기출문제집**

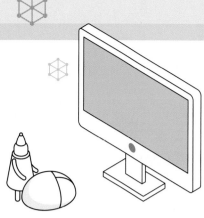

학습 계획표

매일 일정한 분량을 계획적으로 학습하고, 공부한 후 '학습한 날짜'를 기록하며 체크해 보세요.

	대표 유형 학습	기출 예상 문제	고난도 집중 연습	서술형 집중 연습	중단원 실전 테스트 1회	중단원 실전 테스트 2회
삼각형의 성질	/	/	/	/	/	/
삼각형의 외심과 내심	/	/	/	/	/	/
사각형의 성질	/	/	/	/	/	/
도형의 닮음	/	/	/	/	/	/

	실전 모의고사 1회	실전 모의고사 2회	실전 모의고사 3회	최종 마무리 50제
부록	/	/	/	/

IV. 도형의 성질

1

삼각형의 성질

핵심
개념

1 삼각형의 성질

1 이등변삼각형의 성질

(1) **이등변삼각형**: 두 변의 길이가 같은 삼각형

(2) **이등변삼각형의 성질**

① 이등변삼각형의 두 밑각의 크기는 같다.

② 이등변삼각형의 꼭지각의 이등분선은 밑변을 수직이등분한다.

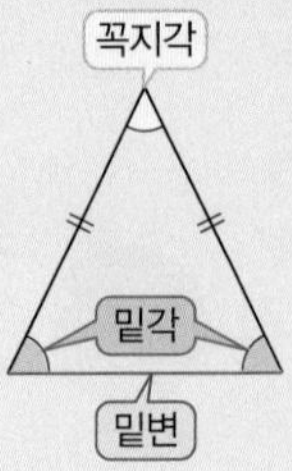

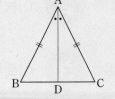

설명

① 그림과 같이 $\overline{AB}=\overline{AC}$인 이등변삼각형 ABC에서 ∠A의 이등분선을 그어 밑변 BC와의 교점을 D라고 하자. 이때 △ABD와 △ACD에서

$$\overline{AB}=\overline{AC},$$

∠BAD=∠CAD,

$\overline{AD}$는 공통

이므로 △ABD≡△ACD (SAS 합동)이다.

따라서 ∠B=∠C이다.

즉, 이등변삼각형의 두 밑각의 크기는 같다.

② ①에서 △ABD≡△ACD이므로

$\overline{BD}=\overline{CD}$이고 ∠ADB=∠ADC이다.

이때 ∠ADB+∠ADC=180°이므로

∠ADB=∠ADC=90°

따라서 $\overline{AD}\perp\overline{BC}$이다.

즉, 이등변삼각형의 꼭지각의 이등분선은 밑변을 수직이등분한다.

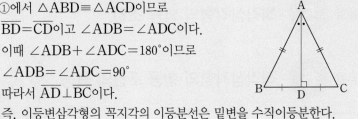

2 이등변삼각형이 되는 조건

두 내각의 크기가 같은 삼각형은 이등변삼각형이다.

설명

그림과 같이 ∠B=∠C인 △ABC에서 ∠A의 이등분선을 그어 밑변 BC와의 교점을 D라고 하자.

이때 △ABD와 △ACD에서

∠B=∠C, ∠BAD=∠CAD이고, 삼각형의 세 내각의 크기의 합은 180°이므로

∠ADB=∠ADC이다. 즉,

∠BAD=∠CAD,

$\overline{AD}$는 공통,

∠ADB=∠ADC

이므로 △ABD≡△ACD (ASA 합동)이다.

따라서 $\overline{AB}=\overline{AC}$이다.

즉, 두 내각의 크기가 같은 삼각형은 이등변삼각형이다.

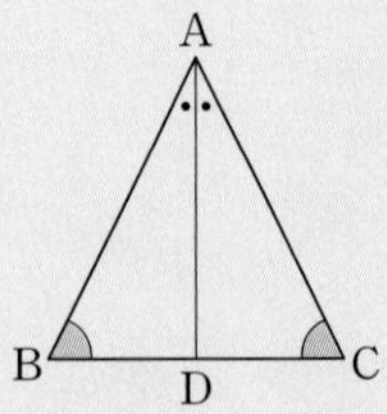

개념 체크

01

다음 중 옳은 것은 ○표를, 옳지 않은 것은 ×표를 ( ) 안에 써넣으시오.

(1) 이등변삼각형의 한 내각의 크기가 50°일 때, 나머지 두 내각의 크기는 모두 80°이다. ( )

(2) 이등변삼각형의 꼭지각의 이등분선은 밑변과 직교한다. ( )

(3) 두 내각의 크기가 같은 삼각형은 항상 이등변삼각형이다. ( )

02

다음 그림과 같은 △ABC에서 x, y의 값을 각각 구하시오.

(1)
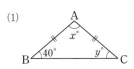

(2)
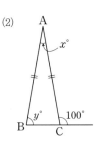

(3)
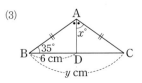

(4)
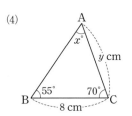

Ⅳ. 도형의 성질

3 직각삼각형의 합동 조건

(1) **직각삼각형:** 한 내각의 크기가 직각인 삼각형

빗변

(2) **직각삼각형의 합동 조건**

① 빗변의 길이와 한 예각의 크기가 각각 같을 때
   (RHA 합동)

② 빗변의 길이와 다른 한 변의 길이가 각각 같을 때 (RHS 합동)

참고 R는 Right angle(직각), H는 Hypotenuse(빗변),
A는 Angle(각), S는 Side(변)의 첫 글자이다.

설명

① 그림과 같이 $\angle C = \angle F = 90°$, $\overline{AB} = \overline{DE}$,
   $\angle B = \angle E$인 두 직각삼각형 ABC와 DEF
   에서

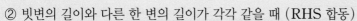

$\angle A = 90° - \angle B = 90° - \angle E = \angle D$
이므로 $\triangle ABC \equiv \triangle DEF$ (ASA 합동)이다.
따라서 빗변의 길이와 한 예각의 크기가 각각 같을 때, 두 직각삼각
형은 서로 합동이다.

②

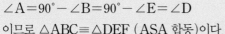

그림과 같이 $\angle C = \angle F = 90°$, $\overline{AB} = \overline{DE}$, $\overline{AC} = \overline{DF}$인 두 직각삼
각형 ABC와 DEF에서
$\triangle DEF$를 뒤집어 길이가 같은 변 AC와 변 DF가 겹치도록 놓으면
$\angle ACB + \angle ACE = 180°$이므로 세 점 B, C, E는 한 직선 위에 있
다. 이때 $\overline{AB} = \overline{AE}$이므로 $\triangle ABE$는 이등변삼각형이고,
$\angle B = \angle E$이다.
즉, 두 직각삼각형의 빗변의 길이와 한 예각의 크기가 각각 같으므로
$\triangle ABC \equiv \triangle DEF$ (RHA 합동)이다.
따라서 빗변의 길이와 다른 한 변의 길이가 각각 같을 때, 두 직각삼
각형은 서로 합동이다.

참고 **삼각형의 합동 조건**

① 대응하는 세 변의 길이가 각각 같을 때 (SSS 합동)

② 대응하는 두 변의 길이가 각각 같고, 그 끼인각의 크기가 같을 때
   (SAS 합동)

③ 대응하는 한 변의 길이가 같고, 그 양 끝 각의 크기가 각각 같을 때
   (ASA 합동)

개념 체크

03
다음 중 옳은 것은 ○표를, 옳지 않은 것
은 ×표를 ( ) 안에 써넣으시오.

(1) 빗변의 길이와 한 예각의 크기가
   각각 같을 때, 두 직각삼각형은
   RHS 합동 조건에 의해 서로 합동
   이다.   (   )

(2) 두 변의 길이가 각각 같은 직각삼
   각형은 서로 합동이다.   (   )

(3) 직사각형에 한 대각선을 그어 만든
   두 직각삼각형은 서로 합동이다.
                           (   )

04
그림과 같이 $\angle C = \angle F = 90°$인 두 직각
삼각형이 다음의 합동 조건을 만족시키
면서 $\triangle ABC \equiv \triangle DEF$가 되기 위해 추
가로 필요한 조건을 쓰시오.

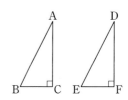

(1) RHA 합동

(2) RHS 합동

대표유형

유형 ① 이등변삼각형의 성질

01 오른쪽 그림과 같이
$\overline{AB}=\overline{AC}$인 이등변삼각
형 ABC에서
∠A : ∠B=4 : 3일 때,
∠C의 크기는?

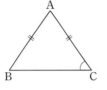

① 51° ② 54° ③ 57°
④ 60° ⑤ 63°

> **풀이 전략** 이등변삼각형의 두 밑각의 크기는 같음을 이용한다.

02 오른쪽 그림과 같이
$\overline{AB}=\overline{BC}$인 이등변삼
각형 ABC에서 점 D
는 반직선 BC 위의 점
이다. ∠ACD=110°일 때, ∠B의 크기는?

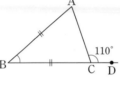

① 32° ② 34° ③ 36°
④ 38° ⑤ 40°

03 오른쪽 그림과 같이
$\overline{AB}=\overline{AC}$인 이등변삼각형
ABC에서 ∠A의 이등분선
과 밑변 BC의 교점을 D라
하자. $\overline{BC}=40$ cm일 때,
$\overline{DC}$의 길이는?

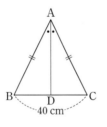

① 16 cm ② 18 cm ③ 20 cm
④ 22 cm ⑤ 24 cm

유형 ② 이등변삼각형의 성질의 활용

04 오른쪽 그림의
△ABC에서
$\overline{AC}=\overline{AD}=\overline{BD}$이
고 ∠B=25°이다. $\overline{BC}$의 연장선 위의 점 E에
대하여 ∠ACE의 크기는?

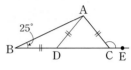

① 120° ② 125° ③ 130°
④ 135° ⑤ 140°

> **풀이 전략** 이등변삼각형의 두 밑각의 크기는 같음을 이용한다.

05 오른쪽 그림과 같이
$\overline{AB}=\overline{AC}$인 이등변삼각형
ABC에서 $\overline{BC}=\overline{BD}$이고
∠CBD=50°일 때, ∠A의
크기는?

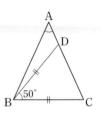

① 35° ② 40° ③ 45°
④ 50° ⑤ 55°

06 오른쪽 그림과 같이
$\overline{AB}=\overline{AC}$인 이등변삼
각형 ABC에서 점 D
는 ∠B와 ∠ACE의
이등분선의 교점이다.
∠A=48°일 때, ∠BDC의 크기는?
(단, 점 E는 $\overline{BC}$의 연장선 위의 점이다.)

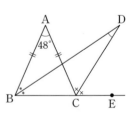

① 20° ② 24° ③ 28°
④ 32° ⑤ 36°

07 오른쪽 그림의 △ABC에서 $\overline{AB}=\overline{AC}=\overline{BD}$이고 $\overline{AD}=\overline{DC}$일 때, ∠ADB의 크기는?

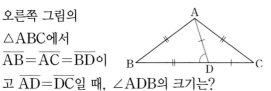

① 63° ② 64° ③ 68°
④ 72° ⑤ 75°

08 오른쪽 그림과 같이 $\overline{AB}=\overline{AC}$인 이등변삼각형 ABC에서 $\overline{BC}$를 삼등분하는 두 점 D, E를 잡았다. ∠ADE=60°일 때, ∠BAC의 크기는?

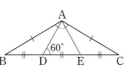

① 115° ② 120° ③ 125°
④ 130° ⑤ 135°

09 오른쪽 그림과 같이 $\overline{AB}=\overline{AC}$인 이등변삼각형 ABC에서 ∠A의 이등분선과 $\overline{BC}$의 교점을 D, 점 B에서 $\overline{AC}$에 내린 수선의 발을 E라고 하자. ∠ABE=20°일 때, ∠C의 크기는?

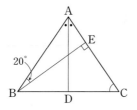

① 45° ② 50° ③ 55°
④ 60° ⑤ 65°

유형 **③** **이등변삼각형이 되는 조건**

10 오른쪽 그림과 같이 ∠A=∠B인 △ABC에서 x의 값을 구하시오.

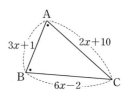

풀이 전략 두 내각의 크기가 같은 삼각형은 이등변삼각형임을 이용한다.

11 오른쪽 그림의 △ABC에서 점 D는 $\overline{AB}$의 연장선 위의 점이고, ∠DAC의 이등분선인 $\overrightarrow{AE}$는 $\overline{BC}$와 평행하다. $\overline{BC}=7\,cm$이고 △ABC의 둘레의 길이가 19 cm일 때, $\overline{AB}$의 길이는?

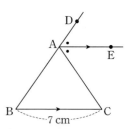

① 5 cm ② $\dfrac{11}{2}$ cm ③ 6 cm
④ $\dfrac{13}{2}$ cm ⑤ 7 cm

12 오른쪽 그림과 같이 ∠B=∠C인 △ABC의 $\overline{BC}$ 위의 점 D에서 $\overline{AB}$, $\overline{AC}$에 내린 수선의 발을 각각 E, F라 하자. $\overline{AB}=12\,cm$, $\overline{DE}=4\,cm$이고 △ABC의 넓이가 $42\,cm^2$일 때, $\overline{DF}$의 길이는?

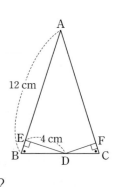

① 2 cm ② $\dfrac{7}{3}$ cm ③ $\dfrac{8}{3}$ cm
④ 3 cm ⑤ $\dfrac{10}{3}$ cm

유형 ④ **종이접기**

13 오른쪽 그림과 같이 직사각형 모양의 종이를 $\overline{AC}$를 접는 선으로 하여 접었다. $\overline{AC}=4$ cm, $\overline{BC}=6$ cm일 때, $\overline{AB}$의 길이는?

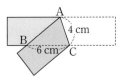

① 4 cm   ② $\frac{9}{2}$ cm   ③ 5 cm

④ $\frac{11}{2}$ cm   ⑤ 6 cm

풀이 전략 이등변삼각형이 되는 조건을 이용하여 이등변삼각형을 찾는다.

14 오른쪽 그림과 같이 직사각형 모양의 종이 ABCD를 $\overline{AC}$를 접는 선으로 하여 꼭짓점 B가 B′이 되도록 접었다. $\angle B'AD=28°$일 때, $\angle ACB'$의 크기는?

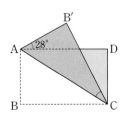

① 31°   ② 32°   ③ 33°
④ 34°   ⑤ 35°

15 오른쪽 그림과 같이 $\overline{AB}=\overline{AC}$인 이등변삼각형 모양의 종이를 $\overline{DE}$를 접는 선으로 하여 꼭짓점 A가 꼭짓점 B에 오도록 접었다. $\angle EBC=15°$일 때, $\angle A$의 크기는?

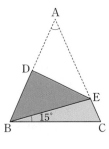

① 46°   ② 47°   ③ 48°
④ 49°   ⑤ 50°

유형 ⑤ **직각삼각형의 합동 조건**

16 다음 직각삼각형 중 서로 합동인 것을 찾아 기호로 나타내고, 각각의 합동 조건을 쓰시오.

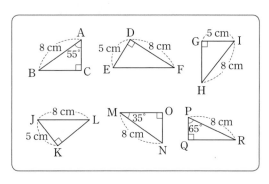

풀이 전략 직각삼각형의 두 가지 합동 조건인 RHA 합동과 RHS 합동 중 적절한 합동 조건을 찾는다.

17 다음 중 오른쪽 그림과 같이 $\angle C=\angle F=90°$인 두 직각삼각형이 합동이 되는 경우가 <u>아닌</u> 것은?

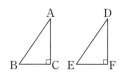

① $\overline{AC}=\overline{DF}$, $\overline{BC}=\overline{EF}$
② $\overline{AB}=\overline{DE}$, $\overline{AC}=\overline{DF}$
③ $\overline{BC}=\overline{EF}$, $\angle B=\angle E$
④ $\overline{AB}=\overline{EF}$, $\angle A=\angle D$
⑤ $\overline{AB}=\overline{DE}$, $\angle B=\angle E$

18 다음은 "빗변의 길이와 한 예각의 크기가 각각 같은 두 직각삼각형은 서로 합동이다."를 설명하는 과정이다. □ 안에 알맞은 것을 써넣으시오.

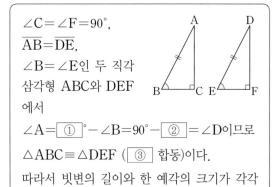

$\angle C=\angle F=90°$, $\overline{AB}=\overline{DE}$, $\angle B=\angle E$인 두 직각삼각형 ABC와 DEF에서

$\angle A= \boxed{①} °-\angle B=90°- \boxed{②} =\angle D$이므로

$\triangle ABC \equiv \triangle DEF$ ($\boxed{③}$ 합동)이다.

따라서 빗변의 길이와 한 예각의 크기가 각각 같을 때, 두 직각삼각형은 서로 합동이다.

19 오른쪽 그림과 같이
∠AOB의 이등분선 위
의 한 점 P에서 $\overrightarrow{OA}$,
$\overrightarrow{OB}$에 내린 수선의 발을
각각 C, D 라 할 때, 다
음 중 옳지 <u>않은</u> 것을 모두 고르면? (정답 2개)

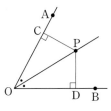

① $\overline{CO} = \overline{DO}$ ② $\overline{CP} = \overline{DP}$

③ ∠CPD = ∠CPO   ④ △OPC ≡ △ODP

⑤ □CODP = $\overline{OD} \times \overline{CP}$

풀이 전략 합동인 직각삼각형을 찾는다.

20 오른쪽 그림과 같이
∠C = 90°인 직각삼각형
ABC에서 $\overline{AC} = \overline{AD}$이고
$\overline{AB} \perp \overline{DE}$이다.
∠BED = 40°일 때,
∠CAE의 크기를 구하시오.

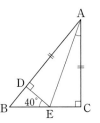

21 오른쪽 그림과 같이
∠B = 90°인 직각삼각형
ABC에서 ∠A의 이등분
선과 $\overline{BC}$의 교점을 D라
하자. $\overline{AC} = 16 \text{ cm}$, $\overline{BD} = 5 \text{ cm}$일 때, △ADC
의 넓이는?

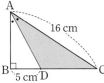

① 40 cm^2 ② 42 cm^2 ③ 44 cm^2

④ 46 cm^2 ⑤ 48 cm^2

22 오른쪽 그림의
△ABC에서 $\overline{AB}$의 중
점을 M이라 하고, 점
M에서 $\overline{BC}$, $\overline{AC}$에 내
린 수선의 발을 각각 D,
E라 하자. $\overline{MD} = \overline{ME}$이고 ∠C = 110°일 때,
∠BMD의 크기는?

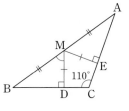

① 40°   ② 45°   ③ 50°

④ 55°   ⑤ 60°

23 오른쪽 그림과 같이
$\overline{AB}$의 양 끝 점 A, B
에서 $\overline{AB}$의 중점 M
을 지나는 직선 l에
내린 수선의 발을 각각 C, D 라 하자.
$\overline{AC} = 8 \text{ cm}$, $\overline{CM} = 6 \text{ cm}$일 때, $\overline{CD}$의 길이는?

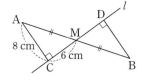

① 12 cm   ② 13 cm   ③ 14 cm

④ 15 cm   ⑤ 16 cm

24 오른쪽 그림과 같이
∠ABC = 90°이고
$\overline{AB} = \overline{BC}$인 직각이
등변삼각형 ABC의
꼭짓점 B를 지나는 직선 l이 있다. 두 꼭짓점 A,
C에서 직선 l에 내린 수선의 발을 각각 D, E라
하고 $\overline{AD} = 8 \text{ cm}$, $\overline{CE} = 5 \text{ cm}$일 때, △ADB의
넓이는?

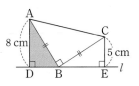

① 20 cm^2 ② 24 cm^2 ③ 28 cm^2

④ 32 cm^2 ⑤ 36 cm^2

기출 예상 문제

① 이등변삼각형의 성질

01 오른쪽 그림과 같이 $\overline{AB}=\overline{AC}$인 이등변삼각형 ABC에서 ∠A=46°일 때, ∠B의 크기는?

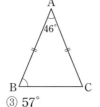

① 46° ② 51° ③ 57°
④ 62° ⑤ 67°

② 이등변삼각형의 성질의 활용

02 오른쪽 그림에서 △ABC와 △BCD는 각각 $\overline{AB}=\overline{AC}$, $\overline{BC}=\overline{CD}$인 이등변삼각형이다. ∠A=24°이고 ∠ACD=50° 일 때, ∠AEB의 크기는?

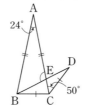

① 100° ② 102° ③ 104°
④ 106° ⑤ 108°

② 이등변삼각형의 성질의 활용

03 오른쪽 그림과 같이 $\overline{AB}=\overline{AC}$ 인 이등변삼각형 ABC에서 $\overline{AD}=\overline{BC}=\overline{CD}$일 때, ∠ADC의 크기는?

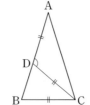

① 108° ② 110°
③ 112° ④ 114°
⑤ 116°

② 이등변삼각형의 성질의 활용

04 오른쪽 그림의 △ABC에서 $\overline{AB}=\overline{BE}$, $\overline{AC}=\overline{CD}$ 이다. ∠B=30°이고 ∠DAE=∠CAE일 때, ∠C의 크기는?

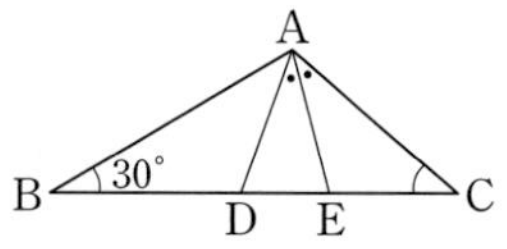

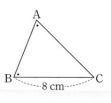

① 28° ② 32° ③ 36°
④ 40° ⑤ 44°

③ 이등변삼각형이 되는 조건

05 오른쪽 그림과 같이 ∠A = ∠B인 △ABC의 둘레의 길이가 22 cm이고 $\overline{BC}=8$ cm일 때, $\overline{AB}$의 길이는?

① 5 cm ② 6 cm ③ 7 cm
④ 8 cm ⑤ 9 cm

③ 이등변삼각형이 되는 조건

06 다음은 "두 내각의 크기가 같은 삼각형은 이등변삼각형이다."를 설명하는 과정이다. ①~⑤에 알맞은 것으로 옳은 것은?

> ∠B=∠C인 △ABC에서 ∠A의 이등분선과 $\overline{BC}$와의 교점을 D라고 하자. 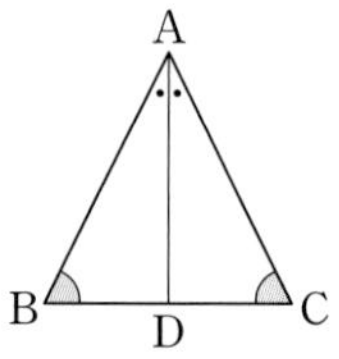
>
> △ABD와 △ACD에서
> ∠B=∠C,
> ∠BAD=∠CAD이고, 삼각형의 세 내각의 크기의 합은 180°이므로 ∠ADB= ① 이다.
> ∠BAD= ② ,
> ③ 는 공통,
> ∠ADB= ①
> 이므로 △ABD≡△ACD (④ 합동)이다.
> 따라서 $\overline{AB}=$ ⑤ 이다.
> 즉, 두 내각의 크기가 같은 삼각형은 이등변삼각형이다.

① ∠ACD ② ∠CDA ③ $\overline{AB}$
④ ASA ⑤ $\overline{BC}$

③ 이등변삼각형이 되는 조건

07 오른쪽 그림의 △ABC에서 ∠A=75°, ∠B=35° 이다. $\overline{BC}$ 위의 점 D 에 대하여 ∠ADC=70°일 때, $\overline{AC}$와 길이가 같은 변을 모두 고르면? (정답 2개)

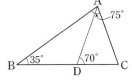

① $\overline{AB}$　　② $\overline{AD}$　　③ $\overline{BC}$
④ $\overline{BD}$　　⑤ $\overline{CD}$

④ 종이접기

08 오른쪽 그림과 같이 직사 각형 모양의 종이를 $\overline{BC}$를 접는 선으로 하여 접었다. $\overline{BC}=7$ cm이고 △ABC 의 둘레의 길이는 19 cm일 때, $\overline{AB}$의 길이를 구하시오.

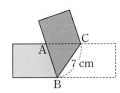

⑤ 직각삼각형의 합동 조건

09 다음 중 오른쪽 그림의 직각 삼각형과 합동인 직각삼각 형을 모두 고르면? (정답 2개)

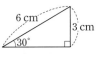

① 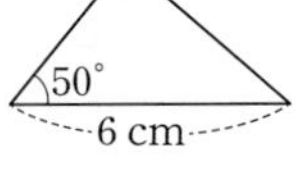 　　②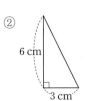

③ 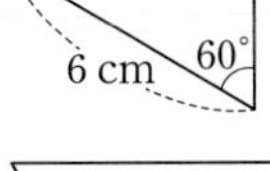 　　④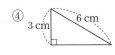

⑤

⑥ 직각삼각형의 합동 조건의 활용

10 오른쪽 그림과 같이 ∠C=90°이고 $\overline{AC}=\overline{BC}$인 직각이등변 삼각형 ABC에서 $\overline{BC}=\overline{BD}$이고 $\overline{AB}\perp\overline{DE}$이다. $\overline{CE}=4$ cm일 때, △ADE의 넓 이는?

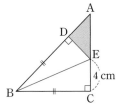

① 8 cm²　　② 10 cm²　　③ 12 cm²
④ 14 cm²　　⑤ 16 cm²

⑥ 직각삼각형의 합동 조건의 활용

11 오른쪽 그림과 같이 ∠B=∠C인 △ABC의 두 꼭짓점 B, C에서 $\overline{AC}$, $\overline{AB}$ 에 내린 수선의 발을 각각 D, E라 하고 $\overline{BD}$와 $\overline{CE}$의 교점 을 F라 하자. $\overline{AD}=8$ cm이고 △BFE의 둘레의 길이가 15 cm일 때, △AEC의 둘레의 길이는?

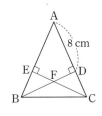

① 30 cm　　② 31 cm　　③ 32 cm
④ 33 cm　　⑤ 34 cm

⑥ 직각삼각형의 합동 조건의 활용

12 오른쪽 그림과 같이 정사각 형 ABCD에서 꼭짓점 D를 지나는 직선과 $\overline{BC}$의 교점 을 E라 하고, 두 꼭짓점 A, C에서 $\overline{DE}$에 내린 수선의 발을 각각 F, G라 하자. $\overline{AF}=12$ cm, $\overline{CG}=9$ cm일 때, △AGF의 넓이를 구하시오.

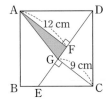

1

오른쪽 그림과 같이
$\overline{AB}=\overline{AC}$인 이등변삼각형
ABC에서 $\overline{BF}=\overline{CD}$,
$\overline{BD}=\overline{CE}$이다.

∠FDE=50°일 때, ∠A의 크기를 구하시오.

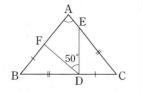

1-1

오른쪽 그림과 같이 $\overline{AB}=\overline{AC}$
인 이등변삼각형 ABC에서
$\overline{BF}=\overline{CD}$, $\overline{BD}=\overline{CE}$이다.
∠A=48°일 때, ∠DEF의 크
기를 구하시오.

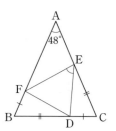

2

오른쪽 그림과 같이
△ABC를 점 A를 중심
으로 회전시켰더니
$\overline{AB} \parallel \overline{B'C'}$이 되었다.
$\overline{AB}=8$ cm이고
$\overline{AD}=6$ cm일 때, $\overline{DE}$의 길이를 구하시오.

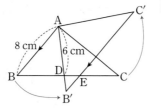

2-1

오른쪽 그림과 같이
△ABC를 점 A를 중심
으로 회전시켰더니
$\overline{AB} \parallel \overline{B'C'}$이 되었다.
∠B=26°이고 $\overline{BC}$와 $\overline{B'C'}$의 교점을 D라 할 때,
∠B'AD의 크기를 구하시오.

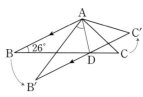

3

오른쪽 그림과 같이 ∠A＝90°이고 $\overline{AB}=\overline{AC}$ 인 직각이등변삼각형 ABC 의 두 꼭짓점 B, C에서 꼭짓점 A를 지나는 직선 l에 내린 수선의 발을 각각 D, E라 하자. $\overline{BD}=10$ cm, $\overline{CE}=7$ cm일 때, $\overline{DE}$의 길이를 구하시오.

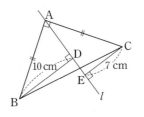

3-1

오른쪽 그림의 △ABC에서 $\overline{BC}$의 중점을 M이라 하고, 두 꼭짓점 B, C에서 $\overline{AM}$과 $\overline{AM}$의 연장선 위에 내린 수선의 발을 각각 D, E라 하자. $\overline{AM}=6$ cm, $\overline{CE}=5$ cm, $\overline{EM}=2$ cm 일 때, △ABD의 넓이를 구하시오.

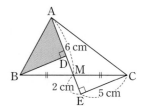

4

오른쪽 그림과 같이 ∠C＝90°이고 $\overline{AC}=\overline{BC}$인 직각이등변삼각형 ABC에서 ∠A의 이등분선과 $\overline{BC}$의 교점을 D라 하자. $\overline{AB}=7$ cm 일 때, $\overline{AC}+\overline{CD}$의 길이를 구하시오.

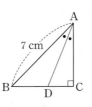

4-1

오른쪽 그림과 같이 ∠A＝90°인 직각삼각형 ABC에서 $\overline{AB}=\overline{BE}$이고 $\overline{BC}\perp\overline{DE}$이다. $\overline{AB}=6$ cm, $\overline{BC}=10$ cm, $\overline{CA}=8$ cm일 때, △CDE의 둘레의 길이를 구하시오.

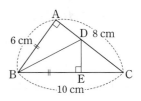

예제 ①

오른쪽 그림과 같이 $\overline{AB}=\overline{AC}$인 이등변삼각형 ABC에서 ∠B의 이등분선과 ∠C의 외각의 이등분선의 교점을 D라 하자. ∠A=64°일 때, ∠BDC의 크기를 구하시오. (단, 점 E는 $\overline{BC}$의 연장선 위의 점이다.)

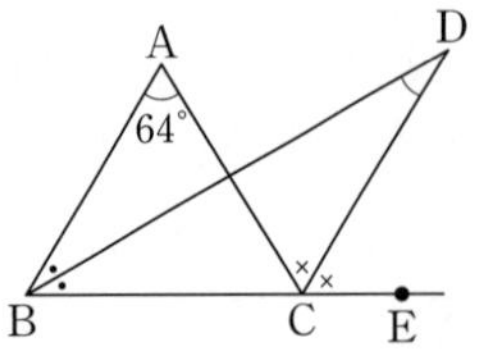

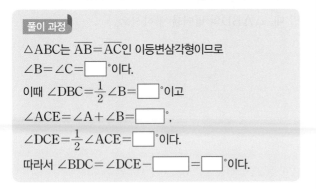

> **풀이 과정**
>
> △ABC는 $\overline{AB}=\overline{AC}$인 이등변삼각형이므로
>
> ∠B=∠C=⬜°이다.
>
> 이때 ∠DBC=$\frac{1}{2}$∠B=⬜°이고
>
> ∠ACE=∠A+∠B=⬜°,
>
> ∠DCE=$\frac{1}{2}$∠ACE=⬜°이다.
>
> 따라서 ∠BDC=∠DCE−⬜=⬜°이다.

유제 ①

오른쪽 그림과 같이 $\overline{AB}=\overline{AC}$인 이등변삼각형 ABC에서 $\overline{BD}$는 ∠ABC의 이등분선이고 점 E는 $\overline{BC}$의 연장선 위의 점이다. ∠ACD : ∠DCE=1 : 3이고 ∠BDC=35°일 때, ∠A의 크기를 구하시오.

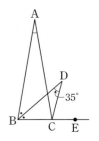

예제 ②

이등변삼각형이 되는 조건을 이용하여 오른쪽 그림과 같이 ∠A=∠B=∠C인 △ABC가 정삼각형임을 보이시오.

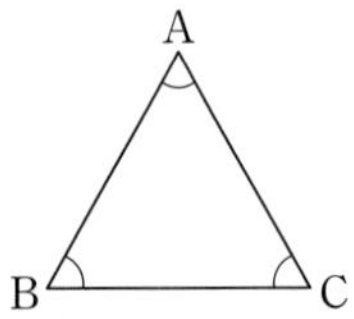

> **풀이 과정**
>
> ∠B=∠C이므로 $\overline{AB}=$⬜
>
> ∠A=∠B이므로 $\overline{AC}=$⬜
>
> 따라서 $\overline{AB}=\overline{BC}=$⬜이므로
>
> △ABC는 ⬜이다.

유제 ②

오른쪽 그림과 같이 $\overline{AB}=\overline{AC}$인 이등변삼각형 ABC에서 ∠B와 ∠C의 이등분선의 교점을 D라 하자. $\overline{BD}=5$ cm일 때, $\overline{CD}$의 길이를 구하시오.

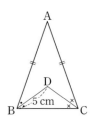

예제 ③

오른쪽 그림과 같이 $\overline{AB}=\overline{AC}$인 이등변삼각형 ABC에서 $\overline{BC}$의 중점을 M이라 하고, 점 M에서 $\overline{AB}$, $\overline{AC}$에 내린 수선의 발을 각각 D, E라 하자. $\overline{DM}=3$ cm일 때, $\overline{EM}$의 길이를 구하시오.

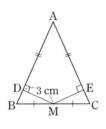

풀이 과정

△ABC는 $\overline{AB}=\overline{AC}$인 이등변삼각형이므로
∠B=◻이다.
△BMD와 △CME에서
∠BDM=∠CEM=◻°,
$\overline{BM}$=◻, ∠B=◻
이므로 △BMD≡◻ (◻ 합동)이다.
따라서 $\overline{EM}$=◻=◻ cm이다.

유제 ③

오른쪽 그림과 같이 △ABC의 두 꼭짓점 B, C에서 $\overline{AC}$, $\overline{AB}$에 내린 수선의 발을 각각 D, E라 하자. ∠A=52°이고 $\overline{BE}=\overline{CD}$일 때, ∠CBD의 크기를 구하시오.

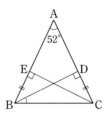

예제 ④

오른쪽 그림과 같이 ∠ABC=90°이고 $\overline{AB}=\overline{BC}$인 직각이등변삼각형 ABC의 꼭짓점 B를 지나는 직선 l이 있다. 두 꼭짓점 A, C에서 직선 l에 내린 수선의 발을 각각 D, E라 하고 $\overline{AD}=5$ cm, $\overline{CE}=12$ cm일 때, $\overline{DE}$의 길이를 구하시오.

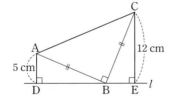

풀이 과정

△ADB와 △BEC에서
∠D=◻=◻°, $\overline{AB}$=◻,
∠DAB=90°−∠ABD=◻
이므로 △ADB≡◻ (◻ 합동)이다.
따라서 $\overline{DB}$=◻=◻ cm이고
$\overline{BE}$=◻=◻ cm이므로
$\overline{DE}=\overline{DB}+$◻=◻ cm이다.

유제 ④

오른쪽 그림과 같이 ∠BAC=90°이고 $\overline{AB}=\overline{AC}$인 직각이등변삼각형 ABC의 꼭짓점 A를 지나는 직선 l이 있다. 두 꼭짓점 B, C에서 직선 l에 내린 수선의 발을 각각 D, E라 하고 $\overline{DE}=10$ cm, $\overline{CE}=4$ cm일 때, 사각형 BCED의 넓이를 구하시오.

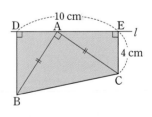

01 오른쪽 그림과 같이 $\overline{AB}=\overline{AC}$인 이등변삼각형 ABC에서 ∠A의 이등분선과 $\overline{BC}$의 교점을 D라 하자. ∠B=60°, $\overline{BD}=3$ cm일 때, $\overline{AC}$의 길이는?

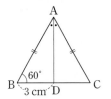

① 3 cm   ② 4 cm   ③ 5 cm
④ 6 cm   ⑤ 7 cm

02 오른쪽 그림과 같이 $\overline{AB}=\overline{AC}$인 이등변삼각형 ABC의 $\overline{AB}$ 위의 점 D에 대하여 $\overline{AD}=\overline{CD}$이다. ∠BCD=15°일 때, ∠A의 크기는?

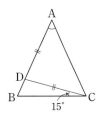

① 35°   ② 40°   ③ 45°
④ 50°   ⑤ 55°

03 오른쪽 그림과 같이 $\overline{AB}=\overline{AC}$인 이등변 삼각형 ABC에서 $\overline{BD}=\overline{BF}$, $\overline{CD}=\overline{CE}$ 이고 ∠A=100°일 때, ∠FDE의 크기는?

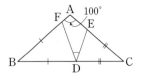

① 30°   ② 35°   ③ 40°
④ 45°   ⑤ 50°

04 다음 그림에서 ∠EFG=90°이고 $\overline{AB}=\overline{BC}=\overline{CD}=\overline{DE}=\overline{EF}=\overline{FG}$일 때, ∠CDE의 크기는?

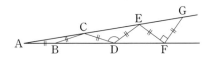

① 124°   ② 125°   ③ 126°
④ 127°   ⑤ 128°

05 오른쪽 그림과 같은 △ABC에서 ∠A=38°, $\overline{BC}=6$ cm이다. $\overline{BC}$의 연장선 위의 점 D에 대하여 ∠ACD=76°일 때, $\overline{AC}$의 길이는?

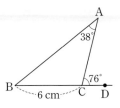

① 3 cm   ② 4 cm   ③ 5 cm
④ 6 cm   ⑤ 7 cm

고난도
06 오른쪽 그림의 △ABC는 $\overline{AB}=\overline{AC}$인 이등변삼각형이다. $\overline{AB}$의 연장선 위의 점 D에서 $\overline{BC}$에 내린 수선의 발을 E라 하고, $\overline{AC}$와 $\overline{DE}$의 교점을 F라 하자. $\overline{BD}=16$ cm, $\overline{CF}=7$ cm일 때, $\overline{AD}$의 길이는?

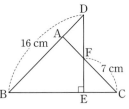

① 4 cm   ② 4.5 cm   ③ 5 cm
④ 5.5 cm   ⑤ 6 cm

07 오른쪽 그림과 같이 $\overline{AB}=\overline{AC}$
인 이등변삼각형 모양의 종이를
$\overline{DE}$를 접는 선으로 하여 꼭짓점
A가 꼭짓점 B에 오도록 접었
다. ∠EBC=42°일 때,
∠AED의 크기는?

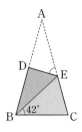

① 58°　　　② 59°　　　③ 60°

④ 61°　　　⑤ 62°

08 다음은 "빗변의 길이와 다른 한 변의 길이가 각각
같을 때, 두 직각삼각형은 서로 합동이다."를 설명
하는 과정이다. ①~⑤에 알맞은 것으로 옳은 것은?

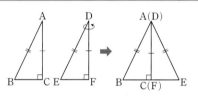

∠C=∠F=90°, $\overline{AB}=\overline{DE}$, $\overline{AC}=\overline{DF}$인 두
직각삼각형 ABC와 DEF에서 길이가 같은 변
AC와 변 DF가 겹치도록 놓으면

∠ACB+∠ACE= ①

이므로 세 점 B, C, E는 한 직선 위에 있다.
이때 $\overline{AB}=\overline{AE}$이므로 △ABE는 ② 삼각형
이고, ∠B= ③ 이다.

즉, 두 직각삼각형의 빗변의 길이와 한 예각의
크기가 각각 같으므로 △ABC≡ ④ (⑤
합동)이다.

따라서 빗변의 길이와 다른 한 변의 길이가 각
각 같을 때, 두 직각삼각형은 서로 합동이다.

① 90°　　　② 직각　　　③ ∠A

④ △EFD　　　⑤ RHA

09 오른쪽 그림과 같은 정사
각형 ABCD에서
$\overline{BE}=\overline{DF}$이고
∠AEB=70°이다.
∠EAF의 크기는?

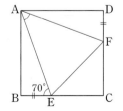

① 30°　　　② 35°　　　③ 40°

④ 45°　　　⑤ 50°

10 오른쪽 그림과 같이
∠A=90°이고
$\overline{AB}=\overline{AC}$인 직각이등
변삼각형 ABC에서
$\overline{AB}=\overline{BE}$이고 $\overline{BC}\perp\overline{DE}$일 때, 다음 중 옳지 <u>않은</u>
것은?

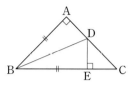

① $\overline{AD}=\overline{CE}$　　　　② ∠DBE=22.5°

③ ∠ADE=2∠ADB　④ △ABD≡△EBD

⑤ △ABC=$\overline{BC}\times\overline{AD}$

11 오른쪽 그림과 같이
∠B=∠C인 △ABC의
두 꼭짓점 B, C에서 $\overline{AC}$,
$\overline{AB}$에 내린 수선의 발을 각
각 D, E라 하자.
$\overline{AC}=11$ cm, $\overline{AE}=7$ cm일 때, $\overline{CD}$의 길이는?

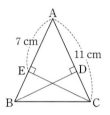

① 3 cm　　　② 4 cm　　　③ 5 cm

④ 6 cm　　　⑤ 7 cm

고난도

12 오른쪽 그림과 같이
∠C=90°인 직각삼
각형 ABC에서 ∠A
의 이등분선과 $\overline{BC}$의
교점을 D라 하고, 점 D에서 $\overline{AB}$에 내린 수선의
발을 E라 하자. $\overline{AB}=13$ cm, $\overline{BC}=12$ cm,
$\overline{CA}=5$ cm일 때, △BDE의 넓이는?

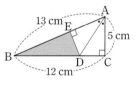

① $\dfrac{40}{3}$ cm^2　　② 15 cm^2　　③ $\dfrac{50}{3}$ cm^2

④ $\dfrac{55}{3}$ cm^2　　⑤ 20 cm^2

서술형

13 다음 그림과 같이 $\overline{AB}=\overline{AC}$인 이등변삼각형 ABC에서 $\overline{BD}=\overline{DE}=\overline{EC}$이고, $\angle ADB=100°$일 때, $\angle DAE$의 크기를 구하시오.

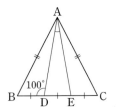

14 다음 그림의 △ABC에서 $\overline{AD}=\overline{BD}=\overline{CD}$이고 $\angle CAD=25°$일 때, $\angle B$의 크기를 구하시오.

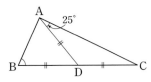

15 다음 그림의 △ABC에서 $\overline{AC}$의 중점을 M이라 하고, 점 M에서 $\overline{AB}$, $\overline{BC}$에 내린 수선의 발을 각각 D, E라 하자. $\angle C=26°$이고 $\overline{AD}=\overline{CE}$일 때, $\angle DME$의 크기를 구하시오.

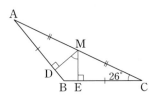

고난도
16 다음 그림과 같이 한 변의 길이가 8 cm인 정사각형 ABCD에서 점 E는 $\overline{CD}$의 중점이고 $\overline{AD}$ 위의 점 F에 대하여 $\angle BEF=90°$이다. $\overline{BF}=10$ cm일 때, △BEF의 넓이를 구하시오.

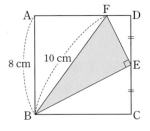

01 오른쪽 그림과 같이 $\overline{AB}=\overline{AC}$ 인 이등변삼각형 ABC에서 ∠A의 이등분선과 $\overline{BC}$의 교점을 D라 하고 $\overline{AD}$ 위의 한 점 E를 잡았을 때, 다음 중 옳지 <u>않은</u> 것은?

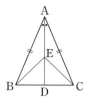

① $\overline{BE}=\overline{CE}$ ② $\overline{BC}=2\overline{DC}$
③ ∠ABE=∠ACE   ④ ∠BED=2∠BAE
⑤ △ABC=2(△ABE+△CED)

02 오른쪽 그림과 같이 $\overline{AB}=\overline{AC}$인 이등변삼각형 ABC에서 $\overline{AD}=\overline{DE}=\overline{EF}=\overline{FB}=\overline{BC}$일 때, ∠DEF의 크기는?

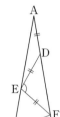

① 90°   ② 94°
③ 96°   ④ 100°
⑤ 102°

03 오른쪽 그림의 △ABC에서 ∠A=24°, ∠C=68°이다. $\overline{AD}=\overline{AE}$, $\overline{BC}=\overline{CE}$일 때, ∠BED의 크기는?

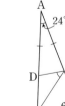

① 46°   ② 48°
③ 50°   ④ 52°
⑤ 54°

04 오른쪽 그림과 같이 $\overline{AB}=\overline{AC}$인 이등변삼각형 ABC에서 ∠A=40°이고 $\overline{BC}$의 연장선 위의 점 E에 대하여 $\overline{CD}$는 ∠ACE의 이등분선이다. ∠ABD : ∠CBD=3 : 2일 때, ∠BDC의 크기는?

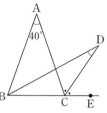

① 26°   ② 27°   ③ 28°
④ 29°   ⑤ 30°

고난도

05 오른쪽 그림의 △ABC에서 $\overline{AC}=\overline{AE}$, $\overline{BC}=\overline{BD}$이고 ∠ACF=70°일 때, ∠DCE의 크기는?

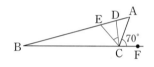

① 32°   ② 33°   ③ 34°
④ 35°   ⑤ 36°

06 다음 중 △ABC가 이등변삼각형이 <u>아닌</u> 것은?

①   ②

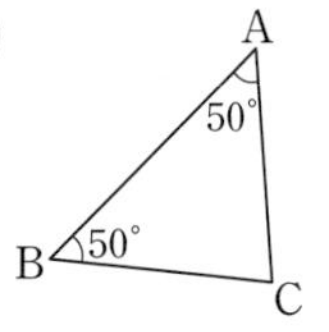

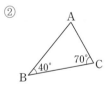

③ 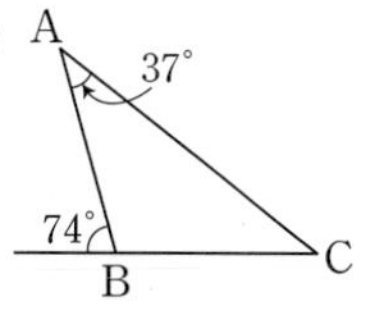   ④

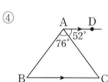

⑤

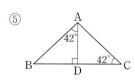

07 오른쪽 그림과 같이 ∠C=90°인 직각삼각형 ABC에서 $\overline{AD}=\overline{CD}$가 되도록 $\overline{AB}$ 위에 점 D를 잡았다. ∠B=60°이고 $\overline{BC}$=6 cm일 때, $\overline{AB}$의 길이는?

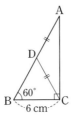

① 6 cm   ② 8 cm   ③ 10 cm
④ 12 cm   ⑤ 15 cm

08 다음 중 오른쪽 그림의 두 직각삼각형이 서로 합동이 되는 경우가 아닌 것은?

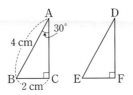

① $\overline{DE}$=4 cm, ∠D=30°
② $\overline{DE}$=4 cm, ∠E=60°
③ $\overline{EF}$=2 cm, ∠D=30°
④ $\overline{EF}$=2 cm, ∠E=60°
⑤ $\overline{DF}$=4 cm, $\overline{EF}$=2 cm

09 오른쪽 그림과 같이 ∠A=∠C=90°인 두 직각삼각형 ABD, BCD에서 $\overline{AB}=\overline{BC}$이고 ∠ADC=130°일 때, ∠ABD의 크기는?

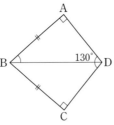

① 15°   ② 20°   ③ 25°
④ 30°   ⑤ 35°

10 오른쪽 그림과 같이 ∠C=90°인 직각삼각형 ABC에서 ∠B의 이등분선과 $\overline{AC}$의 교점을 D라 하자. $\overline{AB}$=21 cm이고 △ABD의 넓이가 42 cm²일 때, $\overline{CD}$의 길이는?

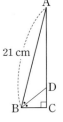

① 2 cm   ② 3 cm   ③ 4 cm
④ 5 cm   ⑤ 6 cm

11 오른쪽 그림과 같이 $\overline{AB}=\overline{AC}$인 이등변삼각형 ABC에서 $\overline{BC}$의 중점을 M이라 하고, 점 M에서 $\overline{AB}$, $\overline{AC}$에 내린 수선의 발을 각각 D, E라 하자. 다음 중 옳지 않은 것은?

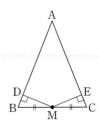

① $\overline{DM}=\overline{EM}$ ② $\overline{AD}=\overline{AE}$
③ ∠DME=2∠C   ④ ∠A=2∠BMD
⑤ △ABC=$\frac{1}{2}\overline{AB}\times\overline{EM}$

고난도
12 오른쪽 그림과 같이 ∠BAC=90°이고 $\overline{AB}=\overline{AC}$인 직각이등변삼각형 ABC의 꼭짓점 A를 지나는 직선 l이 있다. 두 꼭짓점 B, C에서 직선 l에 내린 수선의 발을 각각 D, E라 하고 $\overline{BD}$=6 cm, $\overline{CE}$=10 cm일 때, △ABC의 넓이는?

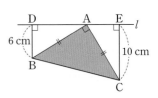

① 56 cm²   ② 60 cm²   ③ 64 cm²
④ 68 cm²   ⑤ 72 cm²

13 오른쪽 그림과 같이 $\overline{AB}=\overline{AC}$ 인 이등변삼각형 ABC에서 ∠B＝∠C인 이유를 설명하시 오.

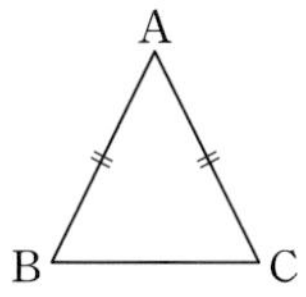

14 오른쪽 그림과 같이 직사 각형 모양의 종이 ABCD 를 $\overline{EF}$를 접는 선으로 하 여 꼭짓점 D가 꼭짓점 B 에 오도록 접었다. $\overline{DE}=\overline{EF}$일 때, ∠DEF의 크기를 구하시오.

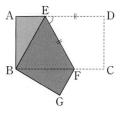

15 오른쪽 그림과 같이 ∠A＝90°이고 $\overline{AB}=\overline{AC}$인 직각 이등변삼각형 ABC 에서 ∠B의 이등분선과 $\overline{AC}$의 교점을 D라 하 고, 점 D에서 $\overline{BC}$에 내린 수선의 발을 E라 하자. $\overline{CE}=3\ cm$일 때, $\overline{AD}$의 길이를 구하시오.

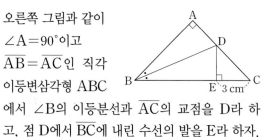

고난도

16 오른쪽 그림과 같이 정사각형 ABCD와 $\overline{AE}=\overline{AF}$인 이등변 삼각형 AEF에서 ∠BAF＝55°일 때, ∠CEF의 크기를 구하시오.

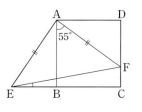

IV. 도형의 성질

2

삼각형의 외심과 내심

핵심 개념 2 삼각형의 외심과 내심

1 삼각형의 외심

(1) 삼각형의 외접원과 외심

① 외접: △ABC의 세 꼭짓점이 모두 원 O 위에 있을 때, 원 O는 △ABC에 외접한다고 한다.

② 삼각형의 외접원: 삼각형의 세 꼭짓점을 모두 지나는 원

③ 삼각형의 외심: 삼각형의 외접원의 중심

(2) 삼각형의 외심의 성질

① 삼각형의 세 변의 수직이등분선은 한 점(외심)에서 만난다.

② 삼각형의 외심에서 세 꼭짓점에 이르는 거리는 같다.

➡ $\overline{OA}=\overline{OB}=\overline{OC}=$(외접원의 반지름의 길이)

(3) 삼각형의 외심의 위치

예각삼각형	직각삼각형	둔각삼각형
삼각형의 내부	빗변의 중점	삼각형의 외부

(4) 삼각형의 외심의 활용

점 O가 △ABC의 외심일 때, 다음이 성립한다.

① $\angle x+\angle y+\angle z=90°$

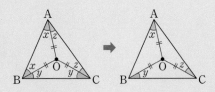

② $\angle BOC=2\angle A$

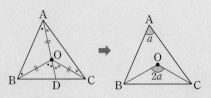

01

다음 중 옳은 것은 ○표를, 옳지 않은 것은 ×표를 ( ) 안에 써넣으시오.

(1) 삼각형의 외심에서 삼각형의 세 꼭짓점까지의 거리는 모두 같다.
( )

(2) 삼각형의 외심은 삼각형의 세 변의 수직이등분선의 교점이다. ( )

(3) 삼각형의 외심은 삼각형의 내부에 위치한다. ( )

02

다음 그림에서 점 O가 △ABC의 외심일 때, x의 값을 구하시오.

(1)
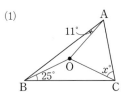

(2)
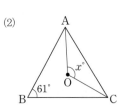

Ⅳ. 도형의 성질

2 삼각형의 내심

(1) 접선과 접점

원과 직선이 한 점에서 만날 때, 이 직선은 원에 접한다고 한다.

① 접선: 원과 한 점에서 만나는 직선

② 접점: 원과 접선이 만나는 점

`참고` 원의 접선은 그 접점을 지나는 반지름과 수직으로 만난다.

(2) 삼각형의 내접원과 내심

① 내접: 원 I가 △ABC의 세 변에 모두 접할 때, 원 I는 △ABC에 내접한다고 한다.

② 삼각형의 내접원: 삼각형의 세 변에 모두 접하는 원

③ 삼각형의 내심: 삼각형의 내접원의 중심

(3) 삼각형의 내심의 성질

① 삼각형의 세 내각의 이등분선은 한 점(내심)에서 만난다.

② 삼각형의 내심에서 세 변에 이르는 거리는 같다.

➡ $\overline{ID}=\overline{IE}=\overline{IF}=$(내접원의 반지름의 길이)

(4) 삼각형의 내심의 위치

삼각형의 내심은 항상 삼각형의 내부에 있다.

(5) 삼각형의 내심의 활용

점 I가 △ABC의 내심일 때, 다음이 성립한다.

① $\angle x+\angle y+\angle z=90°$　② $\angle BIC=90°+\dfrac{1}{2}\angle A$

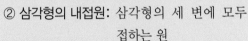

③ $\triangle ABC=\dfrac{1}{2}r(\overline{AB}+\overline{BC}+\overline{CA})$ (r: 내접원의 반지름의 길이)

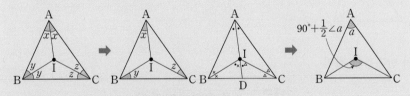

④ $\overline{AD}=\overline{AF}$, $\overline{BD}=\overline{BE}$, $\overline{CE}=\overline{CF}$

03

다음 중 옳은 것은 ○표를, 옳지 않은 것은 ×표를 ( ) 안에 써넣으시오.

(1) 삼각형의 내심은 삼각형의 세 내각의 이등분선의 교점이다. ( )

(2) 삼각형의 내접원의 반지름의 길이는 삼각형의 내심으로부터 삼각형의 세 변까지의 거리와 같다.( )

(3) 둔각삼각형의 내심은 삼각형의 외부에 위치한다. ( )

04

다음 그림에서 점 I가 △ABC의 내심일 때, x의 값을 구하시오.

(1)

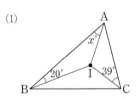

(2)

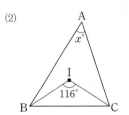

(3)

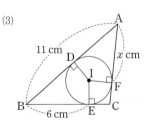

대표유형

유형 **1** **삼각형의 외심**

01 다음 중 점 O가 삼각형의 외심인 것을 모두 고르면? (정답 3개)

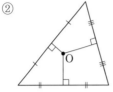

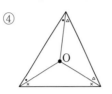

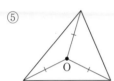

풀이 전략 삼각형의 외심은 삼각형의 외접원의 중심으로 세 변의 수직이등분선의 교점이다.

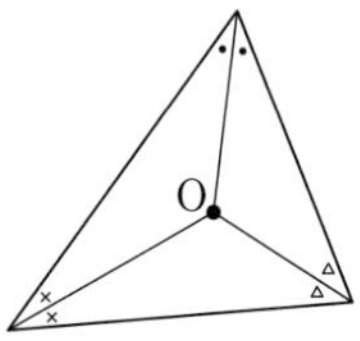

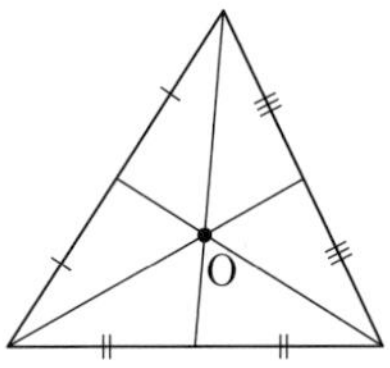

02 오른쪽 그림에서 점 O는 △ABC의 외심이고 점 D는 점 O에서 $\overline{AC}$에 내린 수선의 발이다. $\overline{AD}=6$ cm이고 △AOC의 둘레의 길이는 28 cm일 때, △ABC의 외접원의 반지름의 길이는?

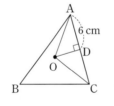

① 7 cm ② 8 cm ③ 9 cm
④ 10 cm ⑤ 11 cm

03 오른쪽 그림에서 점 O는 △ABC의 외심이고 ∠ABO=28°, ∠OAC=32°일 때, ∠OBC의 크기는?

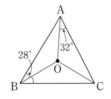

① 28° ② 29° ③ 30°
④ 31° ⑤ 32°

04 오른쪽 그림에서 점 O는 $\overline{AB}=\overline{AC}$인 이등변삼각형 ABC의 외심이다. ∠ABO=23°일 때, ∠BOC의 크기는?

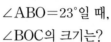

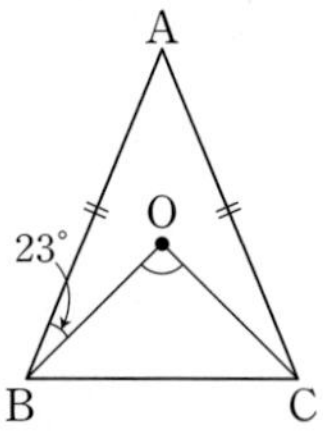

① 86° ② 88° ③ 90°
④ 92° ⑤ 94°

05 오른쪽 그림에서 점 O는 △ABC의 외심이고 세 점 D, E, F는 점 O에서 각각 $\overline{AB}$, $\overline{BC}$, $\overline{CA}$에 내린 수선의 발이다. $\overline{BE}=4$ cm, $\overline{OE}=2$ cm이고 △ABC의 넓이가 30 cm²일 때, 사각형 ADOF의 넓이는?

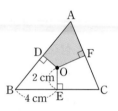

① 11 cm² ② 12 cm² ③ 13 cm²
④ 14 cm² ⑤ 15 cm²

06 오른쪽 그림에서 점 O는 △ABC의 외심이고 ∠AOB=106°, ∠OBC=15°일 때, ∠OAC의 크기는?

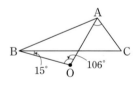

① 64° ② 65° ③ 68°
④ 70° ⑤ 72°

유형 2 삼각형의 외심의 위치

07 오른쪽 그림과 같이 ∠C=90°
인 직각삼각형 ABC에서
$\overline{OA}=\overline{OB}$이다. ∠OCB=67°
일 때, ∠A의 크기는?

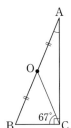

① 23°　　② 28°

③ 33°　　④ 38°

⑤ 43°

풀이 전략 직각삼각형의 외심의 위치는 빗변의 중점임을 이용한다.

08 오른쪽 그림과 같이
∠B=90°인 직각삼각형
ABC에서 점 M은 $\overline{AC}$의
중점이다. $\overline{BM}$=3 cm일
때, $\overline{AC}$의 길이는?

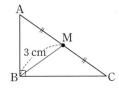

① 5 cm　　② 6 cm　　③ 7 cm

④ 8 cm　　⑤ 9 cm

09 오른쪽 그림과 같이
∠C=90°인 직각삼각형
ABC에서 점 O는 빗변
AB의 중점이다.
∠AOC : ∠BOC=2 : 3일 때, ∠ACO의 크
기는?

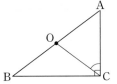

① 48°　　② 51°　　③ 54°

④ 57°　　⑤ 60°

유형 3 삼각형의 내심

10 다음 중 삼각형의 내심에 대한 설명으로 옳지
않은 것은?

① 삼각형의 내접원의 중심이다.

② 항상 삼각형의 내부에 위치한다.

③ 삼각형의 세 변까지의 거리가 모두 같다.

④ 삼각형의 세 내각의 이등분선의 교점이다.

⑤ 삼각형의 세 꼭짓점까지의 거리는 내접원의
반지름의 길이와 같다.

풀이 전략 삼각형의 내심은 내접원의 중심임을 이용하여 내
심의 성질을 유추한다.

11 오른쪽 그림에서 점 I는
△ABC의 내심이고
∠AIB=110°일 때, ∠C
의 크기는?

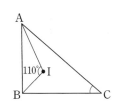

① 20°　　② 25°　　③ 30°

④ 35°　　⑤ 40°

12 오른쪽 그림에서 점 I는
△ABC의 내심이고
∠A : ∠B : ∠C
=5 : 4 : 6일 때,
∠ICB의 크기는?

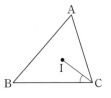

① 30°　　② 32°　　③ 34°

④ 36°　　⑤ 38°

13 오른쪽 그림에서 점 I는 △ABC의 내심이고 ∠ABI=25°, ∠ACI=29°일 때, ∠BIC의 크기는?

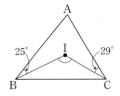

① 124° ② 126° ③ 128°
④ 130° ⑤ 132°

유형 ④ **삼각형의 내심과 평행선**

14 오른쪽 그림에서 점 I는 △ABC의 내심이고 $\overline{AB}$=9 cm, $\overline{AC}$=7 cm이다. 점 I를 지나고 $\overline{BC}$에 평행한 직선이 $\overline{AB}$, $\overline{AC}$와 만나는 점을 각각 D, E라 할 때, △ADE의 둘레의 길이는?

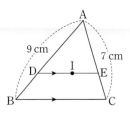

① 14 cm ② 15 cm ③ 16 cm
④ 17 cm ⑤ 18 cm

풀이 전략 내심이 세 내각의 이등분선의 교점임을 이용하여 이등변삼각형을 찾는다.

15 오른쪽 그림에서 점 I는 △ABC의 내심이다. 점 I를 지나고 $\overline{AB}$에 평행한 직선이 $\overline{AC}$, $\overline{BC}$와 만나는 점을 각각 D, E라 하면 $\overline{CD}$=6 cm, $\overline{DE}$=8 cm, $\overline{EC}$=7 cm일 때, $\overline{AC}$와 $\overline{BC}$의 길이의 합은?

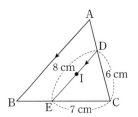

① 15 cm ② 18 cm ③ 21 cm
④ 24 cm ⑤ 27 cm

---

16 오른쪽 그림에서 점 I는 △ABC의 내심이고 $\overline{BC}$ ∥ $\overline{DE}$일 때, 다음 중 옳지 <u>않은</u> 것은?

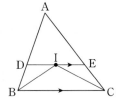

① ∠ADI=2∠BID
② $\overline{DE}$=$\overline{DB}$+$\overline{EC}$
③ ∠EIC=∠ECI
④ △IBC=△IDB+△ICE
⑤ (△ADE의 둘레의 길이)=$\overline{AB}$+$\overline{AC}$

17 오른쪽 그림에서 점 I는 △ABC의 내심이고 $\overline{AB}$ ∥ $\overline{IF}$, $\overline{BC}$ ∥ $\overline{DE}$이다. $\overline{BC}$=10 cm, $\overline{CE}$=3 cm, $\overline{DE}$=7 cm일 때, 사각형 IFCE의 둘레의 길이는?

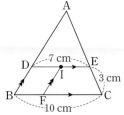

① 16 cm ② 17 cm ③ 18 cm
④ 19 cm ⑤ 20 cm

유형 ⑤ **삼각형의 내접원**

18 오른쪽 그림에서 점 I는 △ABC의 내심이고 세 점 D, E, F는 각각 내접원과 $\overline{AB}$, $\overline{BC}$, $\overline{CA}$의 접점이다. $\overline{BD}$=8 cm, $\overline{CF}$=5 cm일 때, $\overline{BC}$의 길이는?

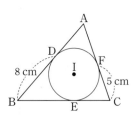

① 10 cm ② 11 cm ③ 12 cm
④ 13 cm ⑤ 14 cm

풀이 전략 삼각형의 한 꼭짓점으로부터 내접원과의 두 접점까지의 거리가 같음을 이용한다.

19 오른쪽 그림에서 점 I
는 △ABC의 내심이
고 점 D는 내접원과
$\overline{AB}$의 접점이다.
$\overline{AB}$=15 cm,
$\overline{BC}$=11 cm, $\overline{CA}$=10 cm일 때, $\overline{AD}$의 길이
는?

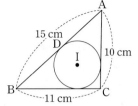

① 5 cm   ② 6 cm   ③ 7 cm
④ 8 cm   ⑤ 9 cm

20 오른쪽 그림과 같이
$\overline{AB}$=13 cm,
$\overline{BC}$=14 cm,
$\overline{CA}$=15 cm인 △ABC
의 넓이가 84 cm^{2}일 때,
△ABC의 내접원의 지름의 길이는?

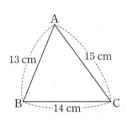

① 4 cm   ② 6 cm   ③ 8 cm
④ 10 cm   ⑤ 12 cm

21 오른쪽 그림에서 점 I
는 ∠C=90°인 직각
삼각형 ABC의 내심
이고 세 점 D, E, F는
내접원과 세 변의 접
점이다. $\overline{AB}$=10 cm, $\overline{BC}$=8 cm, $\overline{CA}$=6 cm
일 때, 사각형 BEID의 넓이는?

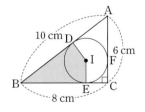

① 12 cm^2 ② 13 cm^2 ③ 14 cm^2
④ 15 cm^2 ⑤ 16 cm^2

유형 **6**   삼각형의 외심과 내심

22 오른쪽 그림에서 두 점 O,
I는 각각 △ABC의 외심
과 내심이다.
∠BOC=88°일 때,
∠BIC의 크기는?

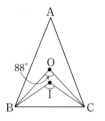

① 110°   ② 112°   ③ 114°
④ 116°   ⑤ 118°

풀이 전략 외심과 내심의 활용 공식을 이용한다.

23 오른쪽 그림에서
점 P는 △ABC의
내심이면서 동시에
△ADB의 외심이
다. ∠C=40°일 때,
∠ADB의 크기는?

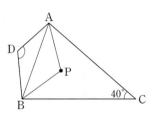

① 124°   ② 125°   ③ 126°
④ 127°   ⑤ 128°

24 오른쪽 그림에서
△ABC는 ∠C=90°인
직각삼각형이고
$\overline{AB}$=10 cm,
$\overline{BC}$=8 cm,
$\overline{CA}$=6 cm이다. △ABC의 외접원과 내접원으
로 둘러싸인 색칠한 부분의 넓이는?

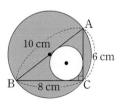

① 9π cm^2 ② 12π cm^2 ③ 16π cm^2
④ 20π cm^2 ⑤ 21π cm^2

기출 예상 문제

❶ 삼각형의 외심

01 오른쪽 그림에서 점 O가 △ABC의 외심일 때, 다음 중 옳지 <u>않은</u> 것을 모두 고르면? (정답 2개)

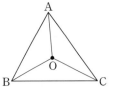

① $\overline{OA}=\overline{OB}=\overline{OC}$

② $\angle AOC=4\angle ABO$

③ $\angle OAB=\angle OBA$

④ $\triangle OAB=\triangle OBC=\triangle OCA$

⑤ $\angle OAB+\angle OCB+\angle OCA=90°$

❶ 삼각형의 외심

02 오른쪽 그림에서 점 O는 △ABC의 외심이고 두 점 D, E는 점 O에서 각각 $\overline{AB}$, $\overline{BC}$에 내린 수선의 발이다. $\overline{OD}=\overline{OE}$이고 $\angle A=75°$일 때, $\angle B$의 크기는?

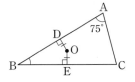

① $25°$ ② $30°$ ③ $35°$

④ $40°$ ⑤ $45°$

❶ 삼각형의 외심

03 오른쪽 그림에서 점 O는 △ABC의 외심이고 $\angle AOB : \angle BOC : \angle COA=2 : 3 : 4$일 때, $\angle OCB$의 크기는?

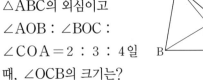

① $20°$ ② $25°$ ③ $30°$

④ $35°$ ⑤ $40°$

❶ 삼각형의 외심

04 오른쪽 그림에서 점 O는 △ABC의 외심이고 $\angle AOB=130°$, $\angle OCB=67°$일 때, $\angle BAC$의 크기는?

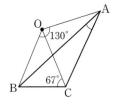

① $20°$ ② $21°$ ③ $22°$

④ $23°$ ⑤ $24°$

❷ 삼각형의 외심의 위치

05 오른쪽 그림과 같이 $\angle B=90°$인 직각삼각형 ABC에서 $\overline{AC}=6$ cm, $\overline{BC}=4$ cm일 때, △ABC의 외접원의 넓이는?

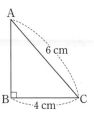

① 9π cm^2 ② 12π cm^2 ③ 16π cm^2

④ 24π cm^2 ⑤ 36π cm^2

❸ 삼각형의 내심

06 다음 중 점 I가 삼각형의 내심인 것을 모두 고르면? (정답 3개)

①

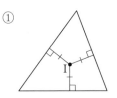

②

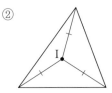

③

④

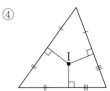

⑤

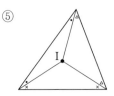

34 ┃ 수학 2-2 중간고사 대비

❸ 삼각형의 내심

07 오른쪽 그림에서 점 I는
△ABC의 내심이고
∠A=46°일 때, ∠BIC의
크기는?

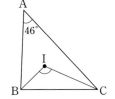

① 110°　　② 111°

③ 112°　　④ 113°

⑤ 114°

❸ 삼각형의 내심

08 오른쪽 그림에서 점 I는
△ABC의 내심이다.
∠C=84°, ∠IAC=20°일
때, ∠IBA의 크기는?

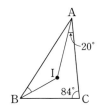

① 28°　　② 29°

③ 30°　　④ 31°

⑤ 32°

❹ 삼각형의 내심과 평행선

09 오른쪽 그림에서 점 I는
△ABC의 내심이고
$\overline{AC}\,/\!/\,\overline{DE}$이다.
$\overline{AC}$=8 cm,
$\overline{DE}$=5 cm일 때, 사각형
ADEC의 둘레의 길이는?

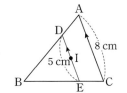

① 13 cm　　② 16 cm　　③ 18 cm

④ 23 cm　　⑤ 26 cm

❺ 삼각형의 내접원

10 오른쪽 그림에서 점 I는
△ABC의 내심이고 점 I
에서 $\overline{AC}$에 내린 수선의
발을 D라 하자.
$\overline{AD}$=3 cm, $\overline{BC}$=11 cm일 때, △ABC의 둘
레의 길이는?

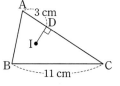

① 24 cm　　② 25 cm　　③ 26 cm

④ 27 cm　　⑤ 28 cm

❻ 삼각형의 외심과 내심

11 오른쪽 그림에서 두 점 O와
I는 각각 $\overline{AB}$=$\overline{AC}$인 이등
변삼각형 ABC의 외심과
내심이다. ∠A=48°일 때,
∠OBI의 크기는?

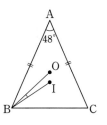

① 7°　　② 8°　　③ 9°

④ 10°　　⑤ 11°

❻ 삼각형의 외심과 내심

12 오른쪽 그림에서 점 I는
△ABC의 내심이고 점
O는 △IBC의 외심이
다. ∠BOC=110°일
때, ∠A의 크기는?

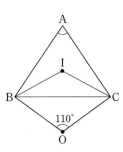

① 70°　　② 71°

③ 72°　　④ 73°

⑤ 74°

1

오른쪽 그림에서 점 O는
△ABC의 외심이고 점 O′은
△AOC의 외심이다.
∠AO′C=140°일 때, ∠B
의 크기를 구하시오.

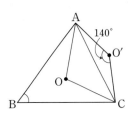

1-1

오른쪽 그림과 같이
∠A=90°인 직각삼각형
ABC에서 점 D는 $\overline{BC}$의
중점이고, 두 점 O와 O′
은 각각 △ABD와 △ADC의 외심이다.
∠OAB=24°일 때, ∠x의 크기를 구하시오.

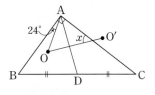

2

오른쪽 그림에서 점 I는
△ABC의 내심이고 점 I′
은 △ADC의 내심이다.
∠I′AC=14°, ∠B=40°
일 때, ∠IDI′의 크기를
구하시오.

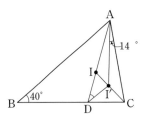

2-1

오른쪽 그림에서 점 I는
$\overline{AB}=\overline{BC}$인 이등변삼각형
ABC의 내심이고 점 I′은
$\overline{AC}=\overline{AD}$인 이등변삼각형
ACD의 내심일 때, $\overline{AD}/\!/\overline{BC}$이다. ∠BAC=68°이
고 $\overline{CI}$의 연장선과 $\overline{DI'}$의 연장선의 교점을 E라 할 때,
∠CED의 크기를 구하시오.

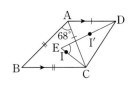

3

오른쪽 그림에서 두 점 O, I는 각각 △ABC의 외심과 내심이고 세 점 O, I, C는 한 직선 위에 있다. ∠A=54°일 때, ∠OBI의 크기를 구하시오.

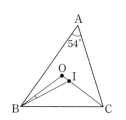

3-1

오른쪽 그림에서 두 점 O, I는 각각 △ABC의 외심과 내심이고 점 D는 $\overline{AO}$와 $\overline{IC}$의 교점이다.

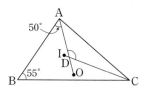

∠B=55°, ∠BAO=50°일 때, ∠ADC의 크기를 구하시오.

4

오른쪽 그림에서 두 점 O, I는 각각 ∠C=90°인 직각삼각형 ABC의 외심과 내심이다.

$\overline{AB}$=13 cm,

$\overline{BC}$=12 cm,

$\overline{CA}$=5 cm일 때, △ABC의 외접원과 내접원으로 둘러싸인 색칠한 부분의 둘레의 길이를 구하시오.

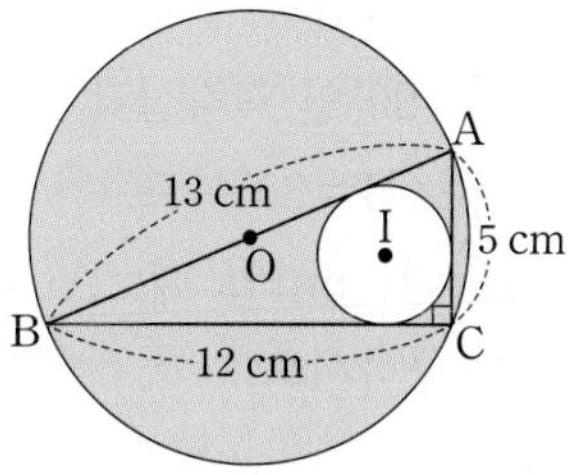

4-1

오른쪽 그림에서 두 점 O, I는 각각 ∠A=90°인 직각삼각형 ABC의 외심과 내심이고 점 D는 내접원과 $\overline{BC}$의 접점이다.

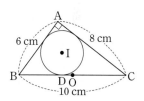

$\overline{AB}$=6 cm, $\overline{BC}$=10 cm, $\overline{CA}$=8 cm일 때, $\overline{DO}$의 길이를 구하시오.

서술형 집중 연습

예제 1

오른쪽 그림에서 점 O는
△ABC의 외심이고
∠A=78°, ∠ACO=54°일
때, ∠AOB의 크기를 구하시
오.

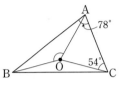

풀이 과정

점 O는 △ABC의 외심이므로 △AOB와 △AOC는 각각
$\overline{OA}=\overline{OB}$, $\overline{OA}=$ ☐ 인 ☐ 삼각형이다.

따라서 ∠CAO= ☐ °이고

∠BAO=∠A−∠CAO= ☐ °이다.

△AOB는 $\overline{OA}=\overline{OB}$인 이등변삼각형이므로

∠ABO=∠BAO= ☐ °이다.

따라서 ∠AOB= ☐ °이다.

유제 1

오른쪽 그림에서 점 O는
△ABC의 외심이고
∠BAO=70°,
∠AOC=92°일 때,
∠BCO의 크기를 구하시오.

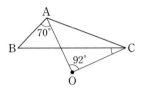

예제 2

오른쪽 그림과 같이
∠A=90°인 직각삼각형
ABC에서 $\overline{BC}$의 중점을 D
라 하고, 점 A에서 $\overline{BC}$에
내린 수선의 발을 E라 하자. ∠C=37°일 때, ∠DAE
의 크기를 구하시오.

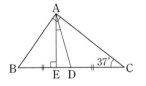

풀이 과정

직각삼각형의 외심은 빗변의 중점이므로 점 ☐ 는 △ABC
의 외심이다.

따라서 $\overline{CD}=$ ☐ , △ADC는 ☐ 삼각형이므로

∠DAC= ☐ °, ∠ADE= ☐ °이다.

따라서 ∠DAE=90°−∠ADE= ☐ °이다.

유제 2

오른쪽 그림과 같이
∠C=90°인 직각삼각형 ABC
에서 ∠B=30°이고
$\overline{AB}=10$ cm일 때, $\overline{AC}$의 길
이를 구하시오.

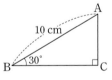

예제 3

오른쪽 그림에서 점 I는
△ABC의 내심이고, 점 I
를 지나면서 $\overline{BC}$에 평행한
직선이 $\overline{AB}$, $\overline{AC}$와 만나는
점을 각각 D, E라 하자.
$\overline{BD}=3$ cm, $\overline{CE}=4$ cm일 때, $\overline{DE}$의 길이를 구하시오.

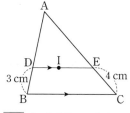

풀이 과정

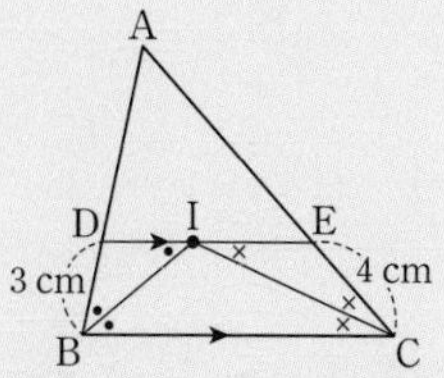

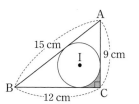

$\overline{BI}$, $\overline{CI}$를 그으면 내심은 세 내각
의 이등분선의 교점이므로
$\angle DBI=\boxed{}$이다.
이때 $\overline{BC}\ /\!/\ \overline{DE}$이므로
$\angle CBI=\boxed{}$이다.
따라서 $\angle DBI=\boxed{}$이므로
△BID는 $\overline{DI}=\boxed{}$인 이등변삼각형이다.
같은 이유로 $\angle EIC=\boxed{}=\angle ECI$이므로
△EIC는 $\overline{IE}=\boxed{}$인 이등변삼각형이다.
따라서 $\overline{DE}=\overline{DI}+\overline{IE}=\boxed{}$ cm이다.

유제 3

오른쪽 그림에서 점 I는
$\overline{AB}=\overline{AC}=11$ cm인 이등변삼각
형 ABC의 내심이고, 점 I를 지나
면서 $\overline{BC}$에 평행한 직선이 $\overline{AB}$,
$\overline{AC}$와 만나는 점을 각각 D, E라
할 때, △ADE의 둘레의 길이를 구하시오.

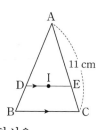

예제 4

오른쪽 그림에서 점 I는
$\angle C=90°$인 직각삼각형
ABC의 내심이다.
$\overline{AB}=15$ cm, $\overline{BC}=12$ cm,
$\overline{CA}=9$ cm일 때, 색칠한
부분의 넓이를 구하시오.

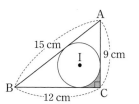

풀이 과정

내접원의 반지름의 길이를 r cm라 하면 △ABC의 넓이는
$\frac{1}{2}\times r\times(\triangle\text{ABC의}\boxed{}$의 길이)이므로
$\frac{1}{2}\times r\times(15+12+9)=\frac{1}{2}\times12\times\boxed{}$
$18r=\boxed{}$
$r=\boxed{}$
색칠한 부분의 넓이는 한 변의 길이가 r cm인 정사각형의
넓이에서 사분원의 넓이를 뺀 것과 같으므로
(색칠한 부분의 넓이)$=9-\dfrac{\boxed{}}{\boxed{}}\pi$ (cm²)이다.

유제 4

오른쪽 그림에서 점 I는
△ABC의 내심이고 점 D는
점 I에서 $\overline{BC}$에 내린 수선의 발
이다. $\overline{AB}=8$ cm,
$\overline{CD}=6$ cm, $\overline{ID}=3$ cm일 때,
△ABC의 넓이를 구하시오.

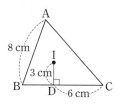

01 다음 중 삼각형의 외심에 대한 설명으로 옳지 않은 것은?

① 삼각형의 외접원의 중심이다.
② 직각삼각형의 외심은 빗변의 중점이다.
③ 삼각형의 세 변의 수직이등분선의 교점이다.
④ 삼각형의 세 변에 이르는 거리는 모두 같다.
⑤ 삼각형의 꼭짓점까지의 거리는 외접원의 반지름의 길이와 같다.

04 오른쪽 그림에서 점 O는 △ABC의 외심이다. ∠AOB=72°이고 ∠OBA : ∠OBC=2 : 3일 때, ∠OAC의 크기는?

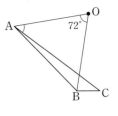

① 42°　　② 45°　　③ 48°
④ 50°　　⑤ 52°

02 오른쪽 그림에서 점 O는 △ABC의 외심이고 세 점 D, E, F는 점 O에서 각각 $\overline{AB}$, $\overline{BC}$, $\overline{CA}$에 내린 수선의 발이다. $\overline{AD}$=6 cm, $\overline{CE}=\overline{CF}$=5 cm일 때, △ABC의 둘레의 길이는?

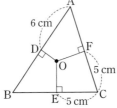

① 32 cm　　② 33 cm　　③ 34 cm
④ 35 cm　　⑤ 36 cm

05 오른쪽 그림에서 점 O는 ∠C=90°인 직각삼각형 ABC의 외심이다. $\overline{AC}$=7 cm, $\overline{BC}$=12 cm일 때, △AOC의 넓이는?

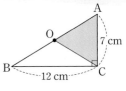

① 21 cm^2　　② 24 cm^2　　③ 27 cm^2
④ 30 cm^2　　⑤ 33 cm^2

03 오른쪽 그림에서 점 O는 △ABC의 외심이고 ∠BOC=134°일 때, ∠A의 크기는?

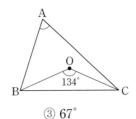

① 62°　　② 64°　　③ 67°
④ 70°　　⑤ 72°

06 오른쪽 그림에서 점 I는 △ABC의 내심이고 세 점 D, E, F는 점 I에서 각각 $\overline{AB}$, $\overline{BC}$, $\overline{CA}$에 내린 수선의 발이다. 다음 중 옳은 것은?

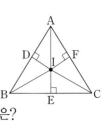

① ∠DAI=∠DBI　　② $\overline{BC}=2\overline{BE}$
③ $\overline{AI}=\overline{CI}$　　④ △BID≡△BIE
⑤ △ABC=$\overline{ID}$×($\overline{AB}+\overline{BC}+\overline{CA}$)

07 오른쪽 그림에서 점 I는 △ABC의 내심이다. ∠BDC=107°, ∠BEC=88°일 때, ∠A의 크기는?

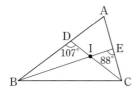

① 60° ② 65° ③ 70°
④ 75° ⑤ 80°

08 오른쪽 그림에서 점 I는 △ABC의 내심이고 $\overline{AC} \parallel \overline{DE}$이다. ∠DAI=26°, ∠DEB=56°일 때, ∠BDE+∠CIE의 크기는?

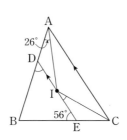

① 68° ② 72° ③ 76°
④ 80° ⑤ 84°

09 오른쪽 그림에서 점 I는 △ABC의 내심이고 △ABC의 넓이는 84 cm²이다. 내접원의 반지름의 길이가 4 cm일 때, △ABC의 둘레의 길이는?

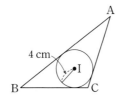

① 21 cm ② 28 cm ③ 32 cm
④ 36 cm ⑤ 42 cm

10 오른쪽 그림에서 점 I는 ∠B=90°인 직각삼각형 ABC의 내심이다. $\overline{AB}$=12 cm, $\overline{BC}$=16 cm, $\overline{CA}$=20 cm일 때, △AIC의 넓이는?

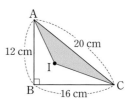

① 32 cm² ② 34 cm² ③ 36 cm²
④ 38 cm² ⑤ 40 cm²

11 오른쪽 그림에서 두 점 O, I는 각각 △ABC의 외심과 내심이다. ∠BIC=124°일 때, ∠BOC의 크기는?

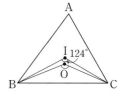

① 132° ② 133° ③ 134°
④ 135° ⑤ 136°

고난도

12 오른쪽 그림에서 점 I는 △ABC의 내심이고 세 점 D, E, F는 각각 내접원과 세 변의 접점이다. ∠B=40°일 때, ∠DFE의 크기는?

① 66° ② 68° ③ 70°
④ 72° ⑤ 74°

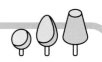

서술형

13 오른쪽 그림에서 점 O는 $\overline{AB}=\overline{AC}$인 이등변삼각형 ABC의 외심이다. ∠ABO=25°일 때, ∠OBC의 크기를 구하시오.

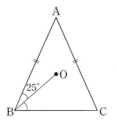

14 오른쪽 그림에서 점 I는 △ABC의 내심이고 $\overline{BC}\,/\!/\,\overline{DE}$이다. $\overline{BC}=9$ cm이고 △ADE 의 둘레의 길이가 17 cm 일 때, △ABC의 둘레의 길이를 구하시오.

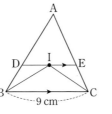

고난도

15 오른쪽 그림에서 점 I는 ∠B=90°인 직각삼각형 ABC의 내심이다. $\overline{AC}=10$ cm이고 내접원 의 반지름의 길이가 2 cm일 때, △ABC의 넓이를 구하시오.

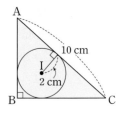

고난도

16 오른쪽 그림과 같이 △ABC의 외심 O와 내심 I가 일치할 때, △ABC가 정삼각형임을 보이시오.

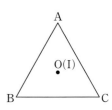

01 오른쪽 그림에서 점 O가 △ABC의 외심일 때, 다음 중 옳지 않은 것을 모두 고르면? (정답 2개)

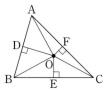

① $\overline{BC}=2\overline{CE}$

② △AOF≡△COF

③ ∠BOD=2∠BCO

④ ∠AOD=∠BOD

⑤ △ABC=$\frac{1}{2}\overline{OE}×(\overline{AB}+\overline{BC}+\overline{CA})$

02 오른쪽 그림에서 점 O는 △ABC의 외심이고 ∠A=69°일 때, ∠OBC의 크기는?

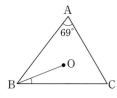

① 20°   ② 21°   ③ 22°

④ 23°   ⑤ 24°

03 오른쪽 그림과 같이 세 점 A, B, C는 원 O 위에 있다. $\overline{OA}=3$ cm, ∠ABO=27°, ∠ACO=33°일 때, 부채꼴 BOC의 넓이는?

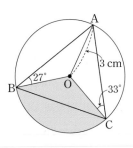

① 2π cm²   ② 3π cm²   ③ 4π cm²

④ 5π cm²   ⑤ 6π cm²

04 오른쪽 그림에서 점 O는 △ABC의 외심이다. ∠BOC=150°, ∠ABO=58°일 때, ∠A의 크기는?

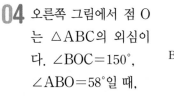

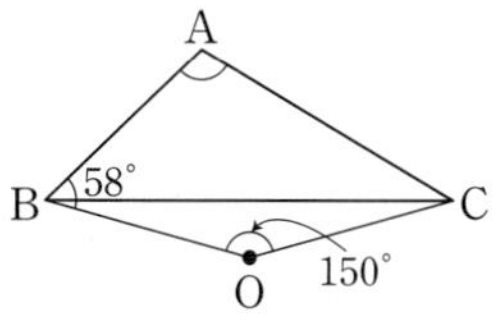

① 100°   ② 105°   ③ 110°

④ 115°   ⑤ 120°

05 오른쪽 그림과 같이 ∠C=90°인 직각삼각형 ABC에서 ∠B=30°, $\overline{AC}=4$ cm일 때, △ABC의 외접원의 둘레의 길이는?

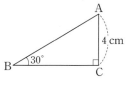

① 2π cm   ② 4π cm   ③ 6π cm

④ 8π cm   ⑤ 10π cm

06 다음은 "삼각형의 세 내각의 이등분선은 한 점에서 만난다."를 설명하는 과정이다. ①~⑤에 알맞은 것으로 옳은 것은?

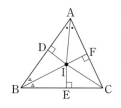

△ABC에서 ∠A와 ∠B의 이등분선의 교점을 I라 하고, 점 I에서 삼각형의 세 변에 내린 수선의 발을 각각 D, E, F라 하자. 점 I는 ∠A, ∠B의 이등분선 위의 점이므로 $\overline{ID}=$ ① , $\overline{ID}=\overline{IE}$이다.

따라서 $\overline{ID}=\overline{IE}=$ ① 이다.

이때 △IEC와 △IFC에서

∠IEC=∠IFC= ② °, ③ 는 공통,

$\overline{IE}=$ ① 이므로

△IEC≡△IFC (④ 합동)이다.

따라서 ∠ICE= ⑤ 이므로 $\overline{IC}$는 ∠C의 이등분선이다.

그러므로 △ABC의 세 내각의 이등분선은 한 점 I에서 만난다.

① $\overline{IC}$ ② 60   ③ $\overline{ID}$

④ SAS   ⑤ ∠ICF

07 오른쪽 그림에서 점 I는 △ABC의 내심이다. ∠C=78°, ∠ABI=28°일 때, ∠IAC의 크기는?

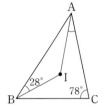

① 20° ② 21°
③ 22° ④ 23°
⑤ 24°

고난도

08 오른쪽 그림에서 점 I는 △ABC의 내심이고 $\overline{BC}/\!/\overline{DE}$이다. △ABC와 △ADE의 둘레의 길이의 차가 8 cm이고 △ABC의 내접원의 반지름의 길이가 3 cm일 때, △IBC의 넓이는?

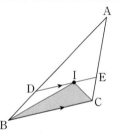

① 9 cm² ② 10 cm² ③ 12 cm²
④ 15 cm² ⑤ 16 cm²

09 오른쪽 그림에서 점 I는 △ABC의 내심이고 점 D는 내접원과 $\overline{BC}$의 접점이다. $\overline{AB}$=17 cm, $\overline{BC}$=20 cm, $\overline{CA}$=13 cm일 때, $\overline{BD}$의 길이는?

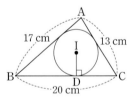

① 9 cm ② 10 cm ③ 11 cm
④ 12 cm ⑤ 13 cm

10 오른쪽 그림과 같이 ∠C=90°인 직각삼각형 ABC에서 $\overline{AB}$=17 cm, $\overline{BC}$=15 cm, $\overline{CA}$=8 cm이다. △ABC의 내접원의 반지름의 길이는?

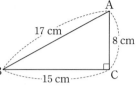

① 2 cm ② $\frac{5}{2}$ cm ③ 3 cm
④ $\frac{7}{2}$ cm ⑤ 4 cm

11 오른쪽 그림에서 점 O는 △ABC의 외심이고 점 I는 △OBC의 내심이다. ∠OBI=13°일 때, ∠A의 크기는?

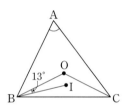

① 60° ② 61° ③ 62°
④ 63° ⑤ 64°

고난도

12 오른쪽 그림에서 두 점 O, I는 각각 $\overline{AB}=\overline{AC}$인 이등변삼각형 ABC의 외심과 내심이고 ∠A=76°이다. 점 D는 $\overline{AB}$의 중점이고 점 E는 $\overline{DO}$와 $\overline{BI}$의 교점일 때, ∠IEO의 크기는?

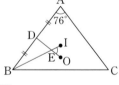

① 63° ② 64° ③ 65°
④ 66° ⑤ 67°

13 오른쪽 그림에서 점 O는 △ABC의 외심이고 $\overline{BC}=9\,cm$이다. △OBC의 둘레의 길이가 21 cm일 때, △ABC의 외접원의 둘레의 길이를 구하시오.

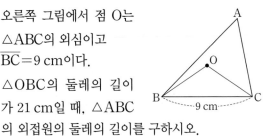

14 오른쪽 그림은 깨진 원 모양의 유물의 일부분이다. 이 유물을 복원하기 위해 원의 중심을 찾고 그 방법을 설명하시오.

15 오른쪽 그림에서 점 I는 △ABC의 내심이고 $\overline{BC}=9\,cm$이다. $\overline{AB}\,/\!/\,\overline{ID}$, $\overline{AC}\,/\!/\,\overline{IE}$일 때, △IDE의 둘레의 길이를 구하시오.

고난도

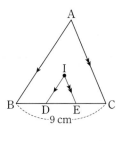

16 오른쪽 그림에서 점 I는 △ABC의 내심이고 $\overline{AC}=12\,cm$, $\overline{BC}=18\,cm$이다. △IBC의 넓이가 87 cm^2일 때, △AIC의 넓이를 구하시오.

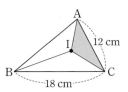

Ⅳ. 도형의 성질

3

사각형의 성질

3 사각형의 성질

1 평행사변형의 성질

평행사변형은 두 쌍의 대변(마주 보는 변)이 평행한 사각형이다

(1) 두 쌍의 대변의 길이는 각각 같다.

(2) 두 쌍의 대각의 크기는 각각 같다.

(3) 두 대각선은 서로 다른 것을 이등분한다.

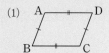 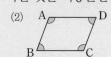 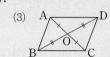

2 평행사변형이 되는 조건

(1) 두 쌍의 대변이 각각 평행하다.

(2) 두 쌍의 대변의 길이가 각각 같다.

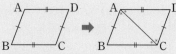

$\triangle ABC \equiv \triangle CDA$,
$\angle BAC = \angle DCA$ (엇각)

(3) 두 쌍의 대각의 크기가 각각 같다.

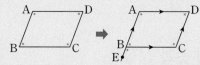

$\angle A = \angle CBE$ (동위각),
$\angle CBE = \angle BCD$ (엇각)

(4) 한 쌍의 대변이 평행하고, 그 길이가 같다.

$\triangle AOB \equiv \triangle COD$,
$\angle DAO = \angle BCO$ (엇각)

(5) 두 대각선이 서로 다른 것을 이등분한다.

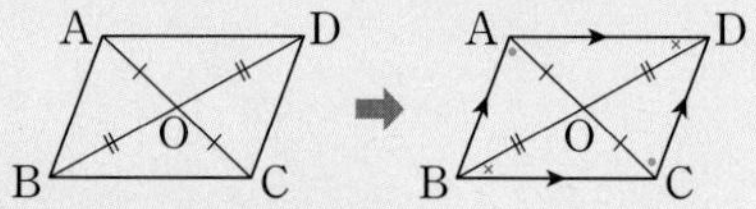

$\triangle ABO \equiv \triangle CDO$,
$\triangle AOD \equiv \triangle COB$,
$\angle BAO = \angle DCO$ (엇각)
$\angle ADO = \angle CBO$ (엇각)

3 평행사변형의 넓이

(1) 평행사변형의 한 대각선은 평행사변형의 넓이를 이등분한다.

(2) 평행사변형의 두 대각선은 평행사변형의 넓이를 사등분한다.

(3) 평행사변형 내부에 임의의 점을 잡고 각 꼭짓점까지 선분을 그으면 같은 색으로 색칠한 두 삼각형의 넓이의 합이 같다.

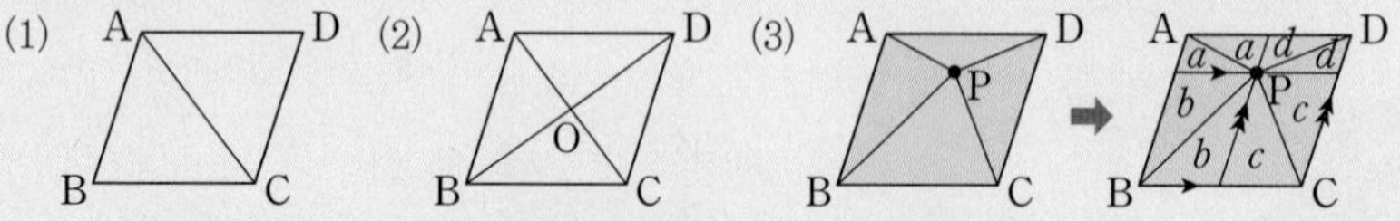

(1) (2) 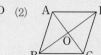 (3)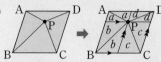

$\triangle ABC$
$= \triangle CDA$
$= \dfrac{1}{2} \square ABCD$

$\triangle ABO = \triangle BCO$
$= \triangle CDO$
$= \triangle DAO$
$= \dfrac{1}{4} \square ABCD$

$\triangle PAB + \triangle PCD$
$= \triangle PBC + \triangle PDA$
$= \dfrac{1}{2} \square ABCD$

01

다음 그림에서 x, y의 값을 각각 구하시오.

(1)
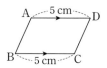

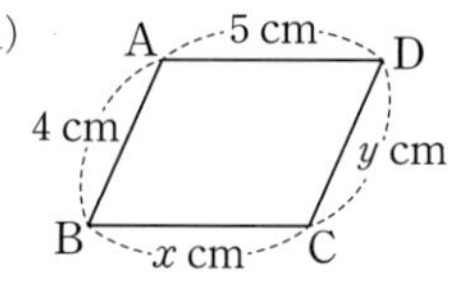

(2)

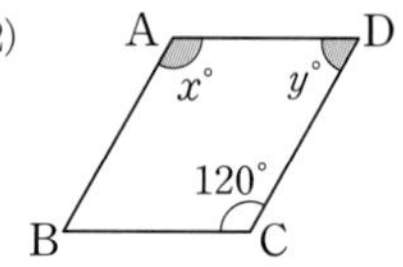

02

다음 사각형이 평행사변형인 이유를 말하시오.

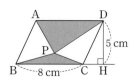

03

다음 그림과 같은 평행사변형 ABCD의 넓이가 40 cm²일 때, 색칠한 부분의 넓이를 구하시오.

Ⅳ. 도형의 성질

4 여러 가지 사각형

	직사각형	마름모	정사각형	등변사다리꼴
도형	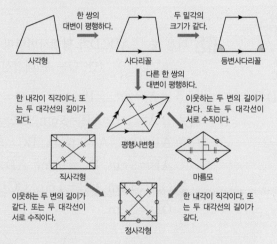			
조건	네 내각의 크기가 모두 같은 사각형	네 변의 길이가 모두 같은 사각형	네 내각의 크기가 모두 같고, 네 변의 길이가 모두 같은 사각형	아랫변의 양 끝각의 크기가 같은 사다리꼴
성질	두 대각선은 길이가 같고, 서로 다른 것을 이등분한다.	두 대각선은 서로 다른 것을 수직이등분한다.	두 대각선은 길이가 같고, 서로 다른 것을 수직이등분한다.	평행하지 않은 두 대변의 길이가 같고, 두 대각선의 길이가 같다.

5 여러 가지 사각형 사이의 관계

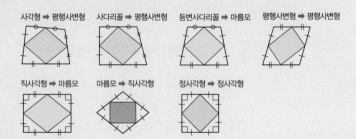

6 사각형의 각 변의 중점을 연결하여 만든 사각형

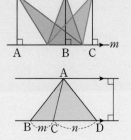

7 평행선과 넓이

(1) 오른쪽 그림과 같이 두 직선 l과 m이 평행할 때, 밑변의 길이가 같지만 모양이 다른 세 삼각형은 높이가 같으므로 넓이가 같다.

(2) 높이가 같은 두 삼각형의 넓이의 비는 밑변의 길이의 비와 같다.

$\triangle ABC : \triangle ACD = m : n$

04

다음 그림과 같은 직사각형 ABCD에서 x, y의 값을 각각 구하시오.

05

다음 그림과 같은 마름모 ABCD에서 x, y의 값을 각각 구하시오.

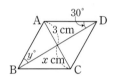

06

다음 〈보기〉 중에서 옳은 것을 모두 고르시오.

보기
ㄱ. 정사각형은 마름모이다
ㄴ. 직사각형은 정사각형이다.
ㄷ. 평행사변형은 사다리꼴이다.

07

다음 그림에서 $\triangle ABC$의 넓이가 $60 \, cm^2$이고 $\overline{BD} : \overline{DC} = 2 : 3$일 때, $\triangle ADC$의 넓이를 구하시오.

유형 **1** 평행사변형의 성질

01 다음 그림과 같은 평행사변형 ABCD에서 $x+y$의 값을 구하시오.

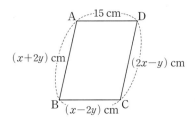

풀이 전략 평행사변형의 두 쌍의 대변의 길이는 각각 같다는 성질을 이용하여 식을 세운다.

02 오른쪽 그림과 같은 사각형 ABCD에서 $\overline{AB} /\!/ \overline{DC}$, $\overline{AD} /\!/ \overline{BC}$이고 $\angle ABD=40°$, $\angle ADB=30°$일 때, $\angle BCD$의 크기는?

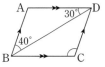

① 100° ② 105° ③ 110°
④ 115° ⑤ 120°

03 오른쪽 그림과 같은 평행사변형 ABCD에서 두 대각선의 교점을 O라 하자. $\overline{AO}=4$ cm, $\overline{BC}=9$ cm, $\overline{BD}=12$ cm일 때, △OBC의 둘레의 길이는?

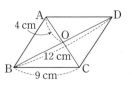

① 15 cm ② 17 cm ③ 19 cm
④ 21 cm ⑤ 23 cm

유형 **2** 평행사변형이 되는 조건

04 다음 중 사각형 ABCD가 평행사변형이 될 수 없는 것은? (단, O는 두 대각선의 교점이다.)

① $\overline{AB}=\overline{DC}$, $\overline{AB} /\!/ \overline{DC}$
② $\overline{AB}=\overline{CD}=5$ cm, $\overline{BC}=\overline{DA}=4$ cm
③ $\angle A=\angle C=60°$, $\angle B=\angle D=120°$
④ $\overline{AB}=\overline{BC}=4$ cm, $\overline{CD}=\overline{DA}=6$ cm
⑤ $\overline{AO}=\overline{CO}=4$ cm, $\overline{BO}=\overline{DO}=6$ cm

풀이 전략 평행사변형인지 판별하려면 주어진 조건대로 사각형을 그린 후 평행사변형이 되는 조건 중 하나를 만족시키는지 확인한다.

05 다음 중 □ABCD가 평행사변형이 되는 것은? (단, O는 두 대각선의 교점이다.)

① $\angle A=70°$, $\angle B=110°$, $\angle C=70°$
② $\angle A=\angle B$, $\overline{AB}=5$ cm, $\overline{DC}=5$ cm
③ $\overline{AB} /\!/ \overline{DC}$, $\overline{AB}=5$ cm, $\overline{BC}=5$ cm
④ $\overline{AB}=5$ cm, $\overline{DC}=5$ cm, $\overline{AD} /\!/ \overline{BC}$
⑤ $\overline{OA}=4$ cm, $\overline{OB}=4$ cm, $\overline{OC}=5$ cm, $\overline{OD}=5$ cm

06 다음 중 평행사변형이 아닌 것은?

① 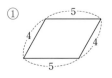 ②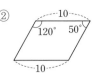

③ 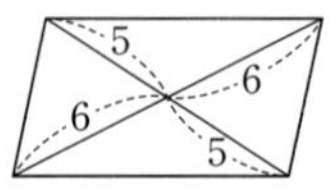   ④

⑤

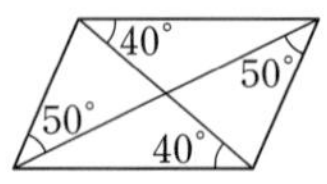

유형 ③ 새로운 평행사변형이 되는 경우

07 다음은 오른쪽 그림과 같은 평행사변형 ABCD에서 ∠B, ∠D의 이등분선이 $\overline{AD}$, $\overline{BC}$와 만나는 점을 각각 M, N이라 할 때, □MBND가 평행사변형임을 설명하는 과정이다. (가), (나), (다)에 알맞은 것을 써넣으시오.

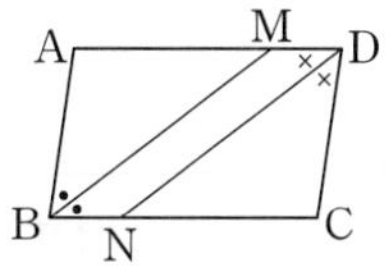

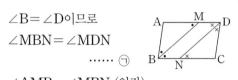

∠B=∠D이므로
∠MBN=∠MDN
    …… ㉠
∠AMB=∠MBN (엇각),
∠DNC=☐(가)☐ (엇각)이므로
∠AMB=☐(나)☐
∠DMB=180°−∠AMB=☐(다)☐ …… ㉡
㉠, ㉡에 의하여 두 쌍의 대각의 크기가 각각 같으므로 □MBND는 평행사변형이다.

> **풀이 전략** 평행사변형의 성질과 평행선의 성질 등을 이용하여 평행사변형이 되는 조건을 찾아낸다.

08 다음은 오른쪽 그림과 같은 평행사변형 ABCD에서 네 변의 중점을 각각 E, F, G, H라 할 때, □EFGH가 평행사변형임을 설명하는 과정이다. 이 과정에서 □EFGH가 평행사변형이 되는 조건을 말하시오.

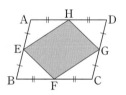

△AEH≡△CGF (SAS 합동)이므로
$\overline{EH}=\overline{GF}$ …… ㉠
△BEF≡△DGH (SAS 합동)이므로
$\overline{EF}=\overline{GH}$ …… ㉡
㉠, ㉡에 의하여 □EFGH는 평행사변형이다.

09 오른쪽 그림과 같은 평행사변형 ABCD의 두 꼭짓점 A, C에서 대각선 BD에 내린 수선의 발을 각각 E, F라 할 때, 다음 중 옳지 않은 것은?

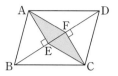

① ∠ABE=∠CDF
② ∠BAE=∠DCF
③ △ABE≡△CDF
④ $\overline{AE}=\overline{AF}$
⑤ □AECF는 평행사변형이다.

유형 ④ 평행사변형과 넓이

10 오른쪽 그림과 같은 평행사변형 ABCD의 내부의 한 점 P에 대하여 △PAB의 넓이가 5 cm²이고, △PCD의 넓이가 10 cm²일 때, △PDA+△PBC의 넓이는?

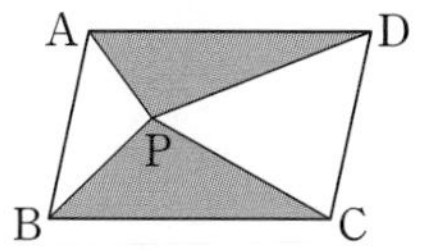

① 10 cm²   ② 15 cm²   ③ 20 cm²
④ 25 cm²   ⑤ 30 cm²

> **풀이 전략** 평행사변형의 내부의 한 점에서 각 꼭짓점까지 선분을 그으면 마주보는 삼각형의 넓이의 합은 서로 같다는 성질을 이용한다.

11 오른쪽 그림과 같은 평행사변형 ABCD의 내부의 한 점 P에 대하여 △PDA의 넓이가 8 cm²이다. △PDA : △PBC=2 : 5일 때, □ABCD의 넓이를 구하시오.

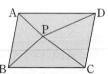

12 오른쪽 그림과 같은 평행 사변형 ABCD에서 두 대각선의 교점 O를 지나는 직선이 $\overline{AB}$, $\overline{CD}$와 만나는 점을 각각 E, F라 하자. 색칠한 두 삼각형의 넓이의 합이 15 cm²일 때, △ABC의 넓이는?

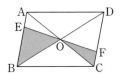

① 15 cm²　　② 20 cm²　　③ 25 cm²

④ 30 cm²　　⑤ 35 cm²

유형 **5** 사각형의 뜻과 성질

13 오른쪽 그림과 같은 직 사각형 ABCD에서 $\overline{BE}=\overline{DE}$, ∠BDE=∠EDC일 때, ∠DBE의 크기는?

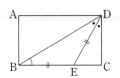

① 20°　　② 25°　　③ 26°

④ 28°　　⑤ 30°

풀이 전략 사각형의 뜻과 대각선의 성질을 이용하여 푼다.

---

14 오른쪽 그림과 같은 마름모 ABCD에서 ∠ADO=30° 일 때, $x+y$의 값은? (단, O는 두 대각선의 교점이다.)

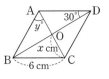

① 57　　② 60　　③ 63

④ 66　　⑤ 69

---

15 오른쪽 그림과 같은 정사각형 ABCD에 대하여 다음 중 옳 지 않은 것은? (단, O는 두 대 각선의 교점이다.)

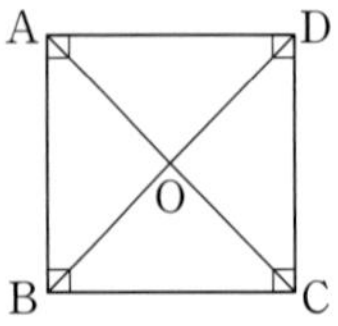

① $\overline{OA}=\overline{OD}$　　　② $\overline{AD}=\overline{OD}$

③ $\overline{AB}=\overline{AD}$　　　④ ∠BDC=∠CBD

⑤ $\overline{AC}\perp\overline{BD}$

유형 **6** 등변사다리꼴의 뜻과 성질

16 오른쪽 그림과 같이 $\overline{AD}\,/\!/\,\overline{BC}$인 등변사다리꼴 ABCD에서 $\overline{AB}=\overline{AD}$이 고 ∠BDC=60°일 때, ∠DBC의 크기를 구 하시오.

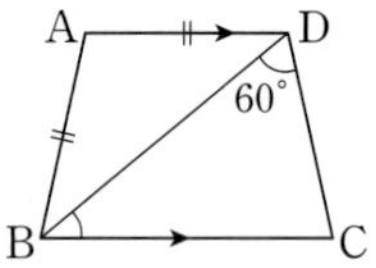

풀이 전략 등변사다리꼴의 뜻과 성질을 확인하여 판단한다.

---

17 오른쪽 그림과 같이 $\overline{AD}\,/\!/\,\overline{BC}$인 등변사다리꼴 ABCD에서 다음 중 옳지 않 은 것은? (단, O는 $\overline{AC}$와 $\overline{BD}$의 교점이다.)

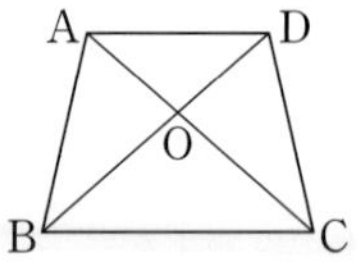

① $\overline{OB}=\overline{OC}$　　　　② $\overline{AD}=\overline{DC}$

③ ∠ACB=∠DBC　④ △ADB=△DAC

⑤ △ABC≡△DCB

유형 **7** 여러 가지 사각형 사이의 관계

18 오른쪽 그림과 같은 직사 각형 ABCD에서 두 대각 선의 교점을 O라 하자. 다 음 중 직사각형 ABCD가 정사각형이 되는 조 건을 모두 고르면? (정답 2개)

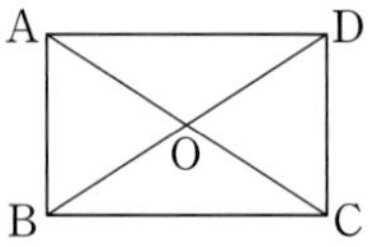

① $\overline{AB}=\overline{AD}$　　　　② $\overline{AB}=\overline{BO}$

③ $\overline{BD}=\overline{AC}$　　　　④ ∠ABD=∠BDC

⑤ ∠AOB=∠BOC=90°

풀이 전략 여러 가지 사각형 사이의 관계를 확인한다.

19 다음 중 오른쪽 그림의 평행사변형 ABCD가 직사각형이 되는 조건이 <u>아닌</u> 것은? (단, O는 두 대각선의 교점이다.)

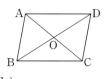

① $\overline{AC}=\overline{BD}$ ② $\overline{OA}=\overline{OB}$
③ $\angle ABC=90°$ ④ $\angle BAD=\angle ABC$
⑤ $\overline{AC}\perp\overline{BD}$

20 오른쪽 그림과 같이 평행사변형 ABCD의 네 내각의 이등분선의 교점을 각각 E, F, G, H라 할 때, 다음 중 □EFGH에 대한 설명으로 옳은 것을 모두 고르면? (정답 3개)

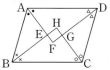

① 두 대각선의 길이가 같다.
② 이웃하는 두 변의 길이가 같다.
③ 두 대각선이 수직으로 만난다.
④ 두 쌍의 대변의 길이가 각각 같다.
⑤ 한 쌍의 대각의 크기의 합이 180°이다.

21 다음 설명 중 옳지 <u>않은</u> 것을 모두 고르면?
(정답 2개)

① 평행사변형에서 두 대각선의 길이가 같아지면 마름모이다.
② 마름모에서 두 대각선의 길이가 서로 같아지면 정사각형이다.
③ 마름모에서 이웃하는 두 내각의 크기가 서로 같아지면 정사각형이다.
④ 평행사변형에서 이웃하는 두 변의 길이가 같아지면 네 변의 길이가 모두 같으므로 정사각형이다.
⑤ 평행사변형 중에서 한 내각이 직각, 즉 이웃하는 두 내각의 크기가 같아지면 직사각형이다.

유형 8 평행선과 삼각형의 넓이

22 다음 그림과 같이 □ABCD의 꼭짓점 D를 지나고 $\overline{AC}$에 평행한 직선이 $\overline{BC}$의 연장선과 만나는 점을 E라 하자. △ABC의 넓이가 $20\ cm^2$, △ACE의 넓이가 $8\ cm^2$일 때, □ABCD의 넓이는?

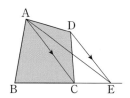

① $20\ cm^2$ ② $22\ cm^2$ ③ $25\ cm^2$
④ $28\ cm^2$ ⑤ $30\ cm^2$

풀이 전략 평행선 사이에 있는 삼각형에서 넓이가 같은 삼각형을 찾는다.

23 다음 그림과 같이 □ABCD의 꼭짓점 D를 지나고 $\overline{AC}$에 평행한 직선이 $\overline{BC}$의 연장선과 만나는 점을 E, $\overline{AE}$와 $\overline{DC}$가 만나는 점을 F라 하자. □ABCD의 넓이가 $40\ cm^2$, □ABCF의 넓이가 $30\ cm^2$일 때, △FCE의 넓이를 구하시오.

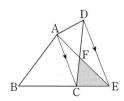

24 다음 그림과 같은 △ABC에서 $\overline{BC}$ 위의 점 D에 대하여 $\overline{BD}:\overline{DC}=3:1$이고, $\overline{AD}$ 위의 점 E에 대하여 $\overline{AE}:\overline{ED}=1:4$이다. △ABC의 넓이가 $40\ cm^2$일 때, △EBD의 넓이는?

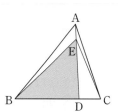

① $22\ cm^2$ ② $24\ cm^2$ ③ $26\ cm^2$
④ $28\ cm^2$ ⑤ $30\ cm^2$

기출 예상 문제

① 평행사변형의 성질

01 오른쪽 그림과 같은 평행사변형 ABCD에서 $\overline{AB}/\!/\overline{GH}$, $\overline{AD}/\!/\overline{EF}$ 일 때, $x+y$의 값은?

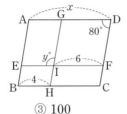

① 80 ② 90 ③ 100
④ 110 ⑤ 120

① 평행사변형의 성질

02 오른쪽 그림과 같은 평행사변형 ABCD에 대하여 〈보기〉 중 옳지 않은 것은 모두 몇 개인가? (단, O는 두 대각선의 교점이다.)

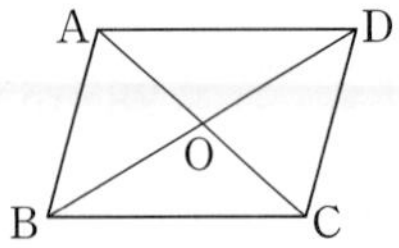

▸ 보기 ◂
ㄱ. ∠BAO=∠DCO
ㄴ. $\overline{AD}/\!/\overline{BC}$, $\overline{AB}=\overline{DC}$
ㄷ. $\overline{AB}=\overline{DC}$, $\overline{AD}=\overline{BC}$
ㄹ. $\overline{OA}=\overline{OC}=\overline{OB}=\overline{OD}$
ㅁ. ∠ABC=∠BCD

① 1개 ② 2개 ③ 3개
④ 4개 ⑤ 5개

① 평행사변형의 성질

03 오른쪽 그림에서 △ABC는 ∠A=∠C인 이등변삼각형이고, □DBFE는 평행사변형이다. $\overline{AD}=7$ cm, $\overline{BD}=2$ cm일 때, □DBFE의 둘레의 길이는?

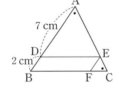

① 12 cm ② 14 cm ③ 16 cm
④ 18 cm ⑤ 20 cm

② 평행사변형이 되는 조건

04 다음 〈보기〉 중 □ABCD가 평행사변형인 것을 모두 고르시오.

▸ 보기 ◂
ㄱ. $\overline{AB}=\overline{CD}$, $\overline{AD}=\overline{BC}$
ㄴ. ∠A=∠B, ∠C=∠D
ㄷ. $\overline{AB}/\!/\overline{CD}$, $\overline{AB}=\overline{CD}$
ㄹ. ∠A+∠B=180°, ∠B+∠C=180°

② 평행사변형이 되는 조건

05 다음 중 평행사변형이 아닌 것을 모두 고르면? (정답 2개)

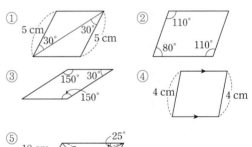
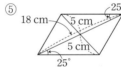

② 평행사변형이 되는 조건

06 오른쪽 그림과 같은 □ABCD에서 $\overline{AB}=4$ cm, $\overline{AD}=10$ cm, ∠ADB=30°일 때, 다음 중 □ABCD가 평행사변형이 되는 조건을 모두 고르면? (정답 2개)

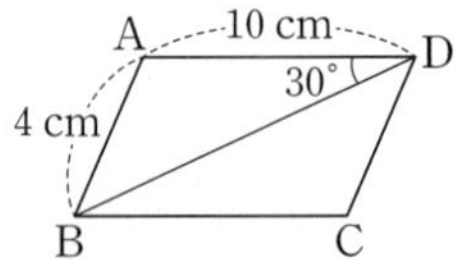

① $\overline{CD}=4$ cm, ∠DBC=30°
② $\overline{CD}=4$ cm, ∠DBA=100°
③ $\overline{BC}=10$ cm, $\overline{CD}=4$ cm
④ $\overline{BC}=10$ cm, ∠DBC=30°
⑤ $\overline{AC}=11$ cm, $\overline{BD}=13$ cm

③ 새로운 평행사변형이 되는 경우

07 오른쪽 그림과 같은 평행사변형 ABCD에서 각 변의 중점을 각각 E, F, G, H라 할 때, □ABCD를 제외한 평행사변형을 모두 찾으시오.

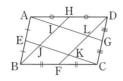

③ 새로운 평행사변형이 되는 경우

08 다음 중 □ABCD가 평행사변형일 때, 색칠한 사각형이 평행사변형이 <u>아닌</u> 것은? (단, O는 두 대각선의 교점이다.)

① 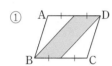 ②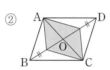

③ 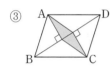 ④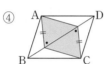

⑤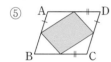

③ 새로운 평행사변형이 되는 경우

09 오른쪽 그림과 같은 평행사변형 ABCD에서 $\overline{BC}$, $\overline{DC}$의 연장선 위에 각각 $\overline{BC}=\overline{CE}$, $\overline{DC}=\overline{CF}$가 되도록 두 점 E, F를 잡을 때, □ABCD를 제외한 평행사변형은 모두 몇 개인가?

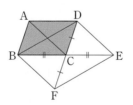

① 1개 ② 2개 ③ 3개
④ 4개 ⑤ 5개

④ 평행사변형과 넓이

10 오른쪽 그림과 같은 평행사변형 ABCD에서 두 대각선의 교점 O를 지나는 직선이 $\overline{AB}$, $\overline{CD}$와 만나는 점을 각각 E, F라 하자. □ABCD의 넓이는 △AOE와 △DOF의 넓이의 합의 몇 배인가?

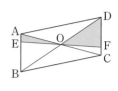

① 1배 ② 2배 ③ 3배
④ 4배 ⑤ 5배

④ 평행사변형과 넓이

11 오른쪽 그림과 같은 평행사변형 ABCD의 내부의 한 점 P에 대하여 △PAB의 넓이가 12 cm²이다. △PAB : △PCD=2 : 3일 때, □ABCD의 넓이는?

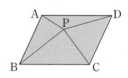

① 44 cm² ② 48 cm² ③ 52 cm²
④ 56 cm² ⑤ 60 cm²

④ 평행사변형과 넓이

12 오른쪽 그림과 같은 평행사변형 ABCD에서 $\overline{AD}$, $\overline{BC}$ 위에 $\overline{HD}=\overline{FC}$가 되도록 두 점 H, F를 각각 잡았다. □EFGH의 넓이가 50 cm²일 때, □ABCD의 넓이는?

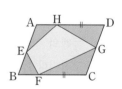

① 80 cm² ② 90 cm² ③ 100 cm²
④ 110 cm² ⑤ 120 cm²

5 사각형의 뜻과 성질

13 다음 중 두 대각선이 서로 다른 것을 수직이등분 하는 것을 모두 고르면? (정답 2개)

① 평행사변형　② 직사각형　③ 정사각형
④ 마름모　　⑤ 등변사다리꼴

5 사각형의 뜻과 성질

14 다음 그림에서 □ABCD는 정사각형이고 $\overline{DB}=\overline{DE}$, ∠BDE=20°일 때, ∠EBF의 크기 는?

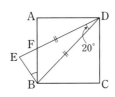

① 25°　　② 27°　　③ 30°
④ 32°　　⑤ 35°

5 사각형의 뜻과 성질

15 다음 그림과 같은 마름모 ABCD에서 ∠CDO=30°, $\overline{AB}=10$ cm일 때, △ABC의 둘레의 길이를 구하시오. (단, O는 두 대각선의 교점이다.)

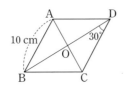

6 등변사다리꼴의 뜻과 성질

16 오른쪽 그림과 같이 $\overline{AD} /\!/ \overline{BC}$인 등변사다리 꼴 ABCD에서 $\overline{AD}=\overline{CD}$이고 ∠DAC=35°일 때, ∠BAC의 크기는?

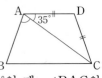

① 55°　　② 60°　　③ 65°
④ 70°　　⑤ 75°

6 등변사다리꼴의 뜻과 성질

17 오른쪽 그림과 같이 $\overline{AD} /\!/ \overline{BC}$인 등변사다리꼴 ABCD에서 $\overline{AB}=6$ cm, $\overline{BC}=8$ cm, ∠B=60°일 때, $\overline{AD}$의 길이는?

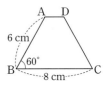

① 1 cm　　② 2 cm　　③ 3 cm
④ 4 cm　　⑤ 5 cm

7 여러 가지 사각형 사이의 관계

18 오른쪽 그림과 같은 직 사각형 ABCD에서 ∠ABD, ∠BDC의 이 등분선이 각각 $\overline{AD}$, $\overline{BC}$ 와 만나는 점을 E, F라 할 때, □EBFD는 마름 모이다. ∠EDB의 크기는?

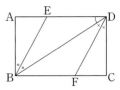

① 25°　　② 28°　　③ 30°
④ 32°　　⑤ 35°

7 여러 가지 사각형 사이의 관계

19 다음 그림과 같은 평행사변형 ABCD에서 대각선 AC, BD가 ∠A와 ∠B를 각각 이등분할 때, □ABCD는 어떤 사각형인지 말하시오. (단, O는 두 대각선의 교점이다.)

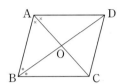

7 여러 가지 사각형 사이의 관계

20 다음 그림과 같이 평행사변형 ABCD의 네 내각의 이등분선의 교점을 각각 E, F, G, H라 할 때, ∠HEF의 크기는?

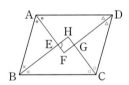

① 60°   ② 70°   ③ 80°
④ 90°   ⑤ 100°

7 여러 가지 사각형 사이의 관계

21 다음 중 각 변의 중점을 연결하여 만든 사각형이 마름모가 되는 것을 모두 고르면? (정답 2개)

① 사각형   ② 평행사변형
③ 직사각형   ④ 마름모
⑤ 등변사다리꼴

8 평행선과 삼각형의 넓이

22 오른쪽 그림과 같이 $\overline{AD} /\!/ \overline{BC}$인 사다리꼴 ABCD에서 점 O는 두 대각선의 교점이다. $\overline{AO} : \overline{CO} = 3 : 4$이고 △OBC의 넓이가 $16\,\mathrm{cm}^2$일 때, △ODA의 넓이는?

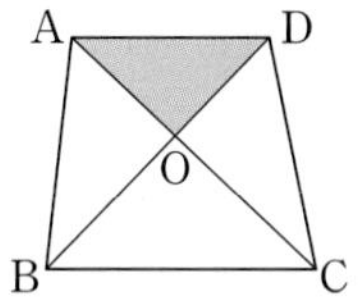

① $9\,\mathrm{cm}^2$ ② $10\,\mathrm{cm}^2$ ③ $11\,\mathrm{cm}^2$
④ $12\,\mathrm{cm}^2$ ⑤ $13\,\mathrm{cm}^2$

8 평행선과 삼각형의 넓이

23 오른쪽 그림과 같은 △ABC에서 $\overline{AB}$ 위의 점 D를 지나고 $\overline{BC}$에 평행한 직선이 $\overline{AC}$와 만나는 점을 E라 하자. $\overline{AC}$ 위에 $\overline{EF} : \overline{CE} = 1 : 4$가 되도록 점 F를 잡으면 □DBEF의 넓이가 $20\,\mathrm{cm}^2$일 때, △FDE의 넓이는?

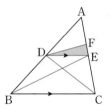

① $3\,\mathrm{cm}^2$ ② $4\,\mathrm{cm}^2$ ③ $5\,\mathrm{cm}^2$
④ $6\,\mathrm{cm}^2$ ⑤ $7\,\mathrm{cm}^2$

8 평행선과 삼각형의 넓이

24 오른쪽 그림과 같은 직사각형 ABCD의 $\overline{CD}$ 위에 $\overline{DE} = 2\overline{CE}$가 되도록 점 E를 잡았을 때, △ACE의 넓이는 □ABCD의 넓이의 몇 배인가?

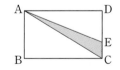

① $\dfrac{1}{2}$배   ② $\dfrac{1}{4}$배   ③ $\dfrac{1}{6}$배
④ $\dfrac{1}{8}$배   ⑤ $\dfrac{1}{10}$배

1

오른쪽 그림과 같은 평행사변형 ABCD에서 $\overline{CD}$의 중점을 E라 하고 $\overline{AE}$와 $\overline{BD}$의 교점을 F라 하자. □ABCD의 넓이는 72 cm²이고 $\overline{AF}:\overline{EF}=2:1$일 때, △EFO의 넓이를 구하시오. (단, O는 두 대각선의 교점이다.)

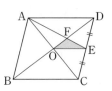

1-1

오른쪽 그림과 같은 평행사변형 ABCD에서 $\overline{CD}$의 중점을 M 이라 하고 $\overline{AM}$과 $\overline{BD}$의 교점을 N이라 하자. $\overline{AN}:\overline{NM}=2:1$ 이고 □ABCD의 넓이가 48 cm²일 때, △DNM의 넓이를 구하시오.

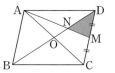

2

오른쪽 그림과 같은 정사각형 ABCD에서 점 O는 두 대각선의 교점이다. $\overline{AD}$, $\overline{AB}$ 위의 두 점 E, F 에 대하여 ∠EOF=90°이고 □AFOE의 넓이가 15 cm²일 때, □ABCD의 넓이를 구하시오.

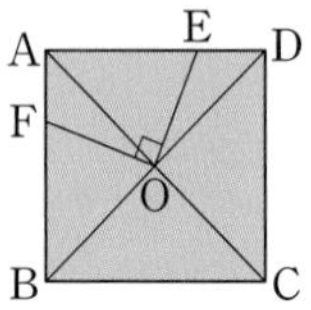

2-1

오른쪽 그림에서 □ABCD와 □OFGH는 합동인 정사각형 이고, 점 O는 $\overline{AC}$와 $\overline{BD}$의 교점이다. $\overline{AD}=10$ cm일 때, 색칠한 부분의 넓이를 구하시오.

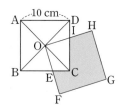

❸

오른쪽 그림과 같은 마름모
ABCD의 꼭짓점 B에서 $\overline{AD}$, $\overline{CD}$
에 내린 수선의 발을 각각 P, Q라
하자. ∠C=70°일 때, ∠BQP의
크기를 구하시오.

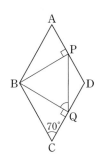

❸-1

오른쪽 그림과 같이 마름모
ABCD의 대각선 BD 위에
$\overline{BE}=\overline{EF}=\overline{DF}$가 되도록
두 점 E, F를 잡으면
$\overline{BE}=\overline{CE}$일 때, ∠CDF의
크기를 구하시오.

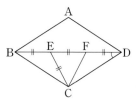

❹

오른쪽 그림과 같은 평행사변
형 ABCD에서 $\overline{BC}$의 중점
을 E라 하고 점 A에서 $\overline{DE}$
에 내린 수선의 발을 F라 하
자. $\overline{BC}=12$ cm, $\overline{CD}=8$ cm일 때, $\overline{BF}$의 길이를 구
하시오.

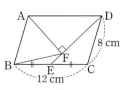

❹-1

오른쪽 그림과 같은 평행사변형
ABCD에서 $\overline{CD}$의 중점을 E라 하
고 점 A에서 $\overline{BE}$에 내린 수선의
발을 F라 하자. $\overline{AB}=5$ cm,
$\overline{BC}=4$ cm일 때, $\overline{DF}$의 길이를 구하시오.

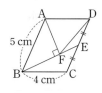

서술형 집중 연습

예제 ①

오른쪽 그림과 같은 평행사변형 ABCD에서 $\overline{AB}$의 연장선 위에 ∠AEC=40°가 되도록 점 E를 잡았다. ∠B=80°이고 ∠DCE : ∠ECA=4 : 1일 때, ∠x의 크기를 구하시오.

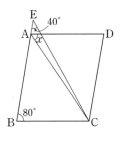

풀이 과정

∠AEC=□=□° (엇각)

∠ECA=$\frac{1}{4}$×□=□°

∴ ∠DCA=□°

∠D=∠B=□°이므로

△ACD에서

∠x=180°−□=□°

유제 ①

다음 그림과 같은 평행사변형 ABCD에서 ∠ACB의 이등분선과 $\overline{AD}$의 연장선의 교점을 E라 하자. ∠D=70°, ∠AEC=30°일 때, ∠BAC의 크기를 구하시오.

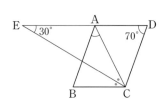

예제 ②

오른쪽 그림과 같은 평행사변형 ABCD에서 두 대각선의 교점을 O라 하면 $\overline{BC}$=3 cm, $\overline{DO}$=4 cm이다. ∠ADB의 이등분선과 $\overline{BC}$의 연장선의 교점을 E라 할 때, $\overline{CE}$의 길이를 구하시오.

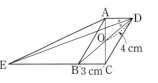

풀이 과정

∠ADE=∠BDE이고,

∠ADE=□ (엇각)이므로

∠BDE=□

즉, △DEB가 이등변삼각형이므로

$\overline{BD}$=□

$\overline{BD}$=2×□=□ cm=$\overline{BE}$

따라서

$\overline{CE}$=$\overline{BC}$+□=□ cm

유제 ②

다음 그림과 같은 평행사변형 ABCD에서 두 대각선의 교점을 O라 하면 $\overline{AO}$=5 cm, $\overline{BO}$=3 cm이다. ∠DAC의 이등분선과 $\overline{BC}$의 연장선의 교점을 E라 할 때, $\overline{CE}$의 길이를 구하시오.

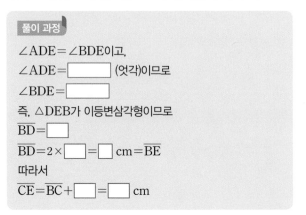

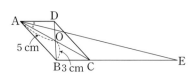

60 | 수학 2-2 중간고사 대비

예제 ③

오른쪽 그림과 같이 정사각형 ABCD에서 대각선 AC 위의 한 점을 P라 하고, $\overline{DP}$의 연장선과 $\overline{BC}$의 연장선의 교점을 Q라 하자. ∠BPC=70°일 때, ∠x+∠y의 크기를 구하시오.

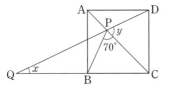

풀이 과정

△PBC와 △PDC에서
$\overline{PC}$는 공통,
∠PCB=[   ]=45°,
$\overline{BC}$=[   ]
이므로 △PBC≡[   ] (SAS 합동)
즉, ∠BPC=[   ]=70°
∠QPB=180°−[   ]=[   ]°
△PQC에서
∠PQB=180°−[   ]°−[   ]°−[   ]°
     =[   ]°
따라서 ∠x+∠y=[   ]°

유제 ③

오른쪽 그림과 같은 정사각형 ABCD의 대각선 BD 위에 점 E를 잡고 $\overline{AE}$의 연장선과 $\overline{BC}$의 연장선의 교점을 F라 하자. ∠BAE=60°일 때, ∠CEF의 크기를 구하시오.

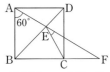

예제 ④

오른쪽 그림과 같이 반지름의 길이가 10 cm인 원 O에서 네 점 A, B, C, D는 원 위에 있고 $\overline{AB}$∥$\overline{CD}$이다. $\overline{CD}$ 위의 한 점을 E라 하고 호 AB의 길이가 원주의 $\frac{1}{5}$일 때, 색칠한 부분의 넓이를 구하시오.

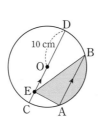

풀이 과정

$\overline{AB}$∥$\overline{CD}$이므로
△EAB=[   ]
따라서
(색칠한 부분의 넓이)
=(부채꼴 OAB의 넓이)
=[ ]×π×[   ]
=[   ] (cm²)

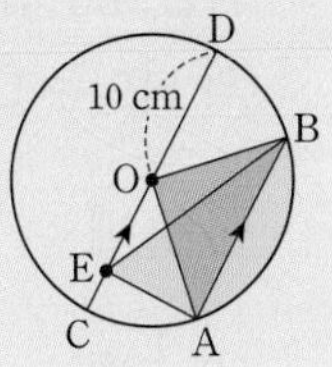

유제 ④

오른쪽 그림과 같이 반지름의 길이가 4 cm인 원 O에서 $\overline{CD}$는 지름이고 $\overline{AB}$∥$\overline{CD}$이다. $\widehat{AB}$의 길이가 원 O의 둘레의 길이의 $\frac{1}{8}$일 때, 색칠한 부분의 넓이를 구하시오.

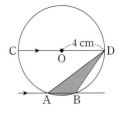

01 오른쪽 그림과 같은 평행사변형 ABCD에서 다음 중 옳지 <u>않은</u> 것은? (단, O는 두 대각선의 교점이다.)

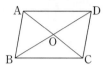

① $\overline{AB} /\!/ \overline{CD}$, $\overline{AD} /\!/ \overline{BC}$

② $\angle A = \angle C$, $\angle B = \angle D$

③ $\angle ABD = \angle CBD$, $\angle BAO = \angle DAO$

④ $\overline{AB} = \overline{CD}$, $\overline{AD} = \overline{BC}$

⑤ $\overline{OA} = \overline{OC}$, $\overline{OB} = \overline{OD}$

02 오른쪽 그림과 같은 평행사변형 ABCD에서 점 M은 $\overline{AD}$의 중점이고 $\overline{AB} = \frac{1}{2}\overline{BC}$일 때, $\angle BMC$의 크기는?

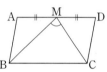

① $84°$　　② $86°$　　③ $88°$

④ $90°$　　⑤ $92°$

03 오른쪽 그림과 같은 평행사변형 ABCD에서 $\overline{CD}$의 중점을 M이라 하고, $\overline{AM}$의 연장선과 $\overline{BC}$의 연장선의 교점을 N이라 하자. $\overline{AB} = 5\,cm$, $\overline{BN} = 14\,cm$일 때, $\overline{AD}$의 길이는?

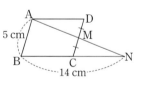

① $6\,cm$　　② $7\,cm$　　③ $8\,cm$

④ $9\,cm$　　⑤ $10\,cm$

04 오른쪽 그림과 같은 평행사변형 ABCD에서 두 대각선의 교점을 O라 하고, 대각선 BD 위에 $\overline{BE} = \overline{DF}$가 되도록 두 점 E, F를 잡을 때, 다음 중 옳지 <u>않은</u> 것을 모두 고르면? (정답 2개)

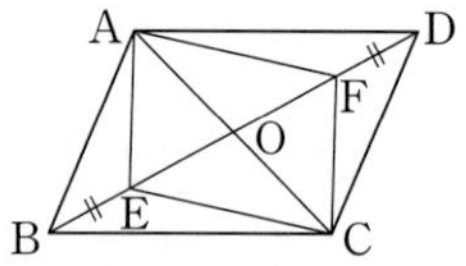

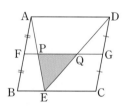

① $\overline{AE} = \overline{AF}$　　　　② $\overline{OA} = \overline{OC}$

③ $\triangle OAF \equiv \triangle OCE$　　④ $\angle CEO = \angle CFO$

⑤ $\square AECF$는 평행사변형이다.

05 다음 중 $\square ABCD$가 평행사변형이 <u>아닌</u> 것을 모두 고르면? (정답 2개) (단, O는 두 대각선의 교점이다.)

① $\overline{OA} = \overline{OB} = 5\,cm$, $\overline{OC} = \overline{OD} = 6\,cm$

② $\overline{AD} /\!/ \overline{BC}$, $\overline{AD} = 5\,cm$, $\overline{BC} = 5\,cm$

③ $\angle A = \angle C$, $\overline{AB} /\!/ \overline{CD}$

④ $\angle A = 120°$, $\angle B = 60°$, $\overline{AD} = \overline{BC} = 6\,cm$

⑤ $\angle B = \angle C$, $\overline{AB} = 5\,cm$, $\overline{CD} = 5\,cm$

[고난도]

06 오른쪽 그림과 같은 평행사변형 ABCD에서 점 E는 $\overline{BC}$ 위의 점이고 두 점 F, G는 각각 $\overline{AB}$, $\overline{CD}$의 중점이다. $\overline{FG}$와 $\overline{AE}$, $\overline{DE}$의 교점을 각각 P, Q라 할 때, $\triangle PEQ$의 넓이는 $\square ABCD$의 넓이의 몇 배인가?

① $\frac{1}{2}$배　　② $\frac{1}{3}$배　　③ $\frac{1}{4}$배

④ $\frac{1}{6}$배　　⑤ $\frac{1}{8}$배

07 오른쪽 그림의 □ABCD 에서 $\overline{AB}=\overline{CD}=8$ cm, $\overline{AD}=\overline{BC}=12$ cm이다. □ABCD가 직사각형이 되는 조건이 <u>아닌</u> 것을 모두 고르면? (정답 2개) (단, O는 두 대각선의 교점이다.)

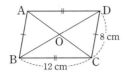

① $\angle A=90°$ ② $\angle A=\angle C$ ③ $\overline{AC}\perp\overline{BD}$
④ $\overline{AC}=\overline{BD}$ ⑤ $\angle A=\angle B$

08 오른쪽 그림과 같이 평 행사변형 ABCD에서 ∠A, ∠C의 이등분선 이 $\overline{BC}$, $\overline{AD}$와 만나는 점을 각각 F, E라 하자. $\angle B=\dfrac{1}{2}\angle A$일 때, □AFCE의 둘레의 길이는?

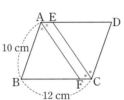

① 20 cm ② 22 cm ③ 24 cm
④ 26 cm ⑤ 38 cm

09 오른쪽 그림과 같이 직사 각형 ABCD의 대각선 AC의 수직이등분선이 변 AB, CD와 만나는 점 을 각각 E, F라 하자. $\overline{AF}\,/\!/\,\overline{CE}$이고 $\overline{AB}=18$ cm, $\overline{AD}=12$ cm, $\overline{DF}=5$ cm일 때, □AECF의 둘레의 길이는? (단, O는 $\overline{AC}$와 $\overline{EF}$의 교점이다.)

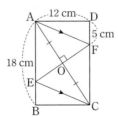

① 52 cm ② 54 cm ③ 56 cm
④ 58 cm ⑤ 60 cm

10 오른쪽 그림에서 □ABCD 는 정사각형이고 $\overline{AE}=\overline{DF}$, $\angle AFG=130°$일 때, ∠EGC의 크기는? (단, G는 $\overline{DE}$와 $\overline{CF}$의 교점이다.)

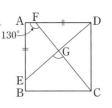

① 70° ② 75° ③ 80°
④ 85° ⑤ 90°

11 오른쪽 그림과 같은 평 행사변형 ABCD에서 $\overline{BC}$와 $\overline{DA}$ 위에 각각 $\overline{BE}:\overline{EC}=1:2$, $\overline{AF}:\overline{FD}=3:4$가 되도록 두 점 E, F를 잡는 다. △FCD의 넓이가 12 cm²일 때, △DBE의 넓이는?

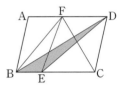

① 4 cm² ② 7 cm² ③ 9 cm²
④ 11 cm² ⑤ 14 cm²

고난도
12 다음 그림에서 □ABCD는 정사각형이고 △BCE는 $\overline{BC}=\overline{CE}$인 이등변삼각형일 때, ∠DEB의 크기는?

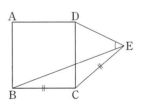

① 35° ② 40° ③ 45°
④ 50° ⑤ 55°

Ⅳ-3. 사각형의 성질 **63**

13 다음 그림에서 □ABCD와 □EFGH는 모두 평행사변형이다. ∠DHG=10°, ∠EFG=110°일 때, ∠x의 크기를 구하시오.

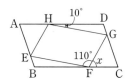

15 다음 그림의 □ABCD는 $\overline{AD} /\!/ \overline{BC}$인 등변사다리꼴이다. $\overline{AC} /\!/ \overline{DF}$, $\overline{AE} /\!/ \overline{DB}$, ∠DBC=50°일 때, ∠$x$+ ∠$y$의 크기를 구하시오.

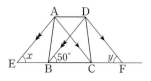

14 다음 그림과 같은 마름모 ABCD에서 점 O는 두 대각선의 교점이다. $\overline{BC}$=6 cm, ∠OBC=30°일 때, $x+y+z$의 값을 구하시오.

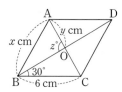

16 오른쪽 그림과 같이 $\overline{AD} /\!/ \overline{BC}$인 사다리꼴 ABCD에서 △ACD의 넓이가 21 cm²이고 $\overline{OA} : \overline{OC}$=3 : 4일 때, □ABCD의 넓이를 구하시오. (단, O는 두 대각선의 교점이다.)

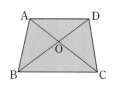

01 다음 중 평행사변형인 것을 모두 고르면?

(정답 2개)

①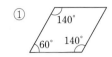

②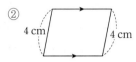

③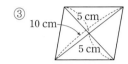

④

⑤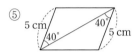

02 오른쪽 그림과 같은 평행사변형 ABCD에서 $\angle x + \angle y$의 크기는? (단, O는 두 대각선의 교점이다.)

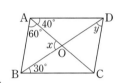

① 110°　　② 115°　　③ 120°

④ 125°　　⑤ 130°

03 오른쪽 그림은 평행사변형 모양의 종이 ABCD를 $\overline{BD}$를 접는 선으로 하여 꼭짓점 A가 A′에 오도록 접은 것이다. $\overline{DA}$과 $\overline{BC}$의 교점을 E, $\overline{BA'}$의 연장선과 $\overline{DC}$의 연장선의 교점을 F라 하고 ∠DBA′=50°일 때, ∠DFA′의 크기는?

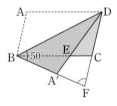

① 70°　　② 75°　　③ 80°

④ 85°　　⑤ 90°

04 오른쪽 그림과 같은 평행사변형 ABCD에서 네 변의 중점을 각각 P, Q, R, S라 할 때, □PQRS가 평행사변형이 되는 조건으로 가장 알맞은 것은?

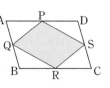

① 두 쌍의 대변이 각각 평행하다.

② 두 쌍의 대변의 길이가 각각 같다.

③ 두 쌍의 대각의 크기가 각각 같다.

④ 한 쌍의 대변이 평행하고, 그 길이가 같다.

⑤ 두 대각선이 서로를 이등분한다.

05 오른쪽 그림과 같은 평행사변형 ABCD의 두 꼭짓점 B, D에서 대각선 AC에 내린 수선의 발을 각각 P, Q라 하자. ∠PBQ=50°일 때, □PBQD는 어떤 사각형인지 찾고 ∠DPC의 크기를 구하면?

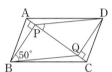

① 평행사변형, 40°　　② 평행사변형, 50°

③ 마름모, 40°　　④ 마름모, 50°

⑤ 직사각형, 45°

고난도

06 오른쪽 그림과 같은 평행사변형 ABCD에서 $\overline{AD}$ 위에 $\overline{AM} : \overline{MD} = 3 : 4$가 되도록 점 M을 잡은 후 $\overline{CD}$ 위에 $\overline{AC} /\!/ \overline{MN}$이 되도록 점 N을 잡자. △BCN의 넓이가 9 cm²일 때, □ABCD의 넓이는?

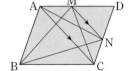

① 28 cm²　　② 30 cm²　　③ 36 cm²

④ 42 cm²　　⑤ 48 cm²

07 오른쪽 그림의 평행사변형 ABCD에 대한 다음 설명 중 옳지 <u>않은</u> 것을 모두 고르면? (정답 2개)

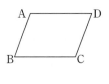

① $\overline{AC} \perp \overline{BD}$이면 마름모이다.
② $\overline{AB} = \overline{AD}$이면 직사각형이다.
③ ∠B = ∠C이면 마름모이다.
④ $\overline{AC} = \overline{BD}$이면 직사각형이다.
⑤ ∠ABD = ∠ADB, ∠D = 90°이면 정사각형이다.

08 오른쪽 그림과 같은 직사각형 ABCD에서 ∠DAC, ∠ACB의 이등분선이 $\overline{DC}$, $\overline{AB}$와 만나는 점을 각각 P, Q라 하자. $\overline{PQ}$와 $\overline{AC}$의 교점을 O라 할 때, 다음 중 옳은 것을 모두 고르면? (정답 2개)

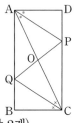

① $\overline{AP} = \overline{CQ}$　　② ∠QAC = ∠CAP
③ $\overline{OP} = \overline{OQ}$　　④ ∠AOQ = 90°
⑤ □AQCP는 마름모이다.

09 오른쪽 그림과 같은 마름모 ABCD의 둘레의 길이는 32 cm이고, ∠DAB = 2∠ABC일 때, $\overline{AO}$의 길이는? (단, O는 두 대각선의 교점이다.)

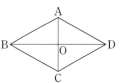

① 4 cm　　② 5 cm　　③ 6 cm
④ 7 cm　　⑤ 8 cm

10 오른쪽 그림과 같은 정사각형 ABCD의 내부의 한 점 O에 대하여 $\overline{AD} = \overline{DO} = \overline{CO}$일 때, ∠AOB의 크기는?

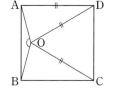

① 110°　　② 120°　　③ 130°
④ 140°　　⑤ 150°

11 오른쪽 그림과 같은 평행사변형 ABCD에서 $\overline{AB}$의 연장선 위의 점 E에 대하여 $\overline{BC}$와 $\overline{DE}$의 교점을 F, $\overline{AC}$와 $\overline{DE}$의 교점을 G라 하자. 다음 중 △ABF와 넓이가 같은 삼각형을 모두 찾으면? (정답 2개)

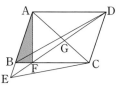

① △DBF　　② △AFC　　③ △CFE
④ △BEF　　⑤ △GFC

고난도

12 오른쪽 그림과 같이 삼각형 ABC의 세 변을 각각 한 변으로 하는 세 정삼각형 DBA, EBC, FAC에 대하여 □AFED는 어떤 사각형인지 구하시오.

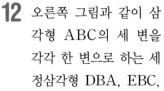
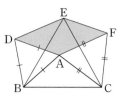

13 다음 그림과 같이 마름모 모양의 종이 ABCD를 $\overline{EF}$를 접는 선으로 하여 꼭짓점 D가 D′에 오도록 접었다. $\overline{CF}$와 $\overline{ED'}$의 교점을 G라 하고 ∠B=30°, ∠EFD′=110°일 때, ∠EGC의 크기를 구하시오.

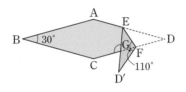

14 다음 그림과 같이 $\overline{AD}/\!/\overline{BC}$인 등변사다리꼴 ABCD에서 △PBC의 넓이가 18 cm²이고 $\overline{PB}:\overline{PD}=3:1$일 때, □ABCD의 넓이를 구하시오. (단, P는 $\overline{AC}$와 $\overline{BD}$의 교점이다.)

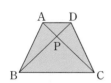

15 다음 그림과 같은 평행사변형 ABCD에서 ∠A, ∠B의 이등분선이 $\overline{DC}$와 만나는 점을 각각 F, E라 하자. $\overline{AB}=12$ cm, $\overline{AD}=8$ cm일 때, $\overline{EF}$의 길이를 구하시오.

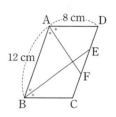

고난도
16 다음 그림과 같은 직사각형 ABCD에서 $\overline{AB}$의 중점을 M이라 하고 $\overline{BC}$ 위에 $\overline{AB}=\overline{BN}$이 되도록 점 N을 잡자. $\overline{BN}:\overline{NC}=2:1$일 때, ∠DMN의 크기를 구하시오.

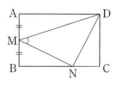

V. 도형의 닮음과 피타고라스 정리

1

도형의 닮음

핵심 개념

1 도형의 닮음

1 닮은 도형

한 도형을 일정한 비율로 확대 또는 축소하여 다른 도형과 포갤 수 있을 때, 이 두 도형을 서로 닮음인 관계에 있다고 하고 닮음인 관계에 있는 두 도형을 닮은 도형이라고 한다.

2 닮은 도형을 기호로 나타내기

닮은 두 도형은 기호 $\backsim$를 사용하여 나타낸다.
(이때 두 도형의 꼭짓점은 대응하는 순서대로 쓴다.)

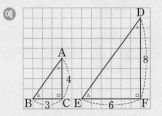

(예) 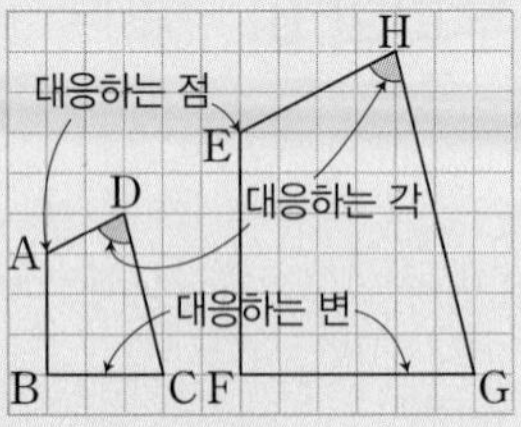
□ABCD$\backsim$□EFGH
점 A와 대응하는 점: 점 E
∠D와 대응하는 각: ∠H
$\overline{BC}$와 대응하는 변: $\overline{FG}$

[참고] 닮음 기호($\backsim$)는 1710년 이후 라이프니츠에 의하여 사용되었으며 Similar의 첫 글자이다.

3 평면도형에서 닮은 도형의 성질

(1) 대응하는 변의 길이의 비는 일정하다.
$\overline{AB}:\overline{DE}=\overline{BC}:\overline{EF}=\overline{AC}:\overline{DF}$
(2) 대응하는 각의 크기는 각각 같다.
∠A=∠D, ∠B=∠E, ∠C=∠F

[참고] 닮은 두 도형에서 대응하는 변의 길이의 비를 닮음비라고 한다.

(예)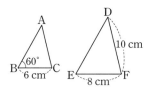

△ABC$\backsim$△DEF이고
두 도형의 닮음비는
4:8=3:6=1:2

4 입체도형에서 닮은 도형의 성질

(1) 대응하는 모서리의 길이의 비는 일정하다.
$\overline{AB}:\overline{A'B'}=\overline{CD}:\overline{C'D'}$
$=\overline{BC}:\overline{B'C'}$
(2) 대응하는 면은 닮은 도형이다.
□ABCD$\backsim$□A'B'C'D'

[참고] 닮은 두 입체도형에서 대응하는 모서리의 길이의 비를 닮음비라고 한다.

(예)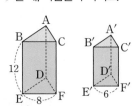

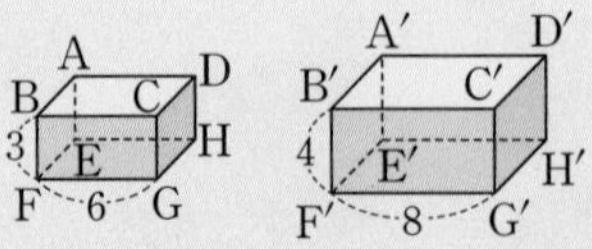

두 도형의 닮음비는
6:8=3:4

개념 체크

01
다음 중 항상 서로 닮은 도형이 아닌 것을 고르시오.

ㄱ. 두 원   ㄴ. 두 마름모
ㄷ. 두 정삼각형   ㄹ. 두 정사각형

02
아래 그림의 △ABC와 △DEF는 닮은 도형이다. 다음 물음에 답하시오.

(1) 닮은 두 삼각형을 기호로 나타내시오.
(2) 두 삼각형의 닮음비를 구하시오.
(3) $\overline{AC}$의 길이를 구하시오.

03
아래 그림에서 두 삼각기둥은 닮은 도형이고 면 ABC에 대응하는 면이 면 A'B'C'일 때, 다음을 구하시오.

(1) 두 삼각기둥의 닮음비
(2) $\overline{B'E'}$의 길이

V. 도형의 닮음과 피타고라스 정리

5 닮은 도형의 넓이의 비, 부피의 비

(1) 닮은 두 평면도형의 넓이의 비는 닮음비의 제곱과 같다.
   닮음비가 $m:n$ ➡ 넓이의 비는 $m^2:n^2$
(2) 닮은 두 입체도형의 부피의 비는 닮음비의 세제곱과 같다.
   닮음비가 $m:n$ ➡ 부피의 비는 $m^3:n^3$
예 닮은 두 삼각뿔의 닮음비가 $4:6=2:3$
   이므로 넓이의 비는 $2^2:3^2=4:9$이고
   부피의 비는 $2^3:3^3=8:27$이다.

4 cm   6 cm

6 삼각형의 닮음 조건의 응용

두 삼각형은 다음 세 조건 중에서 어느 하나만 만족하면 닮은 도형이 된다.
(1) 세 쌍의 대응변의 길이의 비가 같다.
   (SSS 닮음)
   ➡ $a:a'=b:b'=c:c'$

(2) 두 쌍의 대응변의 길이의 비가 같고, 그 끼인각의 크기가 같다. (SAS 닮음)
   ➡ $a:a'=c:c'$, $\angle B=\angle B'$

(3) 두 쌍의 대응각의 크기가 각각 같다.
   (AA 닮음)
   ➡ $\angle B=\angle B'$, $\angle C=\angle C'$

7 직각삼각형의 닮음

$\angle A=90°$인 직각삼각형 ABC의 꼭짓점 A에서 빗변 BC에 내린 수선의 발을 D라고 할 때, $\triangle ABC \backsim \triangle DBA \backsim \triangle DAC$

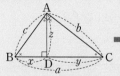 ➡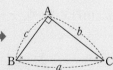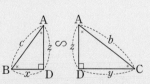

① $c^2=ax$ ② $b^2=ay$ ③ $z^2=xy$

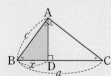 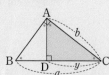 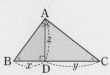

$\triangle ABC \backsim \triangle DBA$ $\triangle ABC \backsim \triangle DAC$ $\triangle ABD \backsim \triangle CAD$

참고 (삼각형의 넓이)$=\dfrac{1}{2}\times$(밑변)$\times$(높이)이므로 $\dfrac{1}{2}az=\dfrac{1}{2}bc$ ∴ $az=bc$

개념 체크

04
아래 그림의 두 원뿔 A, B는 닮은 도형이고 밑면의 반지름의 길이는 각각 3 cm, 6 cm이다. 다음을 구하시오.

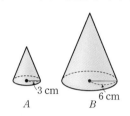

(1) 두 원뿔 A, B의 겉넓이의 비
(2) 두 원뿔 A, B의 부피의 비

05
다음 그림에서 서로 닮음인 삼각형을 찾아 기호로 나타내고, 닮음 조건을 구하시오.

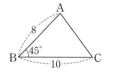

06
다음 그림에서 서로 닮음인 삼각형을 찾아 기호로 나타내시오.

(1)
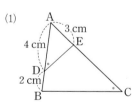

(2)
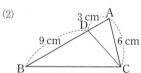

07
다음 그림에서 $\overline{AD}$의 길이를 구하시오.

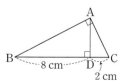

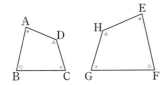
유형 1 닮은 도형

01 아래 그림에서 두 도형이 서로 닮았을 때, 다음 중 옳지 <u>않은</u> 것은?

① 기호 ∽를 사용하여 나타내면
□ABCD∽□EFGH이다.

② 꼭짓점 D에 대응하는 꼭짓점은 H이다.

③ $\overline{AB}$에 대응하는 변은 $\overline{EF}$이다.

④ ∠A에 대응하는 각은 ∠E이다.

⑤ $\overline{DC} : \overline{HG} = \overline{EF} : \overline{AB}$

풀이 전략 닮은 도형을 찾고, 대응하는 변과 각을 찾는다.

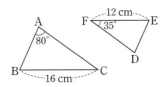

02 아래 그림에서 △ABC∽△DEF일 때, 다음 중 옳지 <u>않은</u> 것을 모두 고르면? (정답 2개)

① ∠B=65°

② ∠C=35°

③ $\overline{AB} : \overline{DE} = 3 : 2$

④ 점 A에 대응하는 점은 점 D이다.

⑤ $\overline{AC}$에 대응하는 변은 $\overline{EF}$이다.

03 다음 중 항상 서로 닮은 도형이 <u>아닌</u> 것은?

① 두 원

② 두 정삼각형

③ 두 직사각형

④ 두 정사각형

⑤ 두 직각이등변삼각형

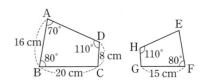
유형 2 도형에서 닮음의 성질

04 아래 그림에서 □ABCD∽□EFGH일 때, 다음 중 옳지 <u>않은</u> 것은?

① ∠E=70°　　② ∠G=100°

③ $\overline{EF}$=12 cm　　④ $\overline{HG}$=8 cm

⑤ $\overline{DC} : \overline{HG}$=4 : 3

풀이 전략 닮은 도형을 찾고, 닮음비를 구한다.

05 오른쪽 그림에서 □OABC와 □ODEF가 서로 닮은 도형이고 □OABC의 둘레의 길이가 27 cm일 때, □ODEF의 둘레의 길이는?

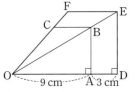

① 16 cm　　② 20 cm　　③ 26 cm

④ 30 cm　　⑤ 36 cm

06 다음 그림에서 두 사면체 A−BCD와 E−FGH는 닮은 도형이고, △ACD에 대응하는 면이 △EGH이다. $\overline{EH}$의 길이를 x cm, $\overline{CD}$의 길이를 y cm라고 할 때, $x+y$의 값은?

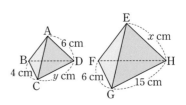

① 16　　② 19　　③ 22

④ 25　　⑤ 28

유형 ③ 닮은 도형의 넓이의 비, 부피의 비

07 오른쪽 그림에서 두
원기둥은 닮음비가
3 : 4인 닮은 도형일
때, 다음을 구하시오.

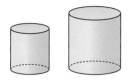

(1) 작은 원기둥의 밑면의 넓이가 27 cm²일 때,
큰 원기둥의 밑면의 넓이

(2) 큰 원기둥의 부피가 192 cm³일 때, 작은 원
기둥의 부피

> **풀이 전략** 닮음비와 넓이의 비, 부피의 비 사이의 관계를 이
> 용한다.

08 오른쪽 그림과 같은 △ABC에
서 세 변의 중점을 각각 D, E,
F라 하자. △ABC의 넓이가
160 cm²일 때, △DEF의 넓이
는?

① 32 cm²   ② 34 cm²   ③ 36 cm²
④ 38 cm²   ⑤ 40 cm²

09 오른쪽 그림과 같은 원뿔
모양의 그릇에 6 cm의 높
이까지 물을 채웠다. 물의
부피가 135 cm³일 때, 그
릇 전체의 부피는?

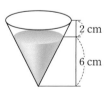

① 320 cm³   ② 340 cm³   ③ 360 cm³
④ 380 cm³   ⑤ 400 cm³

유형 ④ 삼각형의 닮음 조건

10 다음 중 서로 닮은 삼각형을 찾아 기호 ∽를
사용하여 나타내고, 닮음 조건을 말하시오.

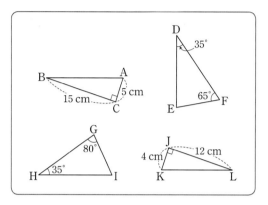

> **풀이 전략** 대응하는 변과 대응하는 각을 찾아 닮은 삼각형을
> 기호로 나타낸다.

11 아래 그림의 두 삼각형이 닮은 도형이 되려면 다
음 중 어느 조건을 추가해야 하는가?

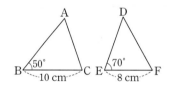

① ∠A=70°, ∠D=50°
② ∠C=60°, ∠F=55°
③ $\overline{AB}$=8 cm, $\overline{DE}$=6 cm
④ $\overline{AB}$=21 cm, $\overline{DF}$=14 cm
⑤ $\overline{AC}$=15 cm, $\overline{DF}$=12 cm

12 다음 그림에서 닮음인 삼각형을 찾아 기호 ∽를
사용하여 나타내고, 닮음 조건을 말하시오.

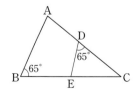

유형 **5** **삼각형의 닮음의 응용**

13 오른쪽 그림을 보고, 다음 물음에 답하시오.

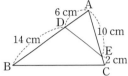

(1) 닮음인 삼각형을 찾아 기호 ∽를 사용하여 나타내고, 닮음 조건을 말하시오.

(2) $\overline{DE}=14$ cm일 때, $\overline{BC}$의 길이를 구하시오.

> **풀이 전략** 닮은 도형을 찾고, 닮음비를 이용하여 길이를 구한다.

14 아래 그림에서 $\overline{AC} /\!/ \overline{DE}$이고 점 B는 $\overline{AE}$와 $\overline{CD}$의 교점일 때, 다음 물음에 답하시오.

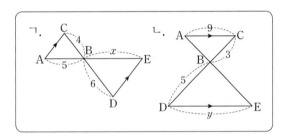

(1) 닮은 삼각형을 찾아 기호 ∽를 사용하여 나타내고, 닮음 조건을 말하시오.

(2) $x+y$의 값을 구하시오.

15 오른쪽 그림에서 $\angle ABD = \angle ACB$일 때, 다음 물음에 답하시오.

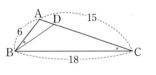

(1) △ABC와 닮음인 도형을 찾아 기호 ∽를 사용하여 나타내고, 닮음 조건을 말하시오.

(2) △ABC와 닮음인 도형의 닮음비를 구하시오.

(3) $\overline{BD}$의 길이를 구하시오.

유형 **6** **삼각형의 닮음을 이용한 변의 길이 구하기**

16 다음 그림과 같이 평행사변형 ABCD의 변 AD 위의 점 E에 대하여 $\overline{BE}$의 연장선과 $\overline{CD}$의 연장선의 교점을 F라 하자. $\overline{BC}=10$, $\overline{CD}=4$, $\overline{DF}=2$일 때, $\overline{AE}$의 길이를 구하시오.

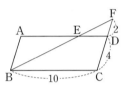

> **풀이 전략** 닮은 도형의 닮음비를 이용하여 길이를 구한다.

17 오른쪽 그림과 같은 평행사변형 ABCD의 변 AD 위의 점 E와 꼭짓점 B를 이은 선분이 대각선 AC와 만나는 점을 F라 하자. $\overline{AF}=3$ cm, $\overline{BC}=6$ cm, $\overline{FC}=4$ cm일 때, $\overline{DE}$의 길이는?

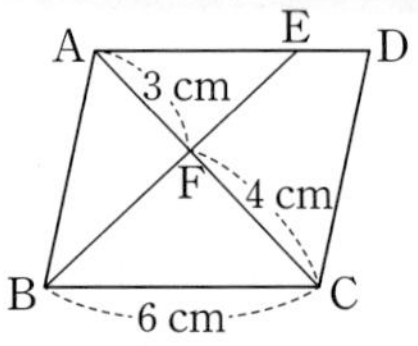

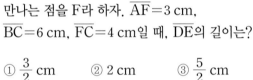

① $\dfrac{3}{2}$ cm ② 2 cm ③ $\dfrac{5}{2}$ cm

④ 3 cm ⑤ $\dfrac{7}{2}$ cm

18 오른쪽 그림에서 □ABCD는 $\overline{AD} /\!/ \overline{BC}$인 사다리꼴이다. $\overline{AO}=3$, $\overline{BD}=6$, $\overline{CO}=6$일 때, $\overline{DO}$의 길이는? (단, O는 $\overline{AC}$와 $\overline{BD}$의 교점이다.)

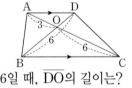

① 2 ② 4 ③ 6
④ 8 ⑤ 10

19 오른쪽 그림과 같이
∠B=90°인 직각삼각형
ABC에서 $\overline{AE}=\overline{CE}$이고
$\overline{DE}\perp\overline{AC}$이다. $\overline{AC}=10$,
$\overline{AD}=\dfrac{25}{4}$일 때, $\overline{AB}$의
길이를 구하시오.

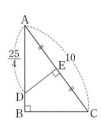

풀이 전략 직각삼각형의 닮음을 이용하여 길이를 구한다.

20 오른쪽 그림과 같이
∠B=90°인 직각삼각형
ABC에서 $\overline{AC}\perp\overline{DE}$이
다. $\overline{BE}=3\,\mathrm{cm}$,
$\overline{CD}=4\,\mathrm{cm}$, $\overline{DE}=3\,\mathrm{cm}$, $\overline{EC}=5\,\mathrm{cm}$일 때,
$x+y$의 값은?

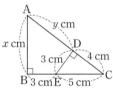

① 11.5 ② 12 ③ 12.5
④ 13 ⑤ 13.5

21 아래 그림의 평행사변형 ABCD에서
∠AEB=∠AFD=90°이다. $\overline{AB}=12\,\mathrm{cm}$,
$\overline{AE}=10\,\mathrm{cm}$, $\overline{AF}=15\,\mathrm{cm}$일 때, 다음 물음에
답하시오.

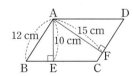

(1) △ABE와 닮음인 도형을 찾아 기호 ∽를 사
용하여 나타내고, 닮음 조건을 말하시오.
(2) $\overline{AD}$의 길이를 구하시오.

22 오른쪽 그림과 같이
∠A=90°인 직각삼
각형 ABC에서
$\overline{AD}\perp\overline{BC}$이다.
$\overline{BD}=9\,\mathrm{cm}$, $\overline{CD}=4\,\mathrm{cm}$일 때, $\overline{AD}$의 길이는?

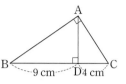

① 3 cm ② 4 cm ③ 5 cm
④ 6 cm ⑤ 7 cm

풀이 전략 닮은 직각삼각형을 찾고, 닮음비를 이용하여 길이
를 구한다.

23 오른쪽 그림과 같이
∠C=90°인 직각삼각형
ABC에서 $\overline{AB}\perp\overline{CD}$일 때,
다음 중 옳지 <u>않은</u> 것은?

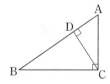

① △ABC∽△CBD
② $\overline{AC}^2=\overline{AD}\times\overline{AB}$
③ $\overline{CD}^2=\overline{AD}\times\overline{DB}$
④ $\overline{BC}^2=\overline{BD}\times\overline{AD}$
⑤ ∠B=∠ACD

24 오른쪽 그림과 같이
∠A=90°인 직각삼각형
ABC에서 $\overline{AD}\perp\overline{BC}$이
다. $\overline{AB}=20$, $\overline{BD}=16$,
$\overline{CD}=9$일 때, $x-y$의 값은?

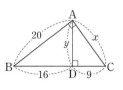

① 2 ② 3 ③ 4
④ 5 ⑤ 6

1 닮은 도형

01 다음 중 두 도형이 항상 닮은 도형인 것을 모두 고르면? (정답 2개)

① 두 구   ② 두 사각뿔
③ 두 삼각기둥   ④ 두 사각기둥
⑤ 두 정육면체

1 닮은 도형

02 다음 중 옳지 <u>않은</u> 것은?

① 닮음을 기호 ∽로 나타낸다.
② 닮음인 두 도형의 넓이는 같다.
③ 닮음인 두 도형은 모양이 같다.
④ 합동인 두 도형의 닮음비는 1 : 1이다.
⑤ 닮음인 두 도형의 대응각의 크기는 같다.

1 닮은 도형

03 아래 그림에서 □ABCD∽□A′B′C′D′일 때, 다음 중 옳지 <u>않은</u> 것은?

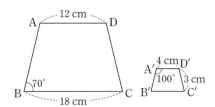

① $\overline{AB}$: $\overline{A'B'}$＝3 : 1
② 닮음비는 3 : 1이다.
③ ∠A＝100°, ∠B′＝70°
④ $\overline{B'C'}$의 길이는 6 cm이다.
⑤ $\overline{AB}$의 길이는 9 cm이다.

2 도형에서 닮음의 성질

04 아래 그림에서 △ABC∽△DEF이고 닮음비가 4 : 5일 때, 다음 중 옳지 <u>않은</u> 것을 모두 고르면?

(정답 2개)

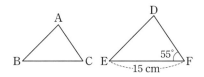

① ∠A＝85°   ② $\overline{BC}$＝12 cm
③ ∠C＝55°   ④ ∠B : ∠E＝4 : 5
⑤ $\overline{AC}$: $\overline{DF}$＝4 : 5

2 도형에서 닮음의 성질

05 다음 그림과 같은 직사각형 ABCD에서 □ABCD∽□AFEB이다. $\overline{AF}$＝9 cm, $\overline{CD}$＝18 cm일 때, $\overline{FD}$의 길이는?

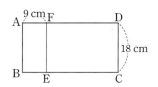

① 15 cm   ② 18 cm   ③ 21 cm
④ 24 cm   ⑤ 27 cm

2 도형에서 닮음의 성질

06 다음 그림에서 두 삼각뿔 V－ABC와 V′－A′B′C′는 서로 닮은 도형이다. △ABC∽△A′B′C′일 때, $x+y+z$의 값은?

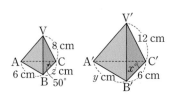

① 57   ② 60   ③ 63
④ 68   ⑤ 70

③ 닮은 도형의 넓이의 비, 부피의 비

07 오른쪽 그림과 같은
△AOD와 △BOC에서
$\overline{AD}/\!/\overline{BC}$이고
$\overline{AD}=8$ cm,
$\overline{BC}=10$ cm이다.
△AOD의 넓이가 80 cm²일 때, △BOC의 넓이
는? (단, O는 $\overline{AC}$와 $\overline{BD}$의 교점이다.)

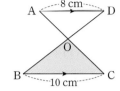

① 100 cm²   ② 115 cm²   ③ 125 cm²
④ 130 cm²   ⑤ 135 cm²

③ 닮은 도형의 넓이의 비, 부피의 비

08 오른쪽 그림과 같이 원뿔을
밑면에 평행한 평면으로 자를
때 생기는 단면의 넓이가
36 cm²일 때, 처음 큰 원뿔의
밑면의 넓이는?

① 70 cm²   ② 80 cm²   ③ 90 cm²
④ 100 cm²   ⑤ 110 cm²

③ 닮은 도형의 넓이의 비, 부피의 비

09 다음 그림과 같이 지름의 길이가 10 cm인 구 모
양의 쇠구슬 1개를 녹여 지름의 길이가 2 cm인
구 모양의 쇠구슬을 만들 때, 최대 몇 개까지 만
들 수 있는가?

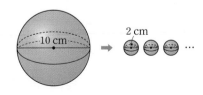

① 85개   ② 95개   ③ 105개
④ 115개   ⑤ 125개

④ 삼각형의 닮음 조건

10 다음 〈보기〉에서 닮은 삼각형을 있는 대로 찾아
기호 ∽를 사용하여 나타내고, 닮음 조건을 말하
시오.

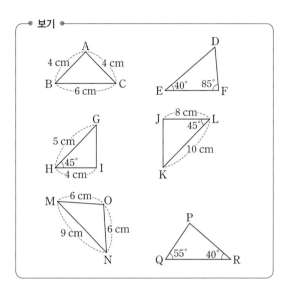

④ 삼각형의 닮음 조건

11 다음 그림에서 닮은 삼각형을 찾아 각각 기호 ∽
로 나타내고, 이때의 닮음 조건과 닮음비를 구하
시오.

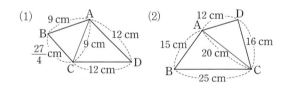

④ 삼각형의 닮음 조건

12 오른쪽 그림에 대한 다
음 설명 중 옳은 것을
모두 고르면?

(정답 2개)

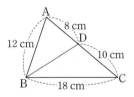

① △ADB와 △CDB는 닮은 도형이다.
② △ADB와 △CDB의 닮음비는 4 : 5이다.
③ △ABC와 △DCB는 닮은 도형이다.
④ △ABC와 △ADB의 닮음비는 3 : 2이다.
⑤ $\overline{BD}$의 길이는 12 cm이다.

5 삼각형의 닮음의 응용

13 오른쪽 그림과 같은 △ABC 에서 점 D는 $\overline{AB}$ 위의 점일 때, x의 값은?

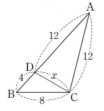

① 4.5   ② 5
③ 5.5   ④ 6
⑤ 6.5

5 삼각형의 닮음의 응용

14 오른쪽 그림과 같은 △ABC에서 점 D는 $\overline{BC}$ 위의 점일 때, $\overline{AD}$의 길이는?

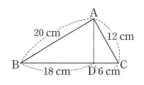

① 10 cm   ② 13 cm   ③ 15 cm
④ 18 cm   ⑤ 20 cm

5 삼각형의 닮음의 응용

15 오른쪽 그림과 같은 △ABC에서 ∠B=∠DEC이고, 점 D는 $\overline{BC}$ 중점이다. $\overline{BC}$=24 cm, $\overline{CE}$=16 cm일 때, x의 값은?

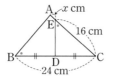

① 1   ② 2   ③ 3
④ 4   ⑤ 5

6 삼각형의 닮음을 이용한 변의 길이 구하기

16 오른쪽 그림과 같은 평행사변형 ABCF에서 $\overline{AB}/\!/\overline{DE}$, $\overline{AD}/\!/\overline{BC}$일 때, $\overline{AE}$의 길이는?

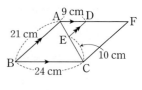

① 3 cm   ② 4 cm   ③ 5 cm
④ 6 cm   ⑤ 7 cm

6 삼각형의 닮음을 이용한 변의 길이 구하기

17 오른쪽 그림과 같은 마름모 ABCD에서 점 O는 두 대각선의 교점이다. $\overline{BE}=\overline{BF}=6$ cm, $\overline{DO}=8$ cm일 때, 마름모 ABCD의 둘레의 길이는?

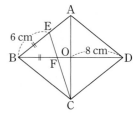

① 35 cm   ② 40 cm   ③ 45 cm
④ 50 cm   ⑤ 55 cm

6 삼각형의 닮음을 이용한 변의 길이 구하기

18 오른쪽 그림과 같은 평행사변형 ABCD에서 점 M은 $\overline{AD}$의 중점이고, 점 E는 $\overline{BD}$와 $\overline{CM}$의 교점이다. $\overline{BD}$=30 cm일 때, $\overline{DE}$의 길이는?

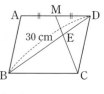

① 6 cm   ② 7 cm   ③ 8 cm
④ 9 cm   ⑤ 10 cm

7 직각삼각형의 닮음

19 어느 강의 폭을 재기 위하여 오른쪽 그림과 같이 알아보았다. 이 강의 폭 $\overline{AB}$의 길이는?

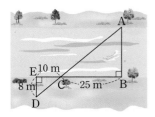

① 10 m ② 15 m ③ 20 m
④ 25 m ⑤ 30 m

7 직각삼각형의 닮음

20 오른쪽 그림과 같은 △ABC에서 $\overline{AB}\perp\overline{CD}$, $\overline{AC}\perp\overline{BE}$일 때, x의 값은?

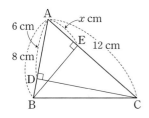

① 4 ② 5 ③ 6
④ 7 ⑤ 8

7 직각삼각형의 닮음

21 오른쪽 그림과 같이 △ABC의 두 꼭짓점 A, B에서 $\overline{BC}$, $\overline{AC}$에 내린 수선의 발을 각각 D, E라 하자. ∠EAF = ∠FBD일 때, 다음 중 다른 네 삼각형과 닮은 삼각형이 <u>아닌</u> 것은?

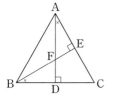

① △AEF ② △BDF ③ △BEC
④ △ABE ⑤ △ADC

8 직각삼각형의 닮음의 응용

22 오른쪽 그림과 같은 직사각형 ABCD에서 $\overline{AH}\perp\overline{BD}$이다. $\overline{AD}=10$ cm, $\overline{DH}=8$ cm일 때, $\overline{AH}$의 길이는?

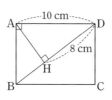

① 4 cm ② 5 cm ③ 6 cm
④ 7 cm ⑤ 8 cm

8 직각삼각형의 닮음의 응용

23 다음 그림과 같은 직각삼각형 ABC에서 x의 값을 구하시오.

(1)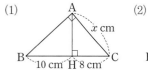

(2)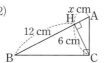

(3)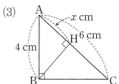

(4)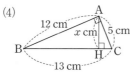

8 직각삼각형의 닮음의 응용

24 오른쪽 그림과 같이 직사각형 ABCD를 $\overline{BE}$를 접는 선으로 하여 꼭짓점 C가 $\overline{AD}$ 위의 점 F에 오도록 접었다. $\overline{AB}=8$ cm, $\overline{DE}=3$ cm, $\overline{DF}=4$ cm일 때, $\overline{BF}$의 길이는?

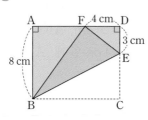

① 6 cm ② 7 cm ③ 8 cm
④ 9 cm ⑤ 10 cm

오른쪽 그림과 같은 정삼각형 ABC에서 ∠ADE=60°이고 $\overline{BD}$=6 cm, $\overline{CD}$=2 cm일 때, $\overline{BE}$의 길이는?

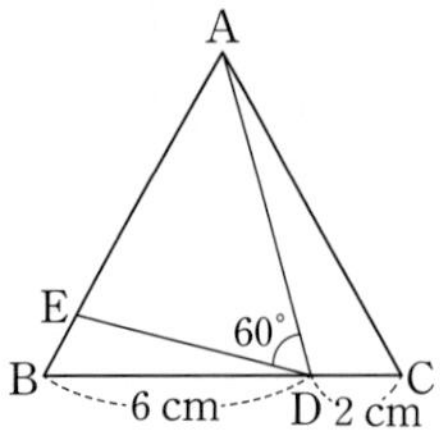

① 1 cm ② $\dfrac{3}{2}$ cm

③ 2 cm ④ $\dfrac{5}{2}$ cm

⑤ 3 cm

오른쪽 그림과 같은 정삼각형 ABC에서 ∠ADE=60°이고 $\overline{BD}$=6 cm, $\overline{CD}$=14 cm일 때, $\overline{AE}$의 길이는?

① 11 cm ② 12 cm

③ $\dfrac{63}{5}$ cm ④ 13 cm

⑤ $\dfrac{79}{5}$ cm

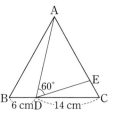

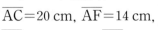

오른쪽 그림과 같이 정삼각형 ABC를 $\overline{DF}$를 접는 선으로 하여 꼭짓점 A가 $\overline{BC}$ 위의 점 E에 오도록 접었다.
$\overline{AC}$=20 cm, $\overline{AF}$=14 cm, $\overline{BE}$=4 cm일 때, $\overline{AD}$의 길이를 구하시오.

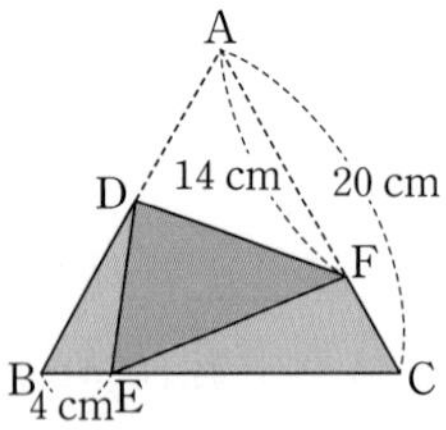

오른쪽 그림과 같이 정삼각형 ABC를 $\overline{DF}$를 접는 선으로 하여 꼭짓점 A가 $\overline{BC}$ 위의 점 E에 오도록 접었다.
$\overline{BD}$=8 cm, $\overline{BE}$=5 cm, $\overline{CE}$=10 cm일 때, $\overline{AF}$의 길이를 구하시오.

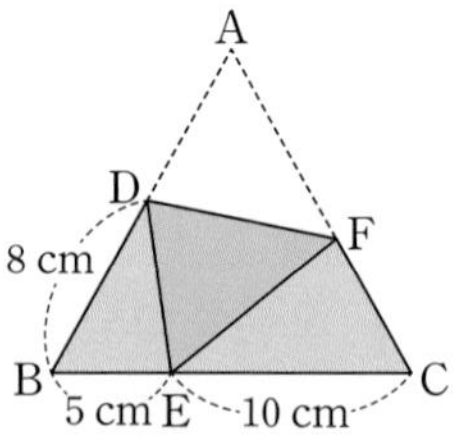

3

오른쪽 그림과 같이 직사각형
ABCD를 대각선 BD를 접
는 선으로 하여 접었다.
$\overline{BD}\perp\overline{EF}$이고 $\overline{AB}=6$ cm,
$\overline{BC}=8$ cm, $\overline{BD}=10$ cm일
때, $\overline{EF}+\overline{EB}$의 길이를 구하시오.

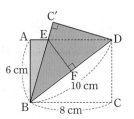

3-1

오른쪽 그림과 같이 직사
각형 ABCD를 대각선
BD를 접는 선으로 하여 접
었다. $\overline{BD}\perp\overline{EF}$이고
$\overline{BC}=24$ cm,
$\overline{BD}=26$ cm, $\overline{CD}=10$ cm일 때, $\overline{EF}$의 길이를 구하
시오.

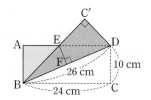

4

다음 그림과 같이 ∠A=90°인 직각삼각형 ABC에서
점 M은 $\overline{BC}$의 중점이다. 점 A에서 $\overline{BC}$에 내린 수선
의 발을 D라 하고 점 D에서 $\overline{AM}$에 내린 수선의 발을
H라 할 때, $\overline{BD}=16$ cm, $\overline{CD}=4$ cm이다. $\overline{HM}$의
길이를 구하시오.

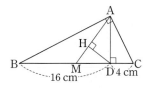

4-1

다음 그림과 같이 ∠A=90°인 직각삼각형 ABC에서
점 M은 $\overline{BC}$의 중점이다. 점 A에서 $\overline{BC}$에 내린 수선
의 발을 G라 하고 점 G에서 $\overline{AM}$에 내린 수선의 발을
H라 할 때, $\overline{BG}=9$ cm, $\overline{CG}=1$ cm이다. $\overline{HG}$의 길
이를 구하시오.

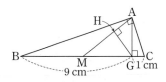

예제 ①

오른쪽 그림과 같이 직사각형 ABCD를 $\overline{EC}$를 접는 선으로 하여 꼭짓점 B가 $\overline{AD}$ 위의 점 F에 오도록 접었다.

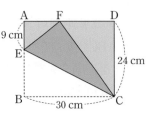

$\overline{AE}=9\,\text{cm}$, $\overline{BC}=30\,\text{cm}$, $\overline{CD}=24\,\text{cm}$일 때, △AEF와 닮은 삼각형을 찾아 닮음임을 보이고 $\overline{AF}$의 길이를 구하시오.

풀이 과정

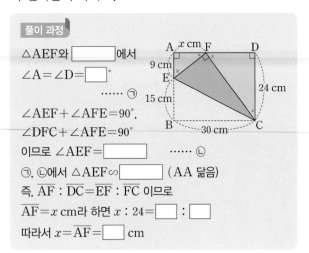

△AEF와 □□□에서

∠A=∠D=□°
                           ······ ㉠
∠AEF+∠AFE=90°,
∠DFC+∠AFE=90°

이므로 ∠AEF=□   ······ ㉡

㉠, ㉡에서 △AEF∽□□□ (AA 닮음)

즉, $\overline{AF} : \overline{DC} = \overline{EF} : \overline{FC}$ 이므로

$\overline{AF}=x\,\text{cm}$라 하면 $x : 24 = □ : □$

따라서 $x=\overline{AF}=□\,\text{cm}$

유제 ①

오른쪽 그림과 같이 직사각형 ABCD를 $\overline{BE}$를 접는 선으로 하여 꼭짓점 C가 $\overline{AD}$ 위의 점 C′에 오도록 접었다. $\overline{AB}=5\,\text{cm}$, $\overline{AC}=12\,\text{cm}$, $\overline{BC}=13\,\text{cm}$일 때, $\overline{CE}$의 길이를 구하시오.

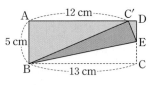

예제 ②

오른쪽 그림과 같은 △ABC에서 ∠ABD=∠BCE =∠CAF일 때, $\overline{DF}$와 $\overline{EF}$의 길이를 각각 구하시오.

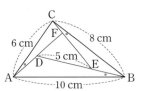

풀이 과정

삼각형의 한 외각의 크기는 그와 이웃하지 않는 두 내각의 크기의 합과 같으므로 △ABD에서

∠EDF=∠DAB+□□□

          =∠DAB+∠CAF=□□□

같은 방법으로 하면 ∠DEF=∠ABC이므로

△ABC∽□□□ (AA 닮음)

즉, $\overline{AB} : \overline{DE} = □ : □$이므로

$\overline{BC} : \overline{EF} = 8 : \overline{EF} = 2 : 1$에서 $\overline{EF}=□\,\text{cm}$

$\overline{AC} : \overline{DF} = 6 : \overline{DF} = 2 : 1$에서 $\overline{DF}=□\,\text{cm}$

유제 ②

오른쪽 그림과 같은 △ABC에서 $\overline{AB}=12$, $\overline{BC}=18$, $\overline{CA}=15$, $\overline{EF}=6$이다. ∠BAE=∠CBF=∠ACD 일 때, △DEF의 둘레의 길이를 구하시오.

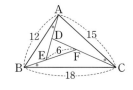

예제 3

오른쪽 그림과 같이 △ABC의 두 꼭짓점 B, C에서 $\overline{AC}$, $\overline{AB}$에 내린 수선의 발을 각각 D, E 라 하자. $\overline{AB}=12$ cm, $\overline{AC}=20$ cm, $\overline{CD}=17$ cm일 때, $\overline{AE}$의 길이를 구하시오.

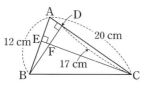

풀이 과정

△BDA와 △CEA에서

∠A는 공통, ∠BDA＝∠CEA＝90°

이므로 △BDA∽ ☐ (AA 닮음)

즉, $\overline{BA}$: ☐ ＝$\overline{AD}$: ☐ 이므로

12 : 20＝☐ : ☐

따라서 $\overline{AE}$＝☐ cm

유제 3

오른쪽 그림과 같이 △ABC의 두 꼭짓점 B, C 에서 $\overline{AC}$, $\overline{AB}$에 내린 수선의 발을 각각 D, E라 하 자. $\overline{AB}=18$ cm, $\overline{AC}=12$ cm이고 $\overline{AD}$: $\overline{DC}=2$: 1일 때, $\overline{AE}$의 길이를 구하시오.

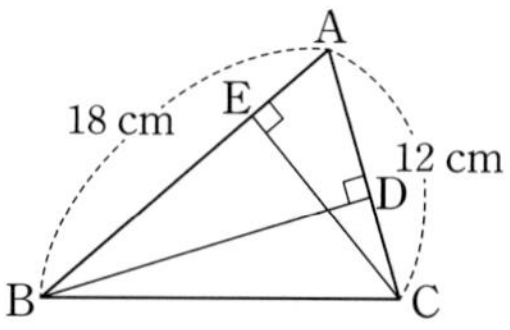

예제 4

오른쪽 그림과 같이 ∠C＝90°인 직각삼각형 ABC에서 $\overline{AB}\perp\overline{CH}$일 때, x, y의 값을 각각 구하시오.

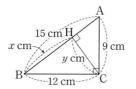

풀이 과정

△ABC∽△CBH이므로

$\overline{AB}$: ☐ ＝$\overline{BC}$: ☐ 에서

$\overline{BC}^2＝\overline{AB}\times$ ☐ , $12^2＝$ ☐ $\times x$

따라서 $x＝$ ☐

△ABC∽△ACH이므로

$\overline{AB}$: $\overline{AC}$＝$\overline{BC}$: ☐ 에서

15 : 9＝12 : ☐

따라서 $y＝$ ☐

유제 4

오른쪽 그림과 같이 ∠C＝90°인 직각삼각형 ABC에서 $\overline{AB}\perp\overline{CD}$ 일 때, x, y의 값을 각각 구하시오.

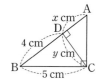

01 다음 〈보기〉 중 항상 서로 닮은 도형인 것은 모두 몇 개인가?

> ◦ 보기 ◦
> ㄱ. 두 반원　　　ㄴ. 두 정삼각형
> ㄷ. 두 직각삼각형　ㄹ. 두 정사면체
> ㅁ. 두 직사각형　　ㅂ. 두 직각이등변삼각형

① 1개　　② 2개　　③ 3개
④ 4개　　⑤ 5개

02 다음 그림에서 두 직육면체 모양의 상자 A, B는 닮음비가 3 : 4인 닮은 도형이다. 상자 A의 겉면을 포장하는 데 270 cm²의 포장지가 필요할 때, 상자 B의 겉면을 포장하는 데 몇 cm²의 포장지가 필요한가?

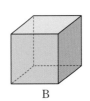

① 450 cm²　　② 460 cm²　　③ 480 cm²
④ 490 cm²　　⑤ 500 cm²

03 다음 중 닮음인 삼각형이 존재하지 <u>않는</u> 것은?

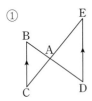

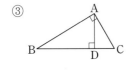
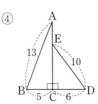

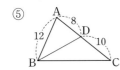

04 아래 그림에서 두 삼각뿔대는 서로 닮은 도형이다. △ABC∽△A′B′C′일 때, 다음 중 옳지 <u>않은</u> 것은?

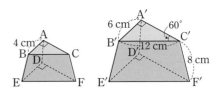

① ∠ABC의 크기는 30°이다.
② 모서리 $\overline{BC}$의 길이는 8 cm이다.
③ 두 삼각뿔대의 닮음비는 2 : 3이다.
④ 두 삼각뿔대의 밑면의 둘레의 길이의 비는 1 : 2이다.
⑤ 면 BEFC에 대응하는 면은 면 B′E′F′C′이다.

고난도
05 오른쪽 그림과 같이 정사각형 모양의 종이 ABCD를 $\overline{EF}$를 접는 선으로 하여 꼭짓점 A가 $\overline{BC}$ 위의 점 G에 오도록 접을 때, $\overline{IH}$의 길이를 구하시오.

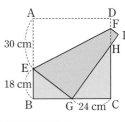

06 오른쪽 그림에서 △ABC∽△DCE이고, 점 F는 $\overline{AC}$와 $\overline{BD}$의 교점이다. $\overline{AC}=10$ cm, $\overline{CE}=4$ cm, $\overline{DE}=5$ cm일 때, $\overline{AF}$의 길이는? (단, 세 점 B, C, E는 한 직선 위에 있다.)

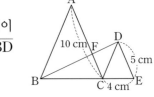

① $\frac{5}{3}$ cm　　② 3 cm　　③ $\frac{10}{3}$ cm

④ 5 cm　　⑤ $\frac{20}{3}$ cm

07 아래 그림을 보고, 다음 중 옳은 것을 모두 고르면? (정답 3개)

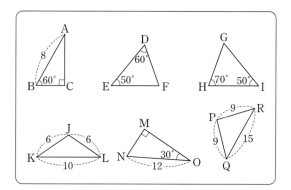

① △ABC∽△ONM ② △FDE∽△ABC
③ △DEF∽△GIH ④ △GIH∽△NOM
⑤ △JKL∽△PQR

08 오른쪽 그림의 △ABC에서 $\overline{AB}=16$ cm, $\overline{AC}=12$ cm, $\overline{BC}=6$ cm, $\overline{CD}=3$ cm일 때, $\overline{BD}$의 길이는?

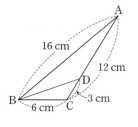

① 6 cm ② 7 cm ③ 8 cm
④ 9 cm ⑤ 10 cm

09 오른쪽 그림에서 원 A는 원 B의 중심을 지나고, 원 B는 원 C의 중심을 지난다. 원 A, B, C의 닮음비를 구하시오.

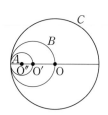

10 오른쪽 그림과 같이 △ABC의 두 꼭짓점 A, B에서 $\overline{BC}$, $\overline{AC}$에 내린 수선의 발을 각각 D, E라 하자. $\overline{AC}=6$ cm, $\overline{BC}=9$ cm, $\overline{BD}=6$ cm일 때, $\overline{AE}$의 길이는?

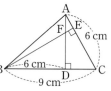

① 1 cm ② $\frac{3}{2}$ cm ③ $\frac{5}{3}$ cm
④ 2 cm ⑤ 3 cm

11 오른쪽 그림에서 ∠ABC = ∠CBD일 때 △ABC∽ ⑦ 이고, $\overline{AC}$의 길이는 ⓛ 이다. ⑦, ⓛ에 알맞은 것을 써넣으시오.

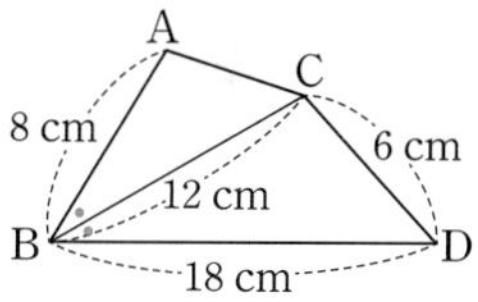

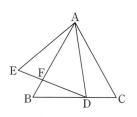

고난도

12 오른쪽 그림과 같은 정삼각형 ABC에서 $\overline{BD}:\overline{DC}=3:1$이 되도록 $\overline{BC}$ 위에 점 D를 잡고, $\overline{AD}$를 한 변으로 하는 정삼각형 ADE를 만들었다. $\overline{AB}$와 $\overline{DE}$의 교점을 F라 할 때, $\overline{BF}$의 길이는 $\overline{AC}$의 길이의 몇 배인가?

① $\frac{1}{9}$배 ② $\frac{1}{6}$배 ③ $\frac{2}{9}$배
④ $\frac{3}{16}$배 ⑤ $\frac{1}{3}$배

13 오른쪽 그림에서
$\overline{AB}\perp\overline{DE}$, $\overline{AC}\perp\overline{BE}$
이고 점 F는 $\overline{AC}$와 $\overline{DE}$
의 교점이다.
$\overline{AF}=8$ cm,
$\overline{CF}=6$ cm, $\overline{DF}=3$ cm일 때, $\overline{EF}$의 길이를 구하시오.

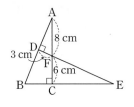

15 오른쪽 그림과 같은 직사각형 ABCD에서 점 M은 $\overline{BC}$의 중점이고, 점 E는 $\overline{AM}$과 $\overline{BD}$의 교점이다. $\overline{BD}=18$ cm일 때, $\overline{BE}$의 길이를 구하시오.

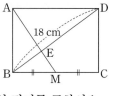

14 오른쪽 그림과 같이 직선 $-12x+5y=60$이 y축, x축과 만나는 점을 각각 A, B라 하고, 원점 O에서 이 직선에 내린 수선의 발을 H라 하자. $\overline{AB}=13$일 때, $\overline{BH}$의 길이를 구하시오.

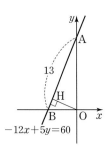

16 오른쪽 그림과 같이 $\angle C=90°$인 직각삼각형 ABC 안에 정사각형 DECF가 있다. 정사각형 DECF의 꼭짓점 D가 $\overline{AB}$ 위에 있을 때, □DBCF의 넓이를 구하시오.

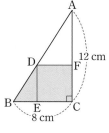

01 아래 그림에서 □ABCD∽□EFGH일 때, 다음 중 옳지 <u>않은</u> 것은?

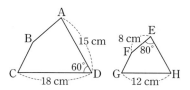

① $\overline{EH}=10$ cm ② $\overline{AB}=12$ cm
③ ∠A=80° ④ ∠G=60°
⑤ 닮음비는 3 : 2이다.

02 아래 그림에서 △ABC와 △DEF가 닮은 도형이 되려면 다음 중에서 어느 조건을 추가해야 하는가?

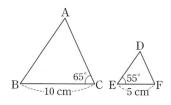

① $\overline{AC}=8$ cm, $\overline{DF}=4$ cm
② $\overline{AB}=14$ cm, $\overline{DE}=7$ cm
③ ∠B=70°, ∠D=55°
④ ∠A=60°, ∠F=65°
⑤ ∠B=55°, $\overline{DF}=8$ cm

03 오른쪽 그림에서 $\overline{AD}=\overline{DF}=\overline{FB}$이고 $\overline{AE}=\overline{EG}=\overline{GC}$일 때, △ADE와 □DFGE와 □FBCG의 넓이의 비는?

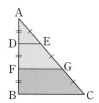

① 1 : 1 : 3 ② 1 : 2 : 5 ③ 1 : 3 : 5
④ 1 : 4 : 5 ⑤ 1 : 4 : 7

04 오른쪽 그림은 밑면의 반지름의 길이가 8 cm인 원뿔을 밑면에 평행한 평면으로 자른 원뿔대이다. 잘라 낸 원뿔의 부피가 72π cm³일 때, 이 원뿔대의 부피를 구하시오.

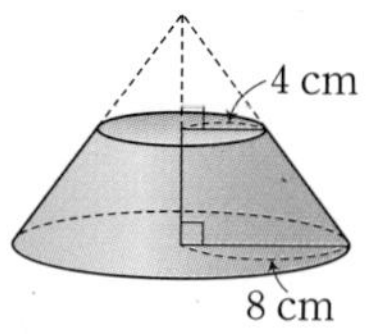

고난도

05 오른쪽 그림과 같이 정삼각형 ABC를 $\overline{DF}$를 접는 선으로 하여 꼭짓점 A가 $\overline{BC}$ 위의 점 E에 오도록 접었다. $\overline{AD}=28$ cm, $\overline{AF}=35$ cm, $\overline{BE}=20$ cm일 때, 정삼각형 ABC의 한 변의 길이는?

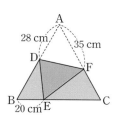

① 52 cm ② 54 cm ③ 56 cm
④ 58 cm ⑤ 60 cm

06 다음 그림에서 ∠ADE=∠ACB이고 $\overline{BC}\,/\!/\,\overline{DF}$이다. $\overline{AB}=6$, $\overline{AC}=12$, $\overline{AD}=2$일 때, $x+y$의 값을 구하시오.

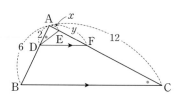

07 오른쪽 그림과 같은 평
행사변형 ABCD의
$\overline{BC}$ 위의 점 E에 대하
여 $\overline{BE} : \overline{EC} = 1 : 3$이
다. $\overline{AE}$의 연장선과
$\overline{CD}$의 연장선이 만나
는 점을 F라 할 때, $\overline{CF}$의 길이는?

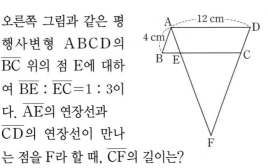

① 8 cm   ② 9 cm   ③ 10 cm

④ 11 cm   ⑤ 12 cm

10 오른쪽 그림과 같이
∠C=90°인 직각삼각형
ABC에서 $\overline{AB} \perp \overline{CD}$,
$\overline{AC} \perp \overline{DE}$이다.
$\overline{BC} = 6$ cm, $\overline{BD} = 4$ cm일
때, $\overline{AD} + \overline{DE}$의 길이는?

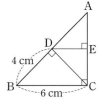

① 3 cm   ② $\dfrac{10}{3}$ cm   ③ $\dfrac{20}{3}$ cm

④ 6 cm   ⑤ $\dfrac{25}{3}$ cm

08 오른쪽 그림과 같은 △ABC에
서 $\overline{AB} = 6$ cm, $\overline{BC} = 3$ cm이
다. □DBEF가 마름모일 때,
이 마름모의 둘레의 길이는?

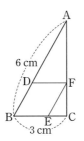

① 7 cm   ② 8 cm

③ 9 cm   ④ 10 cm

⑤ 11 cm

11 오른쪽 그림과 같은
△ABC에서
∠ABC=∠CAD이
고 $\overline{AC} = 10$ cm,
$\overline{AD} = 8$ cm, $\overline{BC} = 20$ cm일 때, $x - y$의 값은?

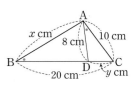

① 9   ② 10   ③ 11

④ 12   ⑤ 13

09 다음 그림과 같이 정사각형 ABCD에서 $\overline{AD}$의
연장선 위의 한 점 E에 대하여 $\overline{BE}$와 $\overline{CD}$의 교
점을 F라 하자. $\overline{AD} = 10$ cm, $\overline{CF} = 6$ cm일 때,
△DEF의 넓이를 구하시오.

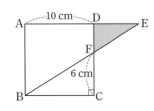

고난도

12 다음 그림과 같이 직사각형 ABCD를 $\overline{BF}$를 접
는 선으로 하여 꼭짓점 C가 $\overline{AD}$ 위의 점 E에 오
도록 접었다. $\overline{AB} = 8$ cm, $\overline{AE} = 6$ cm,
$\overline{BC} = 10$ cm이고 점 D에서 $\overline{EF}$에 내린 수선의
발을 G라 할 때, $\overline{DG}$의 길이를 구하시오.

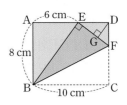

13 오른쪽 그림에서
△ABC와 △EBD가
닮음임을 보인 후 두
삼각형의 닮음 조건과
x의 값을 구하시오.

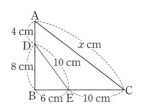

14 오른쪽 그림에서 점
E는 $\overline{AC}$와 $\overline{BD}$의
교점이고 $\overline{AB}$, $\overline{CD}$
는 모두 $\overline{BC}$에 수직
이다. $\overline{AB}=6$ cm,
$\overline{BC}=8$ cm,
$\overline{CD}=12$ cm일 때,
△EBC의 넓이를 구하시오.

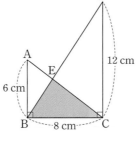

15 오른쪽 그림과 같
이 평행사변형
ABCD의 꼭짓점
A에서 $\overline{BC}$와 $\overline{CD}$
에 내린 수선의 발
을 각각 E, F라 하자. $\overline{AB}=6$ cm, $\overline{BC}=9$ cm,
$\overline{DF}=3$ cm일 때, $\overline{EC}$의 길이를 구하시오.

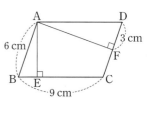

고난도

16 오른쪽 그림과 같은
△ABC에서 ∠B의 이등
분선이 $\overline{AC}$와 만나는 점
을 D라 하고, $\overline{AD}=\overline{AE}$
이다. $\overline{AB}=12$ cm, $\overline{AD}:\overline{DC}=3:5$일 때,
$\overline{BC}$의 길이를 구하시오.

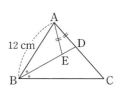

EBS 중학 수학 내신 대비 기출문제집

부록

실전 모의고사 1회

| | 점 | 이름 | |

1. 선택형 20문항, 서술형 5문항으로 되어 있습니다.
2. 주어진 문제를 잘 읽고, 알맞은 답을 답안지에 정확하게 표기하시오.

01 오른쪽 그림과 같이 세 점 B, C, D가 한 직선 위에 있고 $\overline{AB}=\overline{AC}$, $\overline{EC}=\overline{ED}$이다.
∠A=74°, ∠E=28°일 때, ∠ACE의 크기는? [3점]

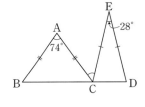

① 50°　　② 51°　　③ 52°
④ 53°　　⑤ 54°

02 오른쪽 그림과 같이 $\overline{AB}=\overline{AC}$인 이등변삼각형 ABC에서 ∠A의 이등분선과 $\overline{BC}$의 교점을 D라 하자. $\overline{AD}$ 위의 한 점 E에 대하여 ∠ECD=32°일 때, ∠AEB의 크기는? [4점]

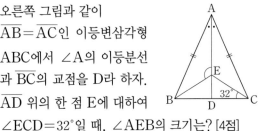

① 120°　　② 122°　　③ 124°
④ 126°　　⑤ 128°

03 오른쪽 그림에서 점 D는 △ABC의 변 BC의 연장선 위의 점이고 ∠ACD=2∠A, $\overline{AB}=8$ cm이다. △ABC의 둘레의 길이는 20 cm일 때, $\overline{AC}$의 길이는? [3점]

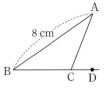

① 5 cm　　② 5.5 cm　　③ 6 cm
④ 6.5 cm　　⑤ 7 cm

04 오른쪽 그림과 같이 $\overline{AB}=\overline{AC}$인 이등변삼각형 모양의 종이를 $\overline{DE}$를 접는 선으로 하여 꼭짓점 A가 꼭짓점 B에 오도록 접었다.
∠AED=46°일 때, ∠EBC의 크기는? [4점]

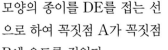
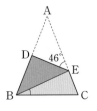

① 20°　　② 21°　　③ 22°
④ 23°　　⑤ 24°

05 다음은 "삼각형의 세 변의 수직이등분선은 한 점에서 만난다."를 설명하는 과정이다. ①~⑤에 알맞은 것으로 옳지 <u>않은</u> 것은? [4점]

> △ABC에서 $\overline{AB}$와 $\overline{AC}$의 수직이등분선의 교점을 O, 점 O에서 $\overline{BC}$에 내린 수선의 발을 D라 하자.
> 점 O는 $\overline{AB}$, $\overline{AC}$의 수직이등분선 위의 점이므로 $\overline{OA}=\overline{OB}$, $\overline{OA}=\overline{OC}$이다.
> 즉, $\overline{OA}=\overline{OB}=$ ① 이다.
> △OBD와 △OCD에서
> ∠ODB=∠ODC= ② , $\overline{OB}=$ ① ,
> ③ 는 공통
> 이므로 △OBD≡△OCD (④ 합동)이다.
> 따라서 $\overline{BD}=$ ⑤ 이므로 점 D는 변 BC의 중점이고, $\overline{OD}$는 변 BC의 수직이등분선이다.
> 그러므로 △ABC의 세 변의 수직이등분선은 한 점 O에서 만난다.

① $\overline{OC}$　　② 90°　　③ $\overline{OD}$
④ RHA　　⑤ $\overline{CD}$

06 오른쪽 그림에서 점 I는 △ABC의 내심이고 ∠B=80°일 때, ∠x+∠y의 값은? [4점]

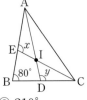

① 200°　　② 204°　　③ 210°
④ 212°　　⑤ 214°

07 오른쪽 그림에서 점 I는 △ABC의 내심이고, 점 D는 점 I에서 $\overline{BC}$에 내린 수선의 발이다.
$\overline{AB}=13$ cm, $\overline{BC}=10$ cm, $\overline{CA}=7$ cm일 때, $\overline{BD}$의 길이는? [4점]

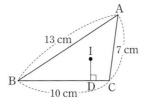

① 5 cm   ② 6 cm   ③ 7 cm
④ 8 cm   ⑤ 9 cm

08 외접원의 반지름의 길이가 5 cm이고, 내접원의 반지름의 길이가 2 cm인 직각삼각형의 넓이는? [4점]

① 20 cm^2 ② 24 cm^2 ③ 30 cm^2
④ 36 cm^2 ⑤ 40 cm^2

09 오른쪽 그림과 같은 □ABCD가 평행사변형이 되도록 하는 x, y에 대하여 $x+y$의 값은? [3점]

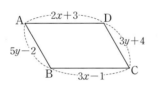

① 3   ② 4   ③ 5
④ 6   ⑤ 7

10 오른쪽 그림과 같이 $\overline{AB}=\overline{BC}$인 이등변삼각형 ABC에서 $\overline{AB}/\!/\overline{DF}$, $\overline{BC}/\!/\overline{DE}$이다.
$\overline{AB}=12$ cm일 때, □BFDE의 둘레의 길이는? [4점]

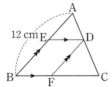

① 20 cm   ② 22 cm   ③ 24 cm
④ 26 cm   ⑤ 28 cm

11 오른쪽 그림과 같은 평행사변형 ABCD에서 ∠C의 이등분선과 $\overline{AD}$의 교점을 E, ∠A의 이등분선과 $\overline{BC}$의 교점을 F라 하자. $\overline{AB}=7$ cm, $\overline{BC}=9$ cm일 때, $\overline{AE}$의 길이는? [4점]

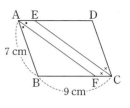

① 1 cm   ② 2 cm   ③ 3 cm
④ 4 cm   ⑤ 5 cm

12 오른쪽 그림에서 □ABCD는 정사각형이고 △EBC는 정삼각형일 때, ∠AED의 크기는? [4점]

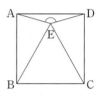

① 120°   ② 130°   ③ 140°
④ 150°   ⑤ 160°

13 오른쪽 그림과 같이 $\overline{AD}/\!/\overline{BC}$인 등변사다리꼴 ABCD에서 점 E는 $\overline{AC}$와 $\overline{BD}$의 교점이고, 점 F는 $\overline{AB}$의 연장선 위의 점이다. ∠CBF=140°이고 $\overline{AC}=9$, $\overline{BE}=5$일 때, $y-x$의 값은? [3점]

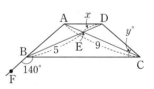

① 34   ② 36   ③ 44
④ 46   ⑤ 54

14 다음 중 오른쪽 그림과 같은 마름모 ABCD가 정사각형이 되기 위한 조건으로 옳지 <u>않은</u> 것은?

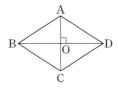

(단, O는 두 대각선의 교점이다.) [4점]

① ∠ABC=90° ② $\overline{AO}=\overline{BO}$

③ ∠ADO=45° ④ △ABC≡△BAD

⑤ ∠BAD+∠CDA=180°

15 오른쪽 그림과 같은 직사각형 ABCD에서 $\overline{BC}$의 연장선 위의 점 E에 대하여 $\overline{AE}$와 $\overline{CD}$의 교점을 F라 하자. □ABCD=18 cm², △DFE=4 cm²일 때, △AFD의 넓이는? [4점]

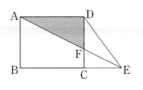

① 4 cm² ② 5 cm² ③ 6 cm²

④ 7 cm² ⑤ 8 cm²

16 다음 그림의 두 마름모는 서로 닮은 도형이고 □ABCD의 둘레의 길이는 12, □EFGH의 둘레의 길이는 16이다. □ABCD=30일 때, □EFGH의 넓이는? [3점]

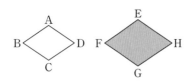

① 40 ② $\dfrac{130}{3}$ ③ $\dfrac{140}{3}$

④ 50 ⑤ $\dfrac{160}{3}$

17 지름의 길이가 8 cm인 구 모양의 쇠구슬 1개를 녹여 지름의 길이가 3 cm인 구 모양의 쇠구슬을 만들 때, 최대로 만들 수 있는 쇠구슬의 개수는?

[4점]

① 7개 ② 8개 ③ 17개

④ 18개 ⑤ 19개

18 오른쪽 그림에서 ∠A=∠DBC, ∠ACB=∠D이다. $\overline{AB}$=4 cm, $\overline{BC}$=6 cm일 때, $\overline{CD}$의 길이는? [4점]

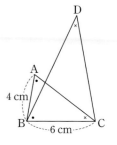

① 6 cm ② 7 cm ③ 8 cm

④ 9 cm ⑤ 10 cm

19 오른쪽 그림에서 $\overline{AB}/\!/\overline{DE}$, $\overline{AD}/\!/\overline{BC}$이다. $\overline{AB}$=6 cm, $\overline{AD}$=8 cm, $\overline{BC}$=12 cm, $\overline{CE}$=5 cm일 때, △AED의 둘레의 길이는? [4점]

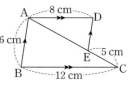

① 20 cm ② 21 cm ③ 22 cm

④ 23 cm ⑤ 24 cm

20 오른쪽 그림과 같이 서진이는 지면에 수직으로 세워진 건물의 높이를 구하

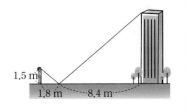

기 위해 건물의 끝이 보이는 지점에 거울을 놓았다. 서진이의 눈높이가 1.5 m, 거울과 서진이 발 사이의 거리는 1.8 m, 거울과 건물 사이의 거리는 8.4 m일 때, 건물의 높이는? [4점]

① 6 m   ② 6.5 m   ③ 7 m

④ 7.5 m   ⑤ 8 m

서 · 술 · 형

21 오른쪽 그림의 △ABC에서 $\overline{BC}$의 중점을 M이라 하고, 점 M에서 $\overline{AB}$, $\overline{AC}$에 내린 수선의 발을 각각 D, E라 하자.

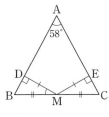

∠A＝58°이고 $\overline{DM}=\overline{EM}$일 때, ∠BMD의 크기를 구하시오. [5점]

22 오른쪽 그림에서 점 O는 △ABC의 외심이고 ∠BAO＝15°, ∠BCO＝35°일 때, ∠ACO의 크기를 구하시오. [5점]

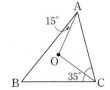

23 오른쪽 그림과 같은 평행사변형 ABCD에서 $\overline{AB}/\!/\overline{GH}$, $\overline{AD}/\!/\overline{EF}$이다. □ABCD＝30 cm²일 때, □EHFG의 넓이를 구하시오. [5점]

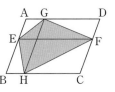

24 오른쪽 그림과 같은 □ABCD에서 △ABD는 $\overline{AB}=\overline{AD}$인 이등변삼각형이고, $\overline{BD}$는 ∠ABC의 이등분선이다. ∠BAC＝∠BCA일 때, □ABCD가 마름모임을 설명하시오. [5점]

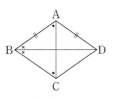

25 오른쪽 그림과 같이 직사각형 모양의 종이 ABCD를 $\overline{CE}$를 접는 선으로 하여 꼭짓점 B가 $\overline{AD}$ 위의 점 B′에 오도록 접었다.

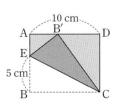

$\overline{AD}=10$ cm, $\overline{BE}=5$ cm일 때, $\overline{AB'}$의 길이를 구하시오. [5점]

실전 모의고사 2회

점수	점	이름	

1. 선택형 20문항, 서술형 5문항으로 되어 있습니다.
2. 주어진 문제를 잘 읽고, 알맞은 답을 답안지에 정확하게 표기하시오.

01 오른쪽 그림과 같이 $\overline{AB}=\overline{AC}=8$ cm인 이등변삼각형 ABC에서 ∠A의 이등분선과 $\overline{BC}$의 교점을 D라 하자. △ABC의 둘레의 길이가 27 cm일 때, $\overline{BD}$의 길이는? [3점]

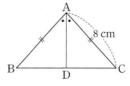

① 5 cm ② 5.5 cm ③ 6 cm
④ 6.5 cm ⑤ 7 cm

02 오른쪽 그림과 같이 △ABC의 밑변 BC의 중점 D를 중심으로 하고, $\overline{BD}$의 길이를 반지름으로 하는 반원을 그렸을 때 $\overline{AB}$, $\overline{AC}$와 만나는 점을 각각 E, F라 하자. ∠A=64°일 때, ∠EDF의 크기는? [4점]

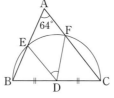

① 52° ② 53° ③ 54°
④ 55° ⑤ 56°

03 오른쪽 그림과 같이 ∠B=∠C인 △ABC에서 ∠A의 이등분선과 $\overline{BC}$의 교점을 D라 할 때, $\overline{AB}=\overline{AC}$임을 보이기 위해 이용되는 삼각형의 합동 조건은? [4점]

① ASA 합동 ② SAS 합동 ③ SSS 합동
④ RHA 합동 ⑤ RHS 합동

04 오른쪽 그림과 같이 ∠ABC=90°이고 $\overline{AB}=\overline{BC}$인 직각이등변삼각형 ABC의 두 꼭짓점 A, C에서 꼭짓점 B를 지나는 직선 l에 내린 수선의 발을 각각 D, E라고 하자. 다음 중 옳지 않은 것은? [4점]

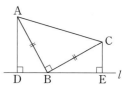

① $\overline{DE}=\overline{AD}+\overline{CE}$
② ∠BAD=∠CBE
③ △ADB≡△BCE
④ □ADEC=$\frac{1}{2}\overline{DE}^2$
⑤ △ADB=$\frac{1}{2}\times\overline{AD}\times\overline{CE}$

05 오른쪽 그림에서 점 O는 △ABC의 외심이고 세 점 D, E, F는 점 O에서 $\overline{AB}$, $\overline{BC}$, $\overline{CA}$에 각각 내린 수선의 발이다. $\overline{BD}=6$ cm, $\overline{CF}=7$ cm이고 △ABC의 둘레의 길이는 40 cm일 때, $\overline{BC}$의 길이는? [4점]

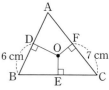

① 11 cm ② 12 cm ③ 13 cm
④ 14 cm ⑤ 15 cm

06 오른쪽 그림과 같이 ∠C=90°인 직각삼각형 ABC에서 $\overline{AB}=12$ cm, $\overline{AC}=7$ cm일 때, △ABC의 외접원의 둘레의 길이는? [3점]

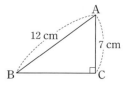

① 12π cm ② 14π cm ③ 16π cm
④ 20π cm ⑤ 24π cm

07 오른쪽 그림에서 점 I는
△ABC의 내심이고, 점 I′은
△IBC의 내심이다.
∠ABI＝38°일 때, ∠I′BC
의 크기는? [3점]

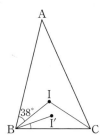

① 16°　　② 17°
③ 18°　　④ 19°
⑤ 20°

08 오른쪽 그림에
서 점 I는
∠B＝90°인 직
각삼각형 ABC

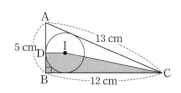

의 내심이고, 점 D는 내접원과 $\overline{AB}$의 접점이다.
$\overline{AB}$＝5 cm, $\overline{BC}$＝12 cm, $\overline{CA}$＝13 cm일 때,
□IDBC의 넓이는? [4점]

① 12 cm²　　② 14 cm²　　③ 16 cm²
④ 18 cm²　　⑤ 20 cm²

09 오른쪽 그림과 같은 평행
사변형 ABCD에서
∠B＝116°,
∠AED＝90°,

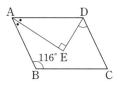

∠BAE＝∠DAE일 때, ∠CDE의 크기는?
[4점]

① 56°　　② 57°　　③ 58°
④ 59°　　⑤ 60°

10 다음은 "두 쌍의 대변의 길이가 각각 같은 사각형
은 평행사변형이다."를 설명하는 과정이다.
①~⑤에 알맞은 것으로 옳지 **않은** 것은? [4점]

$\overline{AB}=\overline{DC}$, $\overline{AD}=\overline{BC}$인
□ABCD에서 대각선
AC를 그으면
△ABC와 △CDA에서
$\overline{AB}=$ ① , $\overline{BC}=\overline{DA}$, ② 는 공통
이므로 △ABC≡△CDA (③ 합동)이다.
따라서 ∠BAC＝∠DCA, ∠BCA＝ ④ 이고
$\overline{AB} /\!/ \overline{DC}$, $\overline{AD} /\!/$ ⑤ 이므로 □ABCD는 평
행사변형이다.
따라서 두 쌍의 대변의 길이가 각각 같은 사각
형은 평행사변형이다.

① $\overline{CD}$　　② $\overline{AC}$　　③ SSS
④ ∠ADC　　⑤ $\overline{BC}$

11 오른쪽 그림과 같은 평행사
변형 ABCD에서 점 O는
$\overline{AC}$와 $\overline{BD}$의 교점이다.

△OAB＝4 cm²일 때, △BCD의 넓이는? [3점]

① 4 cm²　　② 6 cm²　　③ 8 cm²
④ 12 cm²　　⑤ 16 cm²

12 다음 그림과 같은 평행사변형 ABCD에서 $\overline{BD}$
의 수직이등분선이 $\overline{AD}$, $\overline{BC}$와 만나는 점을 각
각 E, F라 할 때, $\overline{AB} /\!/ \overline{EF}$이다. $\overline{AB}$＝12 cm,
$\overline{BC}$＝14 cm일 때, □BFDE의 둘레의 길이는?
[4점]

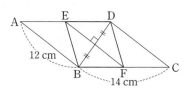

① 24 cm　　② 25 cm　　③ 26 cm
④ 27 cm　　⑤ 28 cm

13 오른쪽 그림에서 □ABCD 는 $\overline{AD}/\!/\overline{BC}$이고 $\overline{BC}=14$ cm인 등변사다리 꼴이다.

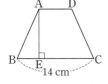

△ABE : □ABCD=1 : 5일 때, $\overline{AD}$의 길이는? [4점]

① 4 cm   ② 5 cm   ③ 6 cm

④ 7 cm   ⑤ 8 cm

14 다음 중 등변사다리꼴이 직사각형이 되는 조건이 아닌 것은? [4점]

① 한 내각의 크기가 90°이다.
② 두 대각선이 서로 직교한다.
③ 한 쌍의 대각의 크기가 서로 같다.
④ 두 대각선이 서로 다른 것을 이등분한다.
⑤ 평행한 한 쌍의 대변의 길이가 서로 같다.

15 오른쪽 그림과 같은 △ABC에서 $\overline{AC}$ 위의 점 D를 지나고 $\overline{AE}/\!/\overline{DB}$를 만족시키는 직선 BC 위의 점 E 를 잡자. $\overline{EC}$ 위의 점 F에 대하여 $\overline{EF} : \overline{FC}=2 : 1$이고 △DFC=4 cm²일 때, □ABFD의 넓이는? [4점]

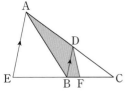

① 6 cm²   ② 7 cm²   ③ 8 cm²

④ 9 cm²   ⑤ 10 cm²

16 오른쪽 그림과 같이 중심이 같은 세 원의 반지름의 비가 1 : 2 : 3일 때, C부분의 넓이는 A부분의 넓이의 몇 배인가? [4점]

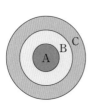

① 3배   ② 5배   ③ 9배

④ 19배   ⑤ 27배

17 다음 중 오른쪽 그림과 같은 △ABC 와 △DEF가 서로 닮은 도형이 되는 경우가 아닌 것은? [3점]

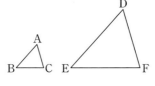

① $\dfrac{\overline{AB}}{\overline{DE}}=\dfrac{\overline{BC}}{\overline{EF}}=\dfrac{\overline{CA}}{\overline{FD}}$

② ∠A=∠D, ∠C=∠F

③ ∠B=∠E, ∠C=∠F

④ $\overline{AB} : \overline{DE}=\overline{AC} : \overline{DF}$, ∠A=∠D

⑤ $\overline{BC} : \overline{EF}=\overline{AC} : \overline{DF}$, ∠B=∠E

18 오른쪽 그림과 같이 정삼 각형 모양의 종이 ABC 를 $\overline{DE}$를 접는 선으로 하여 꼭짓점 A가 $\overline{BC}$ 위의 점 A′에 오도록 접 었다. $\overline{A'C}=5$ cm, $\overline{CE}=8$ cm, $\overline{EA'}=7$ cm일 때, $\overline{BD}$의 길이는? [4점]

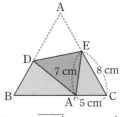

① 5 cm   ② 6 cm   ③ $\dfrac{25}{4}$ cm

④ $\dfrac{15}{2}$ cm   ⑤ $\dfrac{35}{4}$ cm

19 오른쪽 그림과 같이 △ABC의 두 꼭짓점 B, C에서 $\overline{AC}$, $\overline{AB}$에 내린 수선의 발을 각각 D, E라 하자. $\overline{AB}=18$ cm, $\overline{AD}=12$ cm, $\overline{CD}=3$ cm일 때, $\overline{BE}$의 길이는? [4점]

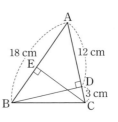

① 6 cm   ② 7 cm   ③ 8 cm

④ 9 cm   ⑤ 10 cm

20 강의 폭을 재기 위해 오른쪽 그림과 같이 필요한 거리를 재었을 때, 강의 폭인 $\overline{AC}$의 길이는? [4점]

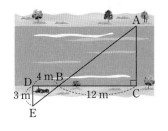

① 8 m   ② 9 m   ③ 10 m

④ 11 m   ⑤ 12 m

서 · 술 · 형

21 다음 그림과 같이 직사각형 모양의 종이를 $\overline{BC}$를 접는 선으로 하여 접었다. $\overline{AB}=6$ cm, $\overline{BC}=7$ cm일 때, $\overline{AC}$의 길이를 구하시오. [5점]

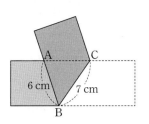

22 오른쪽 그림에서 점 O와 점 I는 각각 ∠C=90°인 직각삼각형 ABC의 외심과 내심이다. 점 D는 $\overline{OC}$와 $\overline{IB}$의 교점이고 ∠A=50°일 때, ∠BDO의 크기를 구하시오. [5점]

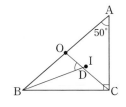

23 오른쪽 그림과 같은 평행사변형 ABCD에서 $\overline{AD}$의 중점을 M, $\overline{BC}$의 중점을 N이라 할 때, □BNDM이 평행사변형임을 보이시오. [5점]

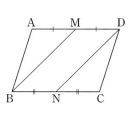

24 오른쪽 그림과 같은 △ABC에서 $\overline{AD}$의 길이를 구하시오.

[5점]

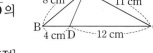

25 오른쪽 그림과 같이 ∠A=90°인 직각삼각형 ABC의 꼭짓점 A에서 $\overline{BC}$에 내린 수선의 발을 D라 할 때, △ABC와 닮음인 삼각형을 모두 찾고 그 이유를 설명하시오. [5점]

실전 모의고사 3회

<table>
<tr><td>점수</td><td>점</td><td>이름</td><td></td></tr>
</table>

1. 선택형 20문항, 서술형 5문항으로 되어 있습니다.
2. 주어진 문제를 잘 읽고, 알맞은 답을 답안지에 정확하게 표기하시오.

01 오른쪽 그림과 같이 $\overline{AB}=\overline{AC}$인 이등변삼각형 ABC에서 점 D는 ∠A의 이등분선과 $\overline{BC}$의 교점이고 $\overline{AD}=7$ cm, $\overline{BD}=4$ cm 일 때, △ABC의 넓이는? [3점]

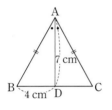

① 14 cm² ② 28 cm² ③ 35 cm²
④ 42 cm² ⑤ 56 cm²

02 오른쪽 그림과 같이 $\overline{AD}\,/\!/\,\overline{BE}$ 이고

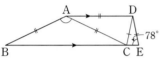

$\overline{AB}=\overline{AC}=\overline{AD}$, $\overline{CD}=\overline{DE}$이다. ∠E=78°일 때, ∠BAC의 크기는? [4점]

① 128° ② 130° ③ 132°
④ 134° ⑤ 136°

03 〈보기〉에서 이등변삼각형을 모두 고른 것은? [3점]

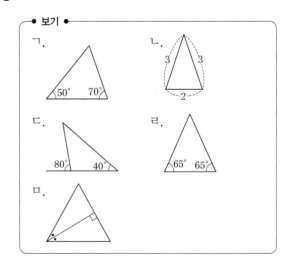

① ㄱ, ㄴ ② ㄴ, ㄷ, ㄹ
③ ㄱ, ㄷ, ㄹ ④ ㄴ, ㄷ, ㄹ, ㅁ
⑤ ㄱ, ㄴ, ㄷ, ㄹ, ㅁ

04 오른쪽 그림과 같이 ∠A=90°인 직각삼각형 ABC에서 ∠C의 이등분선과 $\overline{AB}$와의 교점을 D라 하자. $\overline{AB}=9$ cm, $\overline{BC}=15$ cm, $\overline{CA}=12$ cm일 때, $\overline{AD}$의 길이는? [4점]

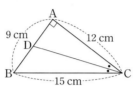

① 3 cm ② 3.5 cm ③ 4 cm
④ 4.5 cm ⑤ 5 cm

05 오른쪽 그림에서 점 O는 △ABC의 외심이고, 점 D는 점 O에서 $\overline{AB}$에 내린 수선의 발이다.

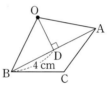

$\overline{BD}=4$ cm이고 △AOB의 둘레의 길이는 18 cm일 때, △ABC의 외접원의 넓이는? [4점]

① 10π cm² ② 12π cm² ③ 16π cm²
④ 25π cm² ⑤ 36π cm²

06 오른쪽 그림과 같이 ∠C=90°인 직각삼각형 ABC에서 $\overline{AB}$의 중점을 O라 할 때, 다음 중 옳지 않은 것은? [3점]

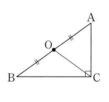

① ∠A=2∠B ② $\overline{OA}=\overline{OC}$
③ ∠BOC=2∠A ④ ∠B=∠OCB
⑤ $\overline{AB}$=(△ABC의 외접원의 지름)

07 오른쪽 그림에서 점 I는 △ABC의 내심이고, $\overline{BC} /\!/ \overline{DE}$이다. $\overline{AB}=7$ cm, $\overline{AC}=5$ cm이고 △ADE의 내접원의 반지름의 길이가 1 cm일 때, △ADE의 넓이는? [4점]

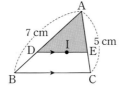

① 4 cm²   ② 6 cm²   ③ 8 cm²

④ 10 cm²   ⑤ 12 cm²

08 오른쪽 그림과 같은 직사각형 ABCD에서 두 점 I, I′은 각각 △ABD, △BCD의 내심이고 $\overline{BC}=4$ cm, $\overline{BD}=5$ cm, $\overline{CD}=3$ cm이다. 두 점 E, F는 각각 두 내접원과 $\overline{BD}$와의 접점일 때, $\overline{EF}$의 길이는? [4점]

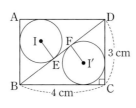

① $\dfrac{1}{2}$ cm   ② 1 cm   ③ $\dfrac{3}{2}$ cm

④ 2 cm   ⑤ $\dfrac{5}{2}$ cm

09 오른쪽 그림에서 점 O는 △ABC의 외심이고, 점 I는 △OBC의 내심이다. ∠ABO=26°, ∠ACO=30°일 때, ∠OIB의 크기는? [4점]

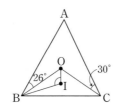

① 100°   ② 104°   ③ 107°

④ 110°   ⑤ 112°

10 다음 사각형 중 반드시 평행사변형이 되는 경우가 <u>아닌</u> 것은? [3점]

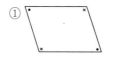

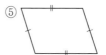

11 오른쪽 그림과 같은 평행사변형 ABCD에서 두 점 E, F는 각각 $\overline{AD}$, $\overline{BC}$의 중점이다. ∠ABE=48°, ∠DCE=23°일 때, ∠EGF의 크기는? [4점]

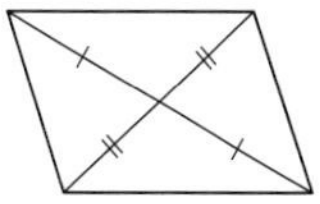

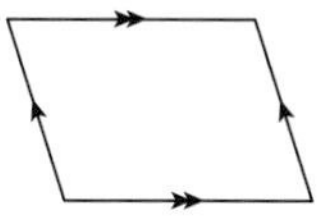

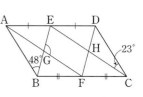

① 106°   ② 107°   ③ 108°

④ 109°   ⑤ 110°

12 오른쪽 그림과 같이 $\overline{AB}=16$ cm이고 넓이가 200 cm²인 평행사변형 ABCD에서 점 P는 점 A를 출발하여 점 B까지 $\overline{AB}$ 위를 매초 3 cm씩, 점 Q는 점 D를 출발하여 점 C까지 $\overline{DC}$ 위를 매초 5 cm씩 움직인다. □PBQD가 평행사변형이 될 때의 넓이는? [4점]

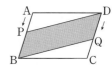

① 120 cm²   ② 125 cm²   ③ 130 cm²

④ 135 cm²   ⑤ 140 cm²

13 오른쪽 그림에서 □ABCD 는 $\overline{\text{AD}} /\!/ \overline{\text{BC}}$, $\overline{\text{AB}} = \overline{\text{AD}}$ 인 등변사다리꼴이다.

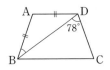

∠BDC=78°일 때, ∠ABD의 크기는? [4점]

① 31°　　② 32°　　③ 33°

④ 34°　　⑤ 35°

14 다음 중 오른쪽 그림과 같은 평행사변형 ABCD가 정사각형이 되도록 하는 조건은? (단, O는 두 대각선의 교점이다.) [4점]

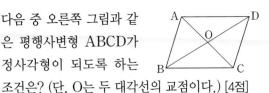

① ∠BOC=90°, $\overline{\text{BC}} = \overline{\text{CD}}$

② ∠AOB=90°, $\overline{\text{BO}} = \overline{\text{DO}}$

③ $\overline{\text{AB}} = \overline{\text{BC}}$, ∠OCB = ∠OCD

④ △ABO≡△ADO, $\overline{\text{AC}} = \overline{\text{BD}}$

⑤ $\overline{\text{AC}} = 2\overline{\text{BO}}$, ∠OAB = ∠OBA

15 오른쪽 그림에서 □ABCD 는 $\overline{\text{AD}} /\!/ \overline{\text{BC}}$인 사다리꼴이 고, 점 O는 $\overline{\text{AC}}$와 $\overline{\text{BD}}$의 교점이다. $\overline{\text{BO}} : \overline{\text{DO}} = 3 : 1$이고 △OBC=24 cm²일 때, △ABO의 넓이는? [4점]

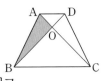

① 4 cm²　　② 5 cm²　　③ 6 cm²

④ 7 cm²　　⑤ 8 cm²

16 오른쪽 그림의 두 직육면체 (가) 와 (나)는 서로 닮은 도형이고 $\overline{\text{AB}}$에 대응하는 모서리가 $\overline{\text{IJ}}$일 때, 직육면체 (나) 의 부피는? [4점]

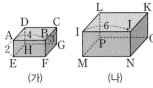

① 54　　② 63　　③ 72

④ 81　　⑤ 90

17 오른쪽 그림과 같은 △ABC에서 $\overline{\text{BC}}$ 위의 점 D에 대하여 ∠BAD=∠C이다. $\overline{\text{AB}}$=6 cm, $\overline{\text{BD}}$=4 cm일 때, $\overline{\text{CD}}$의 길이는?

[3점]

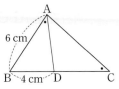

① 3 cm　　② 4 cm　　③ 5 cm

④ 6 cm　　⑤ 7 cm

18 오른쪽 그림과 같이 ∠A=90°인 직각삼각 형 ABC에서 점 D는 $\overline{\text{BC}}$의 중점이고, 점 E 는 점 A에서 $\overline{\text{BC}}$에 내린 수선의 발이다. $\overline{\text{BD}}$=13 cm, $\overline{\text{CE}}$=8 cm일 때, △ADE의 넓이는? [4점]

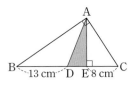

① 28 cm²　　② 30 cm²　　③ 32 cm²

④ 34 cm²　　⑤ 36 cm²

19 오른쪽 그림과 같은 직 사각형 ABCD에서 두 점 E, F는 각각 $\overline{AD}$, $\overline{BC}$ 위의 점이고, $\overline{EF}$가 대각선 AC를 수직이등 분한다. $\overline{AB}=6$ cm, $\overline{AD}=8$ cm, $\overline{AM}=5$ cm 일 때, $\overline{AE}$의 길이는? (단, M은 $\overline{AC}$와 $\overline{EF}$의 교 점이다.) [4점]

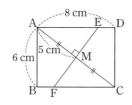

① 3 cm   ② $\dfrac{23}{4}$ cm   ③ 6 cm

④ $\dfrac{25}{4}$ cm   ⑤ 7 cm

20 건물의 높이를 재기 위해 건물 앞에 1 m 높이의 막대기를 지 면에 수직으로 세울

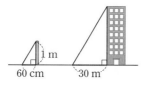

때, 막대기의 그림자의 길이는 60 cm이고 건물의 그림자의 길이는 30 m이다. 건물의 높이는? [4점]

① 48 m   ② 50 m   ③ 52 m
④ 54 m   ⑤ 56 m

서·술·형

21 오른쪽 그림에서 점 I는 △ABC의 내심이고, 점 E 는 ∠ACD의 이등분선과 $\overline{BI}$의 연장선의 교점이다.

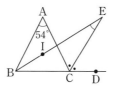

∠A=54°일 때, ∠BEC의 크기를 구하시오.
[5점]

22 오른쪽 그림과 같이 평행 사변형 ABCD에서 ∠D 의 이등분선과 $\overline{AB}$의 연 장선의 교점을 E, $\overline{DE}$와 $\overline{BC}$의 교점을 F라 하자.

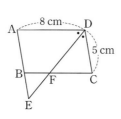

$\overline{AD}=8$ cm, $\overline{CD}=5$ cm일 때, $\overline{BF}$의 길이를 구 하시오. [5점]

23 오른쪽 그림에서 □ABCD와 □AECF는 ∠ABC=∠EAF인 마름모이다.

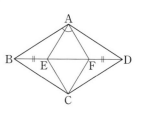

$\overline{BE}=\overline{DF}$일 때, ∠BAF의 크기를 구하시오. [5점]

24 어느 피자 가게에서 반지름의 길이가 12 cm인 라지 사이즈 피자는 30000원, 반지름의 길이가 8 cm인 스몰 사이즈 피자는 20000원에 판다고 한다. 60000원으로 최대한 많은 양의 피자를 사 려면 어떻게 사는 것이 좋은지 설명하시오. (단, 피자의 두께는 동일하다.) [5점]

25 오른쪽 그림과 같은 △ABC에서 $\overline{AB}=9$ cm, $\overline{BC}=8$ cm, $\overline{CA}=6$ cm, $\overline{DF}=4$ cm이다. ∠ABD=∠BCE=∠CAF

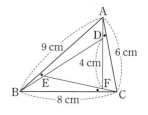

일 때, $\overline{DE}$의 길이를 구하시오. [5점]

이등변삼각형의 성질

01 오른쪽 그림과 같이 $\overline{AB}=\overline{AC}$인 이등변삼각형 ABC에서 ∠A=50°일 때, ∠ACD의 크기는?

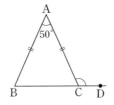

① 112°　　② 113°
③ 114°　　④ 115°
⑤ 116°

이등변삼각형의 성질

02 다음은 "이등변삼각형의 꼭지각의 이등분선은 밑변을 수직이등분한다."를 설명하는 과정이다. ①~⑤에 알맞은 것으로 옳지 <u>않은</u> 것은?

> $\overline{AB}=\overline{AC}$인 이등변삼각형 ABC에서 ∠A의 이등분선과 $\overline{BC}$와의 교점을 D라 하자. 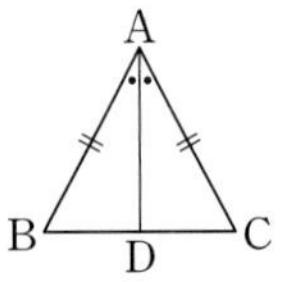
>
>
>
> △ABD와 △ACD에서
> $\overline{AB}=\overline{AC}$, ∠BAD= ① , ② 는 공통이므로 △ABD≡△ACD (③ 합동)이다.
> 따라서 $\overline{BD}=$ ④ 이고 ∠ADB=∠ADC이다.
> ∠ADB+∠ADC=180°이므로
> ∠ADB=∠ADC= ⑤
> 따라서 $\overline{AD}\perp\overline{BC}$이다.
> 즉, 이등변삼각형의 꼭지각의 이등분선은 밑변을 수직이등분한다.

① ∠CAD　　② $\overline{AD}$　　③ ASA
④ $\overline{CD}$　　⑤ 90°

이등변삼각형의 성질의 활용

03 다음 그림에서 $\overline{AB}=\overline{BC}=\overline{CD}=\overline{DE}$이고 ∠DEF=105°일 때, ∠BCD의 크기는?

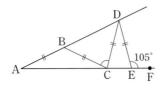

① 80°　　② 82°　　③ 84°
④ 86°　　⑤ 88°

이등변삼각형의 성질의 활용

04 오른쪽 그림과 같이 ∠ABC=75°이고 $\overline{AB}=\overline{AC}$인 이등변삼각형 ABC와 $\overline{BC}=\overline{BD}$인 이등변삼각형 BCD에서 $\overline{AB}$와 $\overline{CD}$의 교점을 E라 하자. $\overline{AE}=\overline{CE}$일 때, ∠ABD의 크기는?

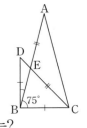

① 15°　　② 20°　　③ 25°
④ 30°　　⑤ 35°

이등변삼각형이 되는 조건

05 오른쪽 그림과 같이 ∠A=90°이고 $\overline{AB}=\overline{AC}$인 직각이등변삼각형 ABC에서 ∠A의 이등분선과 $\overline{BC}$의 교점을 D라 하자. $\overline{AD}=4$ cm일 때, $\overline{BC}$의 길이는?

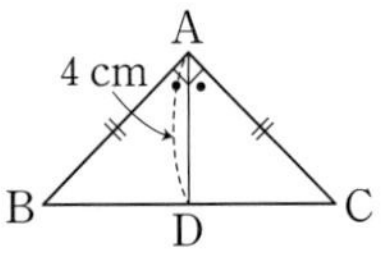

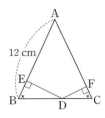

① 4 cm　　② 5 cm　　③ 6 cm
④ 7 cm　　⑤ 8 cm

이등변삼각형이 되는 조건

06 오른쪽 그림과 같이 ∠B=∠C인 삼각형 ABC의 $\overline{BC}$ 위의 점 D에서 $\overline{AB}$, $\overline{AC}$에 내린 수선의 발을 각각 E, F라 하자. △ABC의 넓이가 54 cm²이고 $\overline{AB}=12$ cm일 때, $\overline{DE}+\overline{DF}$의 길이는?

① 6 cm　　② 7 cm　　③ 8 cm
④ 9 cm　　⑤ 10 cm

07 오른쪽 그림과 같이 $\overline{AB}=\overline{AC}$ 인 이등변삼각형 모양의 종이 를 $\overline{DE}$를 접는 선으로 하여 꼭 짓점 A가 꼭짓점 C에 오도록 접었다. 다음 중 옳지 <u>않은</u> 것 은?

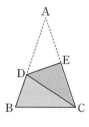

① $\overline{AD}=\overline{DC}$ ② $\angle CED=90°$

③ $\overline{AB}=2\overline{CE}$ ④ $\angle B=\angle BDC$

⑤ $\angle BDC=2\angle A$

직각삼각형의 합동 조건

08 오른쪽 그림과 같이 $\angle C=\angle F=90°$인 두 직각삼각형 ABC와 DEF가 RHA 합동이 되기 위한 조건은?

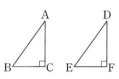

① $\overline{BC}=\overline{EF}$, $\overline{AC}=\overline{DF}$

② $\overline{BC}=\overline{EF}$, $\angle B=\angle E$

③ $\overline{AB}=\overline{DE}$, $\overline{BC}=\overline{EF}$

④ $\overline{AB}=\overline{DE}$, $\angle A=\angle D$

⑤ $\angle B=\angle E$, $\angle A=\angle D$

직각삼각형의 합동 조건의 활용

09 오른쪽 그림과 같이 $\angle A=90°$인 직각삼각 형 ABC에서 $\angle B$의 이 등분선과 $\overline{AC}$의 교점을 D라 하자. $\overline{AD}=3$ cm, $\overline{BC}=10$ cm일 때, △BCD의 넓이는?

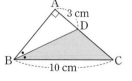

① 10 cm^2 ② 12 cm^2 ③ 14 cm^2

④ 15 cm^2 ⑤ 18 cm^2

직각삼각형의 합동 조건의 활용

10 오른쪽 그림과 같이 $\angle ABC=90°$이고 $\overline{AB}=\overline{BC}$인 직각이등 변삼각형 ABC의 두 꼭짓점 A, C에서 꼭짓점 B를 지나는 직선 l에 내린 수선의 발을 각각 D, E라 하자. $\overline{BE}=5$ cm, $\overline{CE}=9$ cm일 때, □ADEC의 넓 이는?

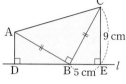

① 72 cm^2 ② 84 cm^2 ③ 98 cm^2

④ 112 cm^2 ⑤ 128 cm^2

직각삼각형의 합동 조건의 활용

11 오른쪽 그림과 같은 △ABC에서 $\overline{AD}\perp\overline{BC}$ 이고 $\overline{AC}=\overline{BE}$, $\overline{AD}=6$ cm, $\overline{CD}=\overline{DE}=4$ cm일 때, △ABE의 넓이는?

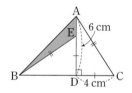

① 4 cm^2 ② 6 cm^2 ③ 8 cm^2

④ 10 cm^2 ⑤ 12 cm^2

삼각형의 외심

12 오른쪽 그림에서 점 O는 △ABC의 외심이고 $\angle OAB=26°$일 때, $\angle C$ 의 크기는?

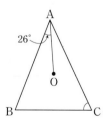

① $62°$ ② $63°$

③ $64°$ ④ $65°$

⑤ $66°$

삼각형의 외심

13 오른쪽 그림에서 점 O 는 △ABC의 외심이 다. ∠ABC=39°, ∠AOB=86°일 때, ∠OAC의 크기는?

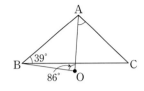

① 49°　　② 50°　　③ 51°

④ 52°　　⑤ 53°

삼각형의 외심

14 오른쪽 그림에서 점 O는 △ABC와 △ACD의 외 심이다. ∠D=128°일 때, ∠B의 크기는?

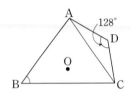

① 50°　　② 52°　　③ 54°

④ 56°　　⑤ 58°

삼각형의 외심의 위치

15 다음 삼각형 중 외심이 항상 삼각형의 내부에 있 는 것을 모두 고르면? (정답 2개)

① 이등변삼각형　　② 정삼각형

③ 예각삼각형　　④ 직각삼각형

⑤ 둔각삼각형

삼각형의 내심

16 오른쪽 그림에서 점 I는 △ABC의 내심이고 ∠A=46°일 때, ∠x+∠y의 크기는?

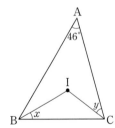

① 64°　　② 65°

③ 66°　　④ 67°

⑤ 68°

삼각형의 내심

17 오른쪽 그림에서 점 I는 △ABC의 내심이고 ∠AIB : ∠BIC : ∠CIA =7 : 5 : 6일 때, ∠IAB의 크 기는?

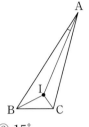

① 5°　　② 10°　　③ 15°

④ 20°　　⑤ 25°

삼각형의 내심과 평행선

18 오른쪽 그림에서 점 I는 △ABC의 내심이고, $\overline{AB}$ ∥ $\overline{DE}$이다. $\overline{AD}$=4 cm, $\overline{DE}$=7 cm일 때, $\overline{BE}$의 길이는?

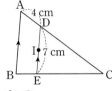

① 3 cm　　② 4 cm　　③ 5 cm

④ 6 cm　　⑤ 7 cm

삼각형의 내심과 평행선

19 오른쪽 그림에서 점 I는 $\overline{AB}$=$\overline{AC}$인 이등변삼 각형 ABC의 내심이 고, $\overline{BC}$ ∥ $\overline{DE}$이다. △ABC의 내접원의 반 지름의 길이는 3 cm이고 $\overline{BC}$=18 cm, $\overline{BD}$=5 cm일 때, □BCED의 넓이는?

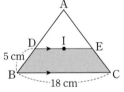

① 38 cm²　　② 40 cm²　　③ 42 cm²

④ 44 cm²　　⑤ 46 cm²

삼각형의 내접원

20 오른쪽 그림에서 점 I는 △ABC의 내심이고, 점 D는 내접원과 $\overline{AB}$의 접점이다. △ABC의 둘레의 길이가 28 cm이고 $\overline{BC}$=9 cm일 때, $\overline{AD}$의 길이는?

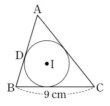

① 3 cm   ② 4 cm   ③ 5 cm
④ 6 cm   ⑤ 7 cm

삼각형의 내접원

21 오른쪽 그림에서 점 I는 △ABC의 내심이다. △ABC=42 cm²이고 내접원의 반지름의 길이가 3 cm일 때, △ABC의 둘레의 길이는?

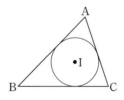

① 14 cm   ② 18 cm   ③ 21 cm
④ 24 cm   ⑤ 28 cm

삼각형의 외심과 내심

22 오른쪽 그림에서 두 점 O, I는 각각 △ABC의 외심과 내심이다. ∠OBA=10°, ∠ABC=30°일 때, ∠OCI의 크기는?

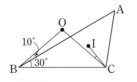

① 8°   ② 9°   ③ 10°
④ 11°   ⑤ 12°

삼각형의 외심과 내심

23 오른쪽 그림에서 점 I는 ∠C=90°인 직각삼각형 ABC의 내심이고, 세 점 D, E, F는 각각 내접원과 세 변의 접점이다. ∠EDF의 크기를 구하시오.

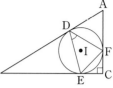

평행사변형의 성질

24 오른쪽 그림과 같은 평행사변형 ABCD에서 $\overline{AC}$=10 cm, $\overline{BD}$=6 cm이다. △AOD의 둘레의 길이는 15 cm일 때, $\overline{BC}$의 길이는?

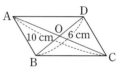

① 5 cm   ② 6 cm   ③ 7 cm
④ 8 cm   ⑤ 9 cm

평행사변형의 성질

25 오른쪽 그림과 같은 평행사변형 ABCD에서 $\overline{CD}$의 중점을 E, 점 B에서 $\overline{AE}$에 내린 수선의 발을 F라 하자. ∠BCF=42°일 때, ∠CFE의 크기는?

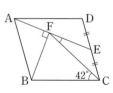

① 20°   ② 21°   ③ 22°
④ 23°   ⑤ 24°

최종 마무리 50제

평행사변형이 되는 조건

26 오른쪽 그림과 같은 □ABCD에서 ∠A : ∠B=3 : 2일 때, □ABCD가 평행사변형이 되기 위한 ∠C의 크기는?

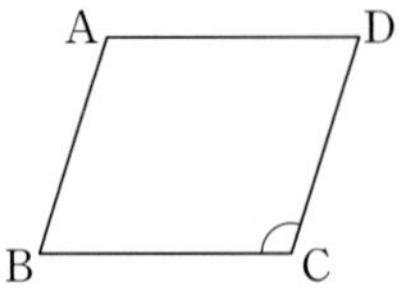

① 96°   ② 100°   ③ 104°

④ 108°   ⑤ 112°

평행사변형이 되는 조건

27 다음 중 오른쪽 그림과 같은 □ABCD가 반드시 평행사변형이 되는 조건이 <u>아닌</u> 것은? (단, O는 $\overline{AC}$와 $\overline{BD}$의 교점이다.)

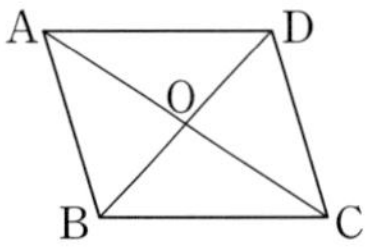

① $\triangle ABC \equiv \triangle CDA$

② $\triangle AOD \equiv \triangle BOC$

③ $\overline{AC}=2\overline{AO}$, $\overline{BD}=2\overline{DO}$

④ ∠A=∠C, ∠B=∠D

⑤ $\overline{AB}=\overline{CD}$, ∠BAC=∠DCA

새로운 평행사변형이 되는 경우

28 오른쪽 그림과 같은 평행사변형 ABCD에서 $\overline{AB} /\!/ \overline{GH}$, $\overline{AD} /\!/ \overline{EF}$일 때, $z-xy$의 값은?

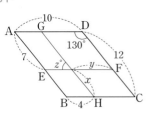

① 20   ② 24   ③ 26

④ 28   ⑤ 30

평행사변형과 넓이

29 오른쪽 그림과 같은 평행사변형 ABCD에서 $\triangle PBC = 48$ cm²일 때, $\triangle PDA$의 넓이는?

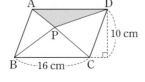

① 24 cm²   ② 28 cm²   ③ 32 cm²

④ 36 cm²   ⑤ 40 cm²

평행사변형과 넓이

30 오른쪽 그림과 같은 평행사변형 ABCD에서 $\overline{BC}$의 중점을 M이라 하고, $\overline{DM}$의 연장선과 $\overline{AB}$의 연장선의 교점을 E라 하자. □ABCD의 넓이가 20 cm²일 때, $\triangle CME$의 넓이는?

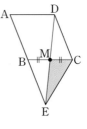

① 4 cm²   ② 5 cm²   ③ 6 cm²

④ 7 cm²   ⑤ 8 cm²

사각형의 뜻과 성질

31 오른쪽 그림과 같은 마름모 ABCD의 꼭짓점 A에서 $\overline{BC}$, $\overline{CD}$에 내린 수선의 발을 각각 E, F라 하자. ∠B=68°일 때, ∠AFE의 크기는?

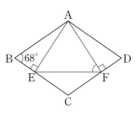

① 54°   ② 55°   ③ 56°

④ 57°   ⑤ 58°

사각형의 뜻과 성질

32 오른쪽 그림과 같은 정사각형 ABCD에서 $\overline{BD}$ 위의 점 E에 대하여 $\angle BAE = 28°$일 때, $\angle CED$의 크기는?

① 69° ② 70° ③ 71°
④ 72° ⑤ 73°

등변사다리꼴의 뜻과 성질

33 다음 그림에서 □ABCD는 $\overline{AD} /\!/ \overline{BC}$인 등변사다리꼴이고, $\overline{BC}$의 연장선 위의 점 E에 대하여 $\overline{AC} /\!/ \overline{DE}$이다. $\angle BDE = 126°$일 때, $\angle CAD$의 크기는?

① 24° ② 25° ③ 26°
④ 27° ⑤ 28°

여러 가지 사각형 사이의 관계

34 다음 설명 중 옳지 않은 것은?

① 이웃한 두 변의 길이가 같은 직사각형은 마름모이다.
② 한 내각의 크기가 90°인 평행사변형은 정사각형이다.
③ 두 대각선이 서로 직교하는 직사각형은 정사각형이다.
④ 두 대각선의 길이가 같은 사다리꼴은 등변사다리꼴이다.
⑤ 평행한 한 쌍의 대변의 길이가 같은 등변사다리꼴은 직사각형이다.

여러 가지 사각형 사이의 관계

35 다음 〈보기〉에서 오른쪽 그림과 같은 평행사변형 ABCD가 직사각형이 되도록 하는 조건을 모두 고르시오.
(단, O는 $\overline{AC}$와 $\overline{BD}$의 교점이다.)

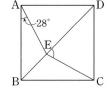

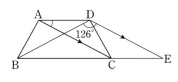

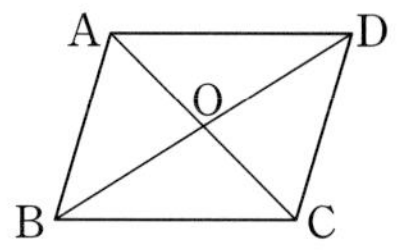

보기
ㄱ. $\overline{AB} = \overline{BC}$ ㄴ. $\angle AOD = 90°$
ㄷ. $\overline{AC} = 2\overline{BO}$ ㄹ. $\angle ACB = 45°$
ㅁ. $\overline{AD} \perp \overline{CD}$

평행선과 삼각형의 넓이

36 오른쪽 그림에서 □ABCD는 평행사변형이고, $\overline{BE} : \overline{EC} = 1 : 2$이다. $\triangle ABE = 4\ \text{cm}^2$일 때, □ABCD의 넓이는?

① $16\ \text{cm}^2$ ② $18\ \text{cm}^2$ ③ $20\ \text{cm}^2$
④ $22\ \text{cm}^2$ ⑤ $24\ \text{cm}^2$

평행선과 삼각형의 넓이

37 오른쪽 그림과 같이 $\angle B = 90°$인 직각삼각형 ABC에서 점 D는 $\overline{BC}$의 중점이고, $\overline{AD} /\!/ \overline{EC}$이다. $\overline{AB} = 8\ \text{cm}$, $\overline{BD} = 5\ \text{cm}$일 때, □ABDE의 넓이를 구하시오.

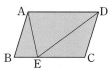

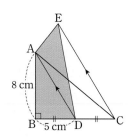

닮은 도형

38 다음 〈보기〉에서 항상 닮은 도형인 것을 모두 고르시오.

> ● 보기 ●
> ㄱ. 두 반원   ㄴ. 두 정삼각형
> ㄷ. 두 원뿔   ㄹ. 두 직각이등변삼각형
> ㅁ. 두 마름모   ㅂ. 두 정사면체

도형에서 닮음의 성질

39 다음 그림에서 □ABCD∽□HEFG일 때, xy의 값은?

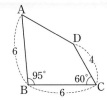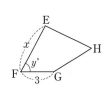

① 180   ② 210   ③ 240
④ 270   ⑤ 315

닮은 도형의 넓이의 비, 부피의 비

40 닮은 두 사면체 A, B의 겉넓이의 비가 4 : 9이고 사면체 A의 부피가 48 cm³일 때, 사면체 B의 부피는?

① 72 cm³   ② 96 cm³   ③ 108 cm³
④ 144 cm³   ⑤ 162 cm³

닮은 도형의 넓이의 비, 부피의 비

41 오른쪽 그림과 같이 높이가 15 cm인 원뿔 모양의 그릇에 높이의 $\frac{2}{5}$만큼 물을 채웠을 때, 물의 부피는 8π cm³이다. 그릇 윗면의 원의 둘레의 길이는?

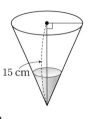

① 10π cm   ② 20π cm   ③ 25π cm
④ 40π cm   ⑤ 50π cm

삼각형의 닮음 조건

42 다음 중 아래 그림에서 △ABC∽△DEF가 되도록 하는 조건이 아닌 것은?

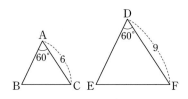

① $\overline{AB}=4$, $\overline{DE}=6$ ② ∠B=∠E=70°
③ $\overline{BC}:\overline{EF}=2:3$ ④ ∠C=∠F=50°
⑤ $\overline{BC}=6$, $\overline{EF}=9$

삼각형의 닮음의 응용

43 오른쪽 그림과 같은 △ABC에서 $\overline{BC}$의 길이는?

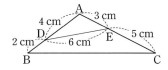

① 8 cm   ② 9 cm   ③ 10 cm
④ 11 cm   ⑤ 12 cm

삼각형의 닮음을 이용한 변의 길이 구하기

44 오른쪽 그림과 같은 평행사변형 ABCD에서 $\overline{CD}$의 연장선 위의 점 F에 대하여 $\overline{AD}$와 $\overline{BF}$의 교점을 E라 하자. $\overline{BC}=12$ cm, $\overline{CD}=6$ cm, $\overline{DF}=2$ cm일 때, $\overline{AE}$의 길이는?

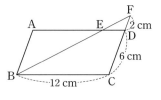

① 7 cm   ② 7.5 cm   ③ 8 cm
④ 8.5 cm ⑤ 9 cm

직각삼각형의 닮음

45 다음 그림에서 ∠ACB=∠BED =90°일 때, $\overline{EF}$의 길이는?

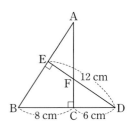

① 4 cm   ② 4.5 cm   ③ 5 cm

④ 5.5 cm   ⑤ 6 cm

직각삼각형의 닮음의 응용

46 오른쪽 그림과 같이 ∠A=90°인 직각삼각형 ABC의 꼭짓점 A에서 $\overline{BC}$에 내린 수선의 발을 D라 하자. $\overline{AD}$=6 cm, $\overline{DC}$=4 cm일 때, $\overline{BC}$의 길이는?

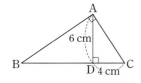

① 9 cm   ② 10 cm   ③ 11 cm

④ 12 cm   ⑤ 13 cm

직각삼각형의 닮음의 응용

47 오른쪽 그림과 같이 직사각형 ABCD를 대각선 AC를 접는 선으로 하여 접었다. $\overline{AC}$=12 cm, $\overline{BC}$=9 cm일 때, $\overline{B'E}$의 길이는?

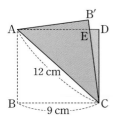

① 1 cm   ② 1.5 cm   ③ 2 cm

④ 2.5 cm   ⑤ 3 cm

닮음의 활용

48 어떤 도형을 일정한 비율로 줄인 그림을 축도라 하고, 축도에서의 길이와 실제 길이의 비율을 축척이라고 한다. 실제 거리가 3 km인 두 지점 사이의 거리는 축척이 $\dfrac{1}{20000}$인 지도에서 몇 cm인가?

① 1.5 cm   ② 6 cm   ③ 15 cm

④ 60 cm   ⑤ 150 cm

닮음의 활용

49 오른쪽 그림과 같은 A4 용지를 반으로 자를 때마다 생기는 용지를 차례대로 A5, A6, A7, … 용지라 할 때, A5용지와 A9용지의 닮음비는?

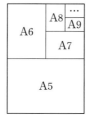

① 2 : 1   ② 4 : 1   ③ 8 : 1

④ 16 : 1   ⑤ 32 : 1

닮음의 활용

50 오른쪽 그림과 같이 서희는 길이가 50 cm인 막대기를 이용하여 건물의 높이를 재려고 한다. 건물에서 8 m 떨어진 거리에 서서 눈에서 정면으로 20 cm 떨어진 거리에 막대기를 두었더니 건물의 바닥과 꼭대기에 막대기의 양 끝이 일치했을 때, 건물의 높이는?

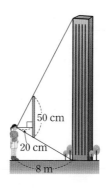

① 16 m   ② 17 m   ③ 18 m

④ 19 m   ⑤ 20 m

MEMO

✦ 원리 학습을 기반으로 한
　 중학 과학의 새로운 패러다임

✦ 학교 시험 족보 분석으로
　 내신 시험도 완벽 대비

원 리 학 습 으 로 완 성 하 는 과 학

비욘드

개념　탐구　적용　실전　　**체계적인 실험 분석 + 모든 유형 적용**

✦ **시리즈 구성** ✦

중학 과학 1-1	중학 과학 1-2
중학 과학 2-1	중학 과학 2-2
중학 과학 3-1	중학 과학 3-2

효과가 상상 이상입니다.

예전에는 아이들의 어휘 학습을 위해 학습지를 만들어 주기도 했는데,
이제는 이 교재가 있으니 어휘 학습 고민은 해결되었습니다.
아이들에게 아침 자율 활동으로 할 것을 제안하였는데,
"선생님, 더 풀어도 되나요?"라는 모습을 보면,
아이들의 기초 학습 습관 형성에도 큰 도움이 되고 있다고 생각합니다.

ㄷ초등학교 안OO 선생님

어휘 공부의 힘을 느꼈습니다.

학습에 자신감이 없던 학생도 이미 배운 어휘가 수업에 나왔을 때 반가워합니다.
어휘를 먼저 학습하면서 흥미도가 높아지고
동기 부여가 되는 것을 보면서 어휘 공부의 힘을 느꼈습니다.

ㅂ학교 김OO 선생님

학생들 스스로 뿌듯해해요.

처음에는 어휘 학습을 따로 한다는 것 자체가 부담스러워했지만,
공부하는 내용에 대해 이해도가 높아지는 경험을 하면서
스스로 뿌듯해하는 모습을 볼 수 있었습니다.

ㅅ초등학교 손OO 선생님

앞으로도 활용할 계획입니다.

학생들에게 확인 문제의 수준이 너무 어렵지 않으면서도
교과서에 나오는 낱말의 뜻을 확실하게 배울 수 있었고,
주요 학습 내용과 관련 있는 낱말의 뜻과 용례를
정확하게 공부할 수 있어서 효과적이었습니다.

ㅅ초등학교 지OO 선생님

학교 선생님들이 확인한
어휘가 문해력이다의 학습 효과!
직접 경험해 보세요

학기별 교과서 어휘 완전 학습
<어휘가 문해력이다>
— 예비 초등 ~ 중학 3학년 —

중학도 역시 **EBS**

정답과 풀이

전국 중학교
기출문제
완벽 분석

시험 대비
적중 문항
수록

중학 수학
내신 대비
기출문제집

2 - 2 중간고사

부록

실전 모의고사
+
최종 마무리 50제

중학 수학
내신 대비
기출문제집

2-2 중간고사

정답과 풀이

Ⅳ 도형의 성질

1 | 삼각형의 성질

본문 8~9쪽

개념 체크

01 (1) × (2) ○ (3) ○

02 (1) $x=100$, $y=40$ (2) $x=20$, $y=80$
(3) $x=55$, $y=12$ (4) $x=55$, $y=8$

03 (1) × (2) × (3) ○

04 (1) $\overline{AB}=\overline{DE}$, ∠B=∠E (또는 ∠A=∠D)
(2) $\overline{AB}=\overline{DE}$, $\overline{BC}=\overline{EF}$ (또는 $\overline{AC}=\overline{DF}$)

대표유형

본문 10~13쪽

01 ② **02** ⑤ **03** ③ **04** ③ **05** ④
06 ② **07** ④ **08** ② **09** ③ **10** 3
11 ③ **12** ④ **13** ⑤ **14** ① **15** ⑤
16 △ABC≡△NMO (RHA 합동),
△GHI≡△KLJ (RHS 합동)
17 ④ **18** ① 90 ② ∠E ③ ASA
19 ③, ④ **20** 20° **21** ① **22** ④ **23** ①
24 ①

01 ∠A : ∠B=4 : 3이므로 ∠A=4∠x, ∠B=3∠x
라 하자.
△ABC는 $\overline{AB}=\overline{AC}$인 이등변삼각형이므로
∠C=∠B=3∠x
△ABC에서
∠A+∠B+∠C=10∠x=180°, ∠x=18°
따라서 ∠C=3∠x=54°

02 ∠ACD=110°이므로
∠ACB=180°-110°=70°
△ABC는 $\overline{AB}=\overline{BC}$인 이등변삼각형이므로
∠A=∠ACB=70°
따라서
∠B=180°-70°-70°=40°

03 이등변삼각형의 꼭지각의 이등분선은 밑변을 수직이등
분하므로 이등변삼각형 ABC의 꼭지각의 이등분선인
$\overline{AD}$는 밑변 BC를 이등분한다. 즉, $\overline{BD}=\overline{DC}$
따라서
$\overline{DC}=\dfrac{1}{2}\overline{BC}=\dfrac{1}{2}\times40=20\,(\text{cm})$

04 △ABD에서 $\overline{AD}=\overline{BD}$이므로
∠DAB=∠B=25°,
∠ADC=25°+25°=50°
△ADC에서 $\overline{AC}=\overline{AD}$이므로
∠ACD=∠ADC=50°
따라서
∠ACE=180°-50°=130°

05 △BCD는 $\overline{BC}=\overline{BD}$인 이등변삼각형이므로
∠C=∠BDC=$\dfrac{1}{2}\times(180°-50°)$=65°
△ABC는 $\overline{AB}=\overline{AC}$인 이등변삼각형이므로
∠ABC=∠C=65°
따라서
∠A=180°-65°-65°=50°

06 △ABC는 $\overline{AB}=\overline{AC}$인 이등변삼각형이므로
∠B=∠C=$\dfrac{1}{2}\times(180°-48°)$=66°
이때 ∠DBC=$\dfrac{1}{2}$∠B=33°
한편 ∠ACE=∠A+∠B=48°+66°=114°이므로
∠DCE=$\dfrac{1}{2}$∠ACE=57°
따라서 △DBC에서
∠BDC=∠DCE-∠DBC=57°-33°=24°

07 △ADC는 $\overline{AD}=\overline{DC}$인 이등변삼각형이므로
∠DAC=∠C=∠x라 하면
∠ADB=∠DAC+∠C=∠x+∠x=2∠x
이때 △ABC는 $\overline{AB}=\overline{AC}$인 이등변삼각형이므로
∠B=∠C=∠x
이고, △ABD는 $\overline{AB}=\overline{BD}$인 이등변삼각형이므로
∠DAB=∠ADB=2∠x
△ABD의 세 내각의 크기의 합은 180°이므로
∠x+2∠x+2∠x=180°, 5∠x=180°, ∠x=36°
따라서 ∠ADB=2∠x=72°

08 △ABD와 △ACE에서

$\overline{AB}=\overline{AC}$,

$\angle B=\angle C$,

$\overline{BD}=\overline{CE}$

이므로 $\triangle ABD\equiv\triangle ACE$ (SAS 합동)

즉, $\overline{AD}=\overline{AE}$이고 $\angle ADE=60°$이므로

$\triangle ADE$는 정삼각형이다.

$\overline{AD}=\overline{DE}=\overline{BD}$이므로 $\triangle ABD$는 이등변삼각형이고

$\angle B=\dfrac{1}{2}\angle ADE=30°=\angle C$

따라서 $\triangle ABC$에서

$\angle BAC=180°-\angle B-\angle C$

$\qquad\qquad=180°-30°-30°=120°$

09 $\triangle ABE$에서

$\angle BAE=90°-20°=70°$,

$\angle CAD=\dfrac{1}{2}\angle BAE=35°$

이등변삼각형의 꼭지각의 이등분선은 밑변을 수직이등

분하므로 $\angle ADC=90°$

따라서 $\triangle ADC$에서

$\angle C=90°-\angle CAD=90°-35°=55°$

10 $\angle A=\angle B$이므로 $\triangle ABC$는 $\overline{AC}=\overline{BC}$인 이등변삼각

형이다. 즉,

$2x+10=6x-2$에서 $-4x=-12$

따라서 $x=3$

11 $\overleftrightarrow{AE}/\!/\overline{BC}$이므로

$\angle B=\angle DAE$ (동위각)

$\qquad=\angle CAE$

$\qquad=\angle C$ (엇각)

따라서 $\triangle ABC$는 $\overline{AB}=\overline{AC}$인 이등변삼각형이다.

이때 $\triangle ABC$의 둘레의 길이가 19 cm이므로

$\overline{AB}=\dfrac{1}{2}\times(19-7)=6\ (\mathrm{cm})$

12 $\angle B=\angle C$이므로 $\triangle ABC$는 $\overline{AB}=\overline{AC}$인 이등변삼각

형이다.

즉, $\overline{AC}=\overline{AB}=12$ cm

$\triangle ABC=\triangle ABD+\triangle ADC$

$\qquad\qquad=\dfrac{1}{2}\times\overline{AB}\times\overline{DE}+\dfrac{1}{2}\times\overline{AC}\times\overline{DF}$

이므로

$42=\dfrac{1}{2}\times12\times4+\dfrac{1}{2}\times12\times\overline{DF}$

$42=24+6\times\overline{DF}$

따라서 $\overline{DF}=3$ cm

13 오른쪽 그림에서

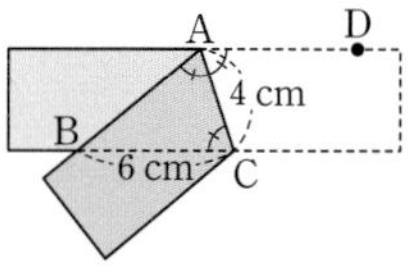

$\angle BAC=\angle DAC$ (접은 각),

$\angle BCA=\angle DAC$ (엇각)

이므로 $\angle BAC=\angle BCA$

따라서 $\triangle ABC$는 $\overline{AB}=\overline{BC}$인 이등변삼각형이므로

$\overline{AB}=\overline{BC}=6$ cm

14 오른쪽 그림에서

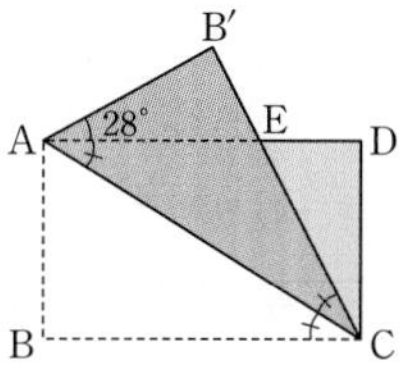

$\angle ECA=\angle BCA$ (접은 각),

$\angle EAC=\angle BCA$ (엇각)

이므로 $\angle ECA=\angle EAC$

$\triangle B'AE$에서

$\angle AEB'=90°-28°=62°$

따라서 $\angle ACB'=\dfrac{1}{2}\angle AEB'$

$\qquad\qquad\qquad=\dfrac{1}{2}\times62°=31°$

15 $\angle A=\angle x$라 하면

$\angle DBE=\angle A=\angle x$ (접은 각)

$\triangle ABC$는 $\overline{AB}=\overline{AC}$인 이등변삼각형이므로

$\angle C=\angle ABC=\angle x+15°$

$\triangle ABC$의 세 내각의 크기의 합은 $180°$이므로

$\angle x+2(\angle x+15°)=180°$에서

$3\angle x=150°$, $\angle x=50°$

따라서 $\angle A=50°$

16 $\triangle ABC$와 $\triangle NMO$에서

$\angle C=\angle O=90°$,

$\overline{AB}=\overline{NM}=8$ cm,

$\angle A=\angle N=55°$

이므로 $\triangle ABC\equiv\triangle NMO$ (RHA 합동)

$\triangle GHI$와 $\triangle KLJ$에서

$\angle G=\angle K=90°$,

$\overline{HI}=\overline{LJ}=8$ cm,

$\overline{GI}=\overline{KJ}=5$ cm

이므로 $\triangle GHI\equiv\triangle KLJ$ (RHS 합동)

17 ① $\overline{AC}=\overline{DF}$, $\overline{BC}=\overline{EF}$ → SAS 합동

② $\overline{AB}=\overline{DE}$, $\overline{AC}=\overline{DF}$ → RHS 합동

③ $\overline{BC}=\overline{EF}$, $\angle B=\angle E$ → ASA 합동

④ $\overline{AB}=\overline{EF}$, $\angle A=\angle D$ → 빗변의 길이가 서로 같

지 않으므로 합동이 아니다.
⑤ $\overline{AB}=\overline{DE}$, $\angle B=\angle E \to$ RHA 합동

18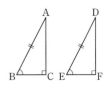

$\angle C=\angle F=90°$, $\overline{AB}=\overline{DE}$, $\angle B=\angle E$인 두 직각삼
각형 ABC와 DEF에서
$\angle A = \boxed{90}° - \angle B = 90° - \boxed{\angle E} = \angle D$이므로
$\triangle ABC \equiv \triangle DEF$ ($\boxed{ASA}$ 합동)이다.
따라서 빗변의 길이와 한 예각의 크기가 각각 같을 때,
두 직각삼각형은 서로 합동이다.

19 $\triangle OPC$와 $\triangle OPD$에서
$\angle PCO = \angle PDO = 90°$,
$\overline{OP}$는 공통,
$\angle COP = \angle DOP$
이므로 $\triangle OPC \equiv \triangle OPD$ (RHA 합동)
따라서 $\overline{CO}=\overline{DO}$, $\overline{CP}=\overline{DP}$, $\angle CPD = 2\angle CPO$
이므로
$\square CODP = 2\triangle ODP$
$= 2 \times \dfrac{1}{2} \times \overline{OD} \times \overline{DP}$
$= \overline{OD} \times \overline{CP}$
따라서 옳지 않은 것은 ③, ④이다.

20 $\triangle BED$에서 $\angle B = 90° - 40° = 50°$이므로
$\angle BAC = 90° - \angle B = 40°$
$\triangle ADE$와 $\triangle ACE$에서
$\angle ADE = \angle ACE = 90°$,
$\overline{AE}$는 공통,
$\overline{AD} = \overline{AC}$
이므로 $\triangle ADE \equiv \triangle ACE$ (RHS 합동)
따라서
$\angle CAE = \angle DAE = \dfrac{1}{2}\angle BAC = 20°$

21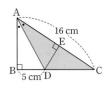

그림과 같이 점 D에서 $\overline{AC}$에 내린 수선의 발을 E라
하자.

$\triangle ABD$와 $\triangle AED$에서
$\angle B = \angle AED = 90°$,
$\overline{AD}$는 공통,
$\angle BAD = \angle EAD$
이므로 $\triangle ABD \equiv \triangle AED$ (RHA 합동)
따라서 $\overline{ED} = \overline{BD} = 5$ cm이므로
$\triangle ADC = \dfrac{1}{2} \times \overline{AC} \times \overline{ED}$
$\qquad = \dfrac{1}{2} \times 16 \times 5 = 40 \, (\text{cm}^2)$

22 $\triangle AME$와 $\triangle BMD$에서
$\angle AEM = \angle BDM = 90°$,
$\overline{AM} = \overline{BM}$,
$\overline{ME} = \overline{MD}$
이므로 $\triangle AME \equiv \triangle BMD$ (RHS 합동)
따라서
$\angle B = \angle A = \dfrac{1}{2} \times (180° - 110°) = 35°$
이므로
$\angle BMD = 90° - 35° = 55°$

23 $\triangle ACM$과 $\triangle BDM$에서
$\angle ACM = \angle BDM = 90°$,
$\overline{AM} = \overline{BM}$,
$\angle AMC = \angle BMD$ (맞꼭지각)
이므로 $\triangle ACM \equiv \triangle BDM$ (RHA 합동)
따라서 $\overline{CM} = \overline{DM}$이므로
$\overline{CD} = \overline{CM} + \overline{MD} = 2\overline{CM}$
$\qquad = 2 \times 6 = 12 \, (\text{cm})$

24 $\triangle ADB$와 $\triangle BEC$에서
$\angle D = \angle E = 90°$,
$\overline{AB} = \overline{BC}$,
$\angle DAB = 90° - \angle ABD = \angle EBC$
이므로 $\triangle ADB \equiv \triangle BEC$ (RHA 합동)
따라서 $\overline{DB} = \overline{EC} = 5$ cm이므로
$\triangle ADB = \dfrac{1}{2} \times \overline{AD} \times \overline{DB}$
$\qquad = \dfrac{1}{2} \times 8 \times 5 = 20 \, (\text{cm}^2)$

01 ⑤   02 ③   03 ①   04 ④   05 ②
06 ④   07 ②, ④   08 6 cm   09 ③, ④   10 ①
11 ②   12 18 cm²

01 △ABC는 $\overline{AB}=\overline{AC}$인 이등변삼각형이므로
$\angle B=\angle C$
$=\dfrac{1}{2}\times(180°-46°)=67°$

02 △ABC는 $\overline{AB}=\overline{AC}$인 이등변삼각형이므로
$\angle ABC=\angle ACB$
$=\dfrac{1}{2}\times(180°-24°)=78°$
이때 $\angle BCD=\angle ACB+\angle ACD=78°+50°=128°$
이고 △BCD는 $\overline{BC}=\overline{CD}$인 이등변삼각형이므로
$\angle DBC=\angle BDC$
$=\dfrac{1}{2}\times(180°-128°)=26°$
따라서
$\angle AEB=\angle CED$ (맞꼭지각)
$=180°-50°-26°=104°$

03 $\angle A=\angle x$라 하면 △ADC는 $\overline{AD}=\overline{CD}$인 이등변삼
각형이므로
$\angle DCA=\angle A=\angle x$이고
$\angle CDB=\angle x+\angle x=2\angle x$
△BCD는 $\overline{BC}=\overline{CD}$인 이등변삼각형이므로
$\angle B=\angle CDB=2\angle x$
△ABC는 $\overline{AB}=\overline{AC}$인 이등변삼각형이므로
$\angle ACB=\angle B=2\angle x$
△ABC의 세 내각의 크기의 합은 $180°$이므로
$\angle x+2\angle x+2\angle x=180°$, $5\angle x=180°$, $\angle x=36°$
따라서 $\angle ADC=180°-2\angle x=108°$

04 △ABE는 $\overline{AB}=\overline{BE}$인 이등변삼각형이므로
$\angle AEB=\dfrac{1}{2}\times(180°-30°)=75°$
$\angle DAE=\angle CAE=\angle x$라 하면
△ADC는 $\overline{AC}=\overline{CD}$인 이등변삼각형이므로
$\angle ADC=\angle DAC=2\angle x$
△ADE의 세 내각의 크기의 합은 $180°$이므로
$3\angle x+75°=180°$, $\angle x=35°$
따라서 △ADC에서

$\angle C=180°-70°-70°=40°$

05 $\angle A=\angle B$이므로 △ABC는 $\overline{AC}=\overline{BC}=8$ cm인 이
등변삼각형이다.
이때 △ABC의 둘레의 길이가 22 cm이므로
$\overline{AB}=22-8-8=6$ (cm)

06 $\angle B=\angle C$인 △ABC에서 $\angle A$의 이등분선과 $\overline{BC}$와
의 교점을 D라고 하자.
△ABD와 △ACD에서
$\angle B=\angle C$, $\angle BAD=\angle CAD$이고,
삼각형의 세 내각의 크기의 합은 $180°$이므로
$\angle ADB=\boxed{\angle ADC}$이다.
$\angle BAD=\boxed{\angle CAD}$,
$\boxed{\overline{AD}}$는 공통,
$\angle ADB=\boxed{\angle ADC}$
이므로 △ABD≡△ACD ($\boxed{ASA}$ 합동)이다.
따라서 $\overline{AB}=\boxed{\overline{AC}}$이다.
즉, 두 내각의 크기가 같은 삼각형은 이등변삼각형이다.

07 △ABD에서 $\angle ADC=\angle ABD+\angle DAB$이므로
$70°=35°+\angle DAB$, $\angle DAB=35°$
즉, $\angle DAB=\angle ABD$이므로 △ABD는
$\overline{AD}=\overline{BD}$인 이등변삼각형이다.
또 △ABC에서
$\angle C=180°-75°-35°=70°$
즉, $\angle ACD=\angle ADC$이므로 △ADC는
$\overline{AC}=\overline{AD}$인 이등변삼각형이다.
따라서 $\overline{AC}$와 길이가 같은 변은 $\overline{AD}$, $\overline{BD}$이다.

08 오른쪽 그림에서
$\angle ABC=\angle CBD$ (접은 각),
$\angle ACB=\angle CBD$ (엇각)
이므로 $\angle ABC=\angle ACB$

따라서 △ABC는 $\overline{AB}=\overline{AC}$인 이등변삼각형이다.
△ABC의 둘레의 길이는 19 cm이므로
$\overline{AB}=\overline{AC}=\dfrac{1}{2}\times(19-7)=6$ (cm)

09 ③ 빗변의 길이와 한 예각의 크기가 각각 같으므로
RHA 합동이다.
④ 빗변의 길이와 다른 한 변의 길이가 각각 같으므로
RHS 합동이다.

10 △BCE와 △BDE에서

$\angle C = \angle BDE = 90°$,

$\overline{BE}$는 공통,

$\overline{BC} = \overline{BD}$

이므로 △BCE≡△BDE (RHS 합동)

즉, $\overline{DE} = \overline{CE} = 4$ cm

△ABC는 $\angle C = 90°$이고 $\overline{AC} = \overline{BC}$인 직각이등변삼각형이므로 $\angle A = 45°$이다.

이때 △ADE도 직각이등변삼각형이므로

$\overline{AD} = \overline{DE} = 4$ cm이다.

따라서 △ADE $= \dfrac{1}{2} \times 4 \times 4 = 8$ (cm²)

11 △ABC는 $\angle B = \angle C$이므로 $\overline{AB} = \overline{AC}$인 이등변삼각형이다.

△ABD와 △ACE에서

$\angle ADB = \angle AEC = 90°$,

$\overline{AB} = \overline{AC}$,

$\angle A$는 공통

이므로 △ABD≡△ACE (RHA 합동)

즉, $\overline{AE} = \overline{AD} = 8$ cm, $\overline{BE} = \overline{CD}$,

$\angle ABD = \angle ACE$이다.

△BFE와 △CFD에서

$\angle BEF = \angle CDF = 90°$,

$\overline{BE} = \overline{CD}$,

$\angle EBF = \angle DCF$

이므로 △BFE≡△CFD (ASA 합동)

즉, $\overline{FE} = \overline{FD}$이고 △CFD의 둘레의 길이는 15 cm이다.

따라서

(△AEC의 둘레의 길이)

$= (\overline{AE} + \overline{AD}) + (\overline{DC} + \overline{CF} + \overline{FE})$

$= (8 + 8) + (\overline{DC} + \overline{CF} + \overline{FD})$

$= 16 + 15 = 31$ (cm)

12 △AFD와 △DGC에서

$\angle AFD = \angle DGC = 90°$,

$\overline{AD} = \overline{DC}$,

$\angle ADF = 90° - \angle CDG = \angle DCG$

이므로 △AFD≡△DGC (RHA 합동)

즉, $\overline{DG} = \overline{AF} = 12$ cm, $\overline{DF} = \overline{CG} = 9$ cm이므로

$\overline{FG} = \overline{DG} - \overline{DF} = 12 - 9 = 3$ (cm)

따라서 △AGF $= \dfrac{1}{2} \times 12 \times 3 = 18$ (cm²)

고난도 집중 연습   본문 16~17쪽

1 80°	**1-1** 57°	**2** 2 cm	**2-1** 51°
3 3 cm	**3-1** 10 cm²	**4** 7 cm	**4-1** 12 cm

1

[풀이 전략] 합동인 삼각형을 찾는다.

△ABC는 $\overline{AB} = \overline{AC}$인 이등변삼각형이므로

$\angle B = \angle C$이다.

△BDF와 △CED에서

$\overline{BF} = \overline{CD}$, $\angle B = \angle C$, $\overline{BD} = \overline{CE}$

이므로 △BDF≡△CED (SAS 합동)

즉, $\angle BFD = \angle CDE$

이때 $\angle BDF + \angle CDE = 180° - 50° = 130°$이므로

$\angle BDF + \angle BFD = \angle BDF + \angle CDE = 130°$

즉, $\angle B = 180° - (\angle BDF + \angle BFD) = 180° - 130° = 50°$

따라서 △ABC에서

$\angle A = 180° - 50° - 50° = 80°$

1-1

[풀이 전략] 합동인 삼각형을 찾는다.

△ABC는 $\overline{AB} = \overline{AC}$인 이등변삼각형이므로

$\angle B = \angle C = \dfrac{1}{2} \times (180° - 48°) = 66°$

△BDF와 △CED에서

$\overline{BF} = \overline{CD}$, $\angle B = \angle C$, $\overline{BD} = \overline{CE}$

이므로 △BDF≡△CED (SAS 합동)

즉, $\overline{DF} = \overline{ED}$, $\angle BFD = \angle CDE$이다.

따라서

$\angle EDF = 180° - \angle BDF - \angle CDE$

$\qquad\quad = 180° - \angle BDF - \angle BFD$

$\qquad\quad = \angle B = 66°$

이때 △DEF는 $\overline{DE} = \overline{DF}$인 이등변삼각형이므로

$\angle DEF = \angle DFE = \dfrac{1}{2} \times (180° - 66°) = 57°$

2

[풀이 전략] 이등변삼각형을 찾는다.

$\overline{AB} \parallel \overline{B'C'}$이므로 $\angle B = \angle B'ED$ (엇각)

이때 $\angle B' = \angle B$이므로 $\angle B' = \angle B'ED$

즉, △DB'E는 $\overline{DB'} = \overline{DE}$인 이등변삼각형이다.

따라서

$\overline{DE} = \overline{DB'} = \overline{AB'} - \overline{AD}$

$\qquad = \overline{AB} - \overline{AD} = 8 - 6 = 2$ (cm)

2-1

이등변삼각형을 찾는다.

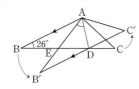

그림과 같이 $\overline{AB'}$과 $\overline{BC}$의 교점을 E라 하자.

$\overline{AB} /\!/ \overline{B'C'}$이므로 $\angle B' = \angle BAE$ (엇각)

이때 $\angle B' = \angle B$이므로 $\angle B = \angle BAE$

즉, $\triangle ABE$는 $\overline{AE} = \overline{BE}$인 이등변삼각형이다.

또 $\angle B = \angle B'DE$ (엇각)이므로 $\angle B' = \angle B'DE$

즉, $\triangle DEB'$은 $\overline{EB'} = \overline{ED}$인 이등변삼각형이다.

한편 $\overline{AB} = \overline{AB'} = \overline{AE} + \overline{EB'} = \overline{BE} + \overline{ED} = \overline{BD}$이므로

$\triangle ABD$는 이등변삼각형이다.

$\triangle ABD$에서 $\angle BAD = \dfrac{1}{2} \times (180° - 26°) = 77°$

따라서

$\angle B'AD = \angle BAD - \angle BAE$

$\qquad\quad = 77° - 26° = 51°$

3

합동인 직각삼각형을 찾는다.

$\triangle ABD$와 $\triangle CAE$에서

$\angle ADB = \angle CEA = 90°$,

$\overline{AB} = \overline{CA}$,

$\angle ABD = 90° - \angle BAD = \angle CAE$

이므로 $\triangle ABD \equiv \triangle CAE$ (RHA 합동)이다.

따라서 $\overline{AE} = \overline{BD} = 10$ cm, $\overline{AD} = \overline{CE} = 7$ cm이므로

$\overline{DE} = \overline{AE} - \overline{AD} = 10 - 7 = 3$ (cm)

3-1

합동인 직각삼각형을 찾는다.

$\triangle BMD$와 $\triangle CME$에서

$\angle BDM = \angle CEM = 90°$,

$\overline{BM} = \overline{CM}$,

$\angle BMD = \angle CME$ (맞꼭지각)

이므로 $\triangle BMD \equiv \triangle CME$ (RHA 합동)이다.

즉, $\overline{BD} = \overline{CE} = 5$ cm, $\overline{DM} = \overline{EM} = 2$ cm이므로

$\overline{AD} = \overline{AM} - \overline{DM} = 6 - 2 = 4$ (cm)

따라서

$\triangle ABD = \dfrac{1}{2} \times \overline{BD} \times \overline{AD} = \dfrac{1}{2} \times 5 \times 4 = 10$ (cm²)

4

보조선을 그어 합동인 직각삼각형을 찾는다.

그림과 같이 점 D에서 $\overline{AB}$에 내린 수선의 발을 E라 하자.

$\triangle ACD$와 $\triangle AED$에서

$\angle ACD = \angle AED = 90°$,

$\overline{AD}$는 공통,

$\angle CAD = \angle EAD$

이므로 $\triangle ACD \equiv \triangle AED$ (RHA 합동)이다.

즉, $\overline{AC} = \overline{AE}$, $\overline{CD} = \overline{ED}$이다.

$\angle B = 45°$이므로 $\triangle BDE$는 직각이등변삼각형이고

$\overline{EB} = \overline{ED} = \overline{CD}$이다.

따라서 $\overline{AC} + \overline{CD} = \overline{AE} + \overline{EB} = \overline{AB} = 7$ cm

4-1

합동인 직각삼각형을 찾는다.

$\triangle ABD$와 $\triangle EBD$에서

$\angle BAD = \angle BED = 90°$,

$\overline{BD}$는 공통,

$\overline{AB} = \overline{EB}$

이므로 $\triangle ABD \equiv \triangle EBD$ (RHS 합동)이다.

즉, $\overline{AD} = \overline{ED}$이다.

따라서

$(\triangle CDE$의 둘레의 길이$)$

$= \overline{CD} + \overline{DE} + \overline{EC}$

$= \overline{CD} + \overline{DA} + (\overline{BC} - \overline{BE})$

$= \overline{CA} + \overline{BC} - \overline{AB}$

$= 8 + 10 - 6 = 12$ (cm)

서술형 집중 연습

본문 18~19쪽

예제 **1** 32°	유제 **1** 20°
예제 **2** 풀이참조	유제 **2** 5 cm
예제 **3** 3 cm	유제 **3** 26°
예제 **4** 17 cm	유제 **4** 50 cm²

예제 1

$\triangle ABC$는 $\overline{AB} = \overline{AC}$인 이등변삼각형이므로

$\angle B = \angle C = \dfrac{1}{2} \times (180^\circ - 64^\circ) = \boxed{58}\,^\circ$이다.

이때 $\angle DBC = \dfrac{1}{2}\angle B = \dfrac{1}{2} \times 58^\circ = \boxed{29}\,^\circ$이고 ··· **1단계**

$\angle ACE = \angle A + \angle B = 64^\circ + 58^\circ = \boxed{122}\,^\circ$,

$\angle DCE = \dfrac{1}{2}\angle ACE = \dfrac{1}{2} \times 122^\circ = \boxed{61}\,^\circ$이다. ··· **2단계**

따라서 $\angle BDC = \angle DCE - \boxed{\angle DBC}$

$\qquad\qquad = 61^\circ - 29^\circ = \boxed{32}\,^\circ$ ··· **3단계**

이다.

채점 기준표

단계	채점 기준	비율
1단계	$\angle DBC$의 크기를 구한 경우	30 %
2단계	$\angle DCE$의 크기를 구한 경우	30 %
3단계	$\angle BDC$의 크기를 구한 경우	40 %

유제 1

$\angle ABD = \angle CBD = \angle x$라 하자.

$\triangle ABC$는 $\overline{AB} = \overline{AC}$인 이등변삼각형이므로

$\angle ACB = \angle ABC = 2\angle x$

이때 $\angle ACE = 180^\circ - \angle ACB = 180^\circ - 2\angle x$

$\angle ACD : \angle DCE = 1 : 3$이므로

$\angle DCE = \dfrac{3}{4}\angle ACE$

$\qquad\quad = \dfrac{3}{4} \times (180^\circ - 2\angle x)$

$\qquad\quad = 135^\circ - \dfrac{3}{2}\angle x$ ··· **1단계**

$\triangle DBC$에서

$\angle DCE = \angle DBC + \angle BDC = \angle x + 35^\circ$이므로

$135^\circ - \dfrac{3}{2}\angle x = \angle x + 35^\circ$

$-\dfrac{5}{2}\angle x = -100^\circ,\ \angle x = 40^\circ$ ··· **2단계**

즉, $\angle ABC = \angle ACB = 2\angle x = 80^\circ$

따라서 $\angle A = 180^\circ - 80^\circ - 80^\circ = 20^\circ$ ··· **3단계**

채점 기준표

단계	채점 기준	비율
1단계	$\angle DCE$의 크기를 $\angle x$에 대한 식으로 나타낸 경우	30 %
2단계	$\angle x$의 크기를 구한 경우	30 %
3단계	$\angle A$의 크기를 구한 경우	40 %

예제 2

$\angle B = \angle C$이므로 $\overline{AB} = \boxed{\overline{AC}}$ ··· **1단계**

$\angle A = \angle B$이므로 $\overline{AC} = \boxed{\overline{BC}}$ ··· **2단계**

따라서 $\overline{AB} = \overline{BC} = \boxed{\overline{AC}}$이므로

$\triangle ABC$는 $\boxed{정삼각형}$이다. ··· **3단계**

채점 기준표

단계	채점 기준	비율
1단계	$\overline{AB} = \overline{AC}$임을 보인 경우	40 %
2단계	$\overline{AC} = \overline{BC}$임을 보인 경우	40 %
3단계	$\triangle ABC$가 정삼각형임을 보인 경우	20 %

유제 2

$\triangle ABC$는 $\overline{AB} = \overline{AC}$인 이등변삼각형이므로

$\angle ABC = \angle ACB$이다. ··· **1단계**

이때

$\angle DBC = \dfrac{1}{2}\angle ABC = \dfrac{1}{2}\angle ACB = \angle DCB$이므로

$\triangle DBC$는 $\overline{BD} = \overline{CD}$인 이등변삼각형이다. ··· **2단계**

따라서 $\overline{CD} = \overline{BD} = 5\ \text{cm}$이다. ··· **3단계**

채점 기준표

단계	채점 기준	비율
1단계	$\angle ABC = \angle ACB$임을 보인 경우	30 %
2단계	$\triangle DBC$가 이등변삼각형임을 보인 경우	40 %
3단계	$\overline{CD}$의 길이를 구한 경우	30 %

예제 3

$\triangle ABC$는 $\overline{AB} = \overline{AC}$인 이등변삼각형이므로

$\angle B = \boxed{\angle C}$이다. ··· **1단계**

$\triangle BMD$와 $\triangle CME$에서

$\angle BDM = \angle CEM = \boxed{90}\,^\circ$,

$\overline{BM} = \boxed{\overline{CM}},\ \angle B = \boxed{\angle C}$

이므로 $\triangle BMD \equiv \boxed{\triangle CME}$ ($\boxed{RHA}$ 합동)이다. ··· **2단계**

따라서 $\overline{EM} = \boxed{\overline{DM}} = \boxed{3}\ \text{cm}$이다. ··· **3단계**

채점 기준표

단계	채점 기준	비율
1단계	$\angle B = \angle C$임을 보인 경우	20 %
2단계	$\triangle BMD \equiv \triangle CME$임을 보인 경우	50 %
3단계	$\overline{EM}$의 길이를 구한 경우	30 %

유제 3

$\triangle BCE$와 $\triangle CBD$에서

$\angle BEC = \angle CDB = 90^\circ$,

$\overline{BC}$는 공통, $\overline{BE} = \overline{CD}$

이므로 $\triangle BCE \equiv \triangle CBD$ (RHS 합동)이다. ··· **1단계**

이때

$\angle DCB = \angle EBC = \dfrac{1}{2} \times (180° - 52°) = 64°$ ··· 2단계

따라서

$\angle CBD = 90° - \angle DCB = 90° - 64° = 26°$ ··· 3단계

채점 기준표

단계	채점 기준	비율
1단계	△BCE≡△CBD임을 보인 경우	50 %
2단계	∠DCB의 크기를 구한 경우	20 %
3단계	∠CBD의 크기를 구한 경우	30 %

예제 4

△ADB와 △BEC에서

$\angle D = \boxed{\angle E} = \boxed{90}°$, $\overline{AB} = \boxed{\overline{BC}}$,

$\angle DAB = 90° - \angle ABD = \boxed{\angle EBC}$

이므로 △ADB≡$\boxed{△BEC}$ ($\boxed{RHA}$ 합동)이다. ··· 1단계

따라서 $\overline{DB} = \boxed{\overline{EC}} = \boxed{12}$ cm이고

$\overline{BE} = \boxed{\overline{AD}} = \boxed{5}$ cm이므로

$\overline{DE} = \overline{DB} + \boxed{\overline{BE}} = \boxed{17}$ cm이다. ··· 2단계

채점 기준표

단계	채점 기준	비율
1단계	△ADB≡△BEC임을 보인 경우	70 %
2단계	$\overline{DE}$의 길이를 구한 경우	30 %

유제 4

△ADB와 △CEA에서

$\angle D = \angle E = 90°$, $\overline{AB} = \overline{CA}$,

$\angle DBA = 90° - \angle BAD = \angle EAC$

이므로 △ADB≡△CEA (RHA 합동)이다. ··· 1단계

$\overline{DA} = \overline{EC} = 4$ cm이고

$\overline{DB} = \overline{EA} = 10 - 4 = 6$ (cm)이므로

(사각형 BCED의 넓이)

$= \dfrac{1}{2} \times \{(\overline{DB} + \overline{EC}) \times \overline{DE}\}$

$= \dfrac{1}{2} \times \{(6+4) \times 10\} = 50$ (cm²) ··· 3단계

채점 기준표

단계	채점 기준	비율
1단계	△ADB≡△CEA임을 보인 경우	40 %
2단계	$\overline{DB}$의 길이를 구한 경우	30 %
3단계	사각형 BCED의 넓이를 구한 경우	30 %

중단원 실전 테스트 1회

본문 20~22쪽

01 ④	02 ④	03 ③	04 ③	05 ④
06 ②	07 ①	08 ⑤	09 ⑤	10 ⑤
11 ②	12 ①	13 20°	14 65°	15 52°
16 20 cm²				

01 이등변삼각형의 꼭지각의 이등분선은 밑변을 이등분하
므로 $\overline{BC} = 2\overline{BD} = 2 \times 3 = 6$ (cm)

△ABC는 $\overline{AB} = \overline{AC}$인 이등변삼각형이므로

$\angle B = \angle C = 60° = \angle A$가 되어 △ABC는 정삼각형
이다.

따라서 $\overline{AC} = 6$ cm

02 $\angle A = \angle x$라 하면 △ADC는 $\overline{AD} = \overline{CD}$인 이등변삼
각형이므로 $\angle DCA = \angle A = \angle x$

이때 △ABC는 $\overline{AB} = \overline{AC}$인 이등변삼각형이므로

$\angle B = \angle ACB = \angle x + 15°$

△ABC의 세 내각의 크기의 합은 180°이므로

$\angle x + 2(\angle x + 15°) = 180°$

$3\angle x = 150°$, $\angle x = 50°$

따라서 $\angle A = 50°$

03 △ABC는 $\overline{AB} = \overline{AC}$인 이등변삼각형이므로

$\angle B = \angle C = \dfrac{1}{2} \times (180° - 100°) = 40°$

또 △BDF와 △CED는 꼭지각의 크기가 40°인 이등
변삼각형이므로

$\angle BDF = \angle CDE = \dfrac{1}{2} \times (180° - 40°) = 70°$

따라서

$\angle FDE = 180° - 70° - 70° = 40°$

04 $\angle A = \angle x$라 하면 △ABC에서 $\overline{AB} = \overline{BC}$이므로

$\angle BCA = \angle A = \angle x$

$\therefore \angle CBD = \angle A + \angle BCA = 2\angle x$

△BDC에서 $\overline{BC} = \overline{CD}$이므로

$\angle CDB = \angle CBD = 2\angle x$

$\therefore \angle ECD = \angle A + \angle CDB = 3\angle x$

△CDE에서 $\overline{CD} = \overline{DE}$이므로

$\angle DEC = \angle DCE = 3\angle x$

$\therefore \angle EDF = \angle A + \angle DEC = 4\angle x$

△DEF에서 $\overline{DE} = \overline{EF}$이므로

$\angle EFD = \angle EDF = 4\angle x$

$\therefore \angle \text{GEF} = \angle \text{A} + \angle \text{EFD} = 5\angle x$

$\triangle \text{EFG}$에서 $\overline{\text{EF}} = \overline{\text{FG}}$이고 $\angle \text{EFG} = 90°$이므로

$\angle \text{GEF} = 45° = 5\angle x$, $\angle x = 9°$

따라서 $\triangle \text{CDE}$에서

$\angle \text{DCE} = \angle \text{DEC} = 3\angle x = 27°$이므로

$\angle \text{CDE} = 180° - 27° - 27° = 126°$

05 $\angle \text{B} = \angle \text{ACD} - \angle \text{A}$

$= 76° - 38°$

$= 38° = \angle \text{A}$

이므로 $\triangle \text{ABC}$는 $\overline{\text{AC}} = \overline{\text{BC}}$인 이등변삼각형이다.

따라서 $\overline{\text{AC}} = \overline{\text{BC}} = 6 \text{ cm}$

06 $\triangle \text{ABC}$는 $\overline{\text{AB}} = \overline{\text{AC}}$인 이등변삼각형이므로

$\angle \text{B} = \angle \text{C}$

이때 $\angle \text{D} = 90° - \angle \text{B} = 90° - \angle \text{C}$

$= \angle \text{CFE}$

$= \angle \text{AFD}$ (맞꼭지각)

이므로 $\triangle \text{AFD}$는 $\overline{\text{AD}} = \overline{\text{AF}}$인 이등변삼각형이다.

$\overline{\text{AD}} = \overline{\text{AF}} = x \text{ cm}$라 하면

$\overline{\text{AB}} = (16 - x) \text{ cm}$, $\overline{\text{AC}} = (x + 7) \text{ cm}$

$\overline{\text{AB}} = \overline{\text{AC}}$이므로 $16 - x = x + 7$에서

$-2x = -9$, $x = 4.5$

따라서 $\overline{\text{AD}} = 4.5 \text{ cm}$

07 $\angle \text{A} = \angle x$라 하면 $\angle \text{ABE} = \angle \text{A} = \angle x$ (접은 각)

이므로 $\angle \text{ABC} = \angle x + 42°$

$\triangle \text{ABC}$는 $\overline{\text{AB}} = \overline{\text{AC}}$인 이등변삼각형이므로

$\angle \text{C} = \angle \text{ABC} = \angle x + 42°$이고 삼각형의 세 내각의

크기의 합은 $180°$이므로

$\angle x + 2(\angle x + 42°) = 180°$

$3\angle x = 96°$, $\angle x = 32°$

이때 $\angle \text{ADE} = \angle \text{BDE} = 90°$이므로

$\angle \text{AED} = 90° - \angle \text{A} = 90° - 32° = 58°$

08 $\angle \text{C} = \angle \text{F} = 90°$, $\overline{\text{AB}} = \overline{\text{DE}}$, $\overline{\text{AC}} = \overline{\text{DF}}$인 두 직각삼각형 ABC와 DEF에서 길이가 같은 변 AC와 변 DF가 겹치도록 놓으면 $\angle \text{ACB} + \angle \text{ACE} = \boxed{180°}$이므로 세 점 B, C, E는 한 직선 위에 있다.

이때 $\overline{\text{AB}} = \overline{\text{AE}}$이므로 $\triangle \text{ABE}$는 $\boxed{\text{이등변}}$삼각형이고, $\angle \text{B} = \boxed{\angle \text{E}}$이다.

즉, 두 직각삼각형의 빗변의 길이와 한 예각의 크기가 각각 같으므로 $\triangle \text{ABC} \equiv \boxed{\triangle \text{DEF}}$ ($\boxed{\text{RHA}}$ 합동)

이다.

따라서 빗변의 길이와 다른 한 변의 길이가 각각 같을 때, 두 직각삼각형은 서로 합동이다.

09 $\triangle \text{ABE}$와 $\triangle \text{ADF}$에서

$\overline{\text{AB}} = \overline{\text{AD}}$,

$\angle \text{B} = \angle \text{D} = 90°$,

$\overline{\text{BE}} = \overline{\text{DF}}$

이므로 $\triangle \text{ABE} \equiv \triangle \text{ADF}$ (SAS 합동)이다.

따라서 $\angle \text{DAF} = \angle \text{BAE} = 90° - 70° = 20°$이므로

$\angle \text{EAF} = 90° - 20° - 20° = 50°$

10 $\triangle \text{ABD}$와 $\triangle \text{EBD}$에서

$\angle \text{A} = \angle \text{BED} = 90°$,

$\overline{\text{BD}}$는 공통,

$\overline{\text{AB}} = \overline{\text{EB}}$

이므로 $\triangle \text{ABD} \equiv \triangle \text{EBD}$ (RHS 합동)이다.

따라서 $\angle \text{DBE} = \angle \text{ABD} = \frac{1}{2}\angle \text{ABC} = 22.5°$,

$\angle \text{ADE} = 2\angle \text{ADB}$이다.

$\angle \text{C} = 45°$이므로 $\triangle \text{CDE}$는 $\overline{\text{CE}} = \overline{\text{ED}}$인 이등변삼각형이고 $\overline{\text{AD}} = \overline{\text{ED}}$이므로 $\overline{\text{AD}} = \overline{\text{CE}}$이다.

⑤ $\triangle \text{ABC} = \triangle \text{ABD} + \triangle \text{BCD}$

$= \frac{1}{2} \times \overline{\text{AB}} \times \overline{\text{AD}} + \frac{1}{2} \times \overline{\text{BC}} \times \overline{\text{DE}}$

$= \frac{1}{2} \times (\overline{\text{AB}} + \overline{\text{BC}}) \times \overline{\text{AD}}$

$\neq \overline{\text{BC}} \times \overline{\text{AD}}$

11 $\angle \text{B} = \angle \text{C}$이므로 $\triangle \text{ABC}$는 $\overline{\text{AB}} = \overline{\text{AC}}$인 이등변삼각형이다.

$\triangle \text{ABD}$와 $\triangle \text{ACE}$에서

$\angle \text{ADB} = \angle \text{AEC} = 90°$,

$\overline{\text{AB}} = \overline{\text{AC}}$,

$\angle \text{A}$는 공통

이므로 $\triangle \text{ABD} \equiv \triangle \text{ACE}$ (RHA 합동)이다.

따라서 $\overline{\text{AD}} = \overline{\text{AE}} = 7 \text{ cm}$이므로

$\overline{\text{CD}} = \overline{\text{AC}} - \overline{\text{AD}} = 11 - 7 = 4 \text{ (cm)}$

12 $\triangle \text{ACD}$와 $\triangle \text{AED}$에서

$\angle \text{ACD} = \angle \text{AED} = 90°$,

$\overline{\text{AD}}$는 공통,

$\angle \text{CAD} = \angle \text{EAD}$

이므로 $\triangle \text{ACD} \equiv \triangle \text{AED}$ (RHA 합동)이다.

즉, $\overline{\text{AE}} = \overline{\text{AC}} = 5 \text{ cm}$, $\overline{\text{BE}} = 13 - 5 = 8 \text{ (cm)}$

$\overline{\mathrm{CD}}=\overline{\mathrm{ED}}=x$ cm라 하면

$$\triangle \mathrm{ABC}=\frac{1}{2}\times\overline{\mathrm{AC}}\times\overline{\mathrm{BC}}=\frac{1}{2}\times5\times12=30\,(\mathrm{cm}^2)$$

이고

$$\begin{aligned}\triangle \mathrm{ABC}&=\triangle \mathrm{ABD}+\triangle \mathrm{ADC}\\&=\frac{1}{2}\times\overline{\mathrm{AB}}\times\overline{\mathrm{ED}}+\frac{1}{2}\times\overline{\mathrm{AC}}\times\overline{\mathrm{CD}}\\&=\frac{13}{2}x+\frac{5}{2}x=9x\end{aligned}$$

이므로

$9x=30$에서 $x=\dfrac{10}{3}$

따라서

$$\begin{aligned}\triangle \mathrm{BDE}&=\frac{1}{2}\times\overline{\mathrm{BE}}\times\overline{\mathrm{ED}}=\frac{1}{2}\times8\times\frac{10}{3}\\&=\frac{40}{3}\,(\mathrm{cm}^2)\end{aligned}$$

13 $\triangle \mathrm{ABC}$는 $\overline{\mathrm{AB}}=\overline{\mathrm{AC}}$인 이등변삼각형이므로

$\angle \mathrm{B}=\angle \mathrm{C}$이다. ··· 1단계

$\triangle \mathrm{ABD}$와 $\triangle \mathrm{ACE}$에서

$\overline{\mathrm{AB}}=\overline{\mathrm{AC}}$,

$\angle \mathrm{B}=\angle \mathrm{C}$,

$\overline{\mathrm{BD}}=\overline{\mathrm{CE}}$

이므로 $\triangle \mathrm{ABD}\equiv\triangle \mathrm{ACE}$ (SAS 합동)이다. ··· 2단계

즉, $\angle \mathrm{AEC}=\angle \mathrm{ADB}=100°$이므로

$$\begin{aligned}\angle \mathrm{AED}&=180°-\angle \mathrm{AEC}\\&=180°-\angle \mathrm{ADB}\\&=\angle \mathrm{ADE}=80°\end{aligned}$$

따라서 $\triangle \mathrm{ADE}$에서

$\angle \mathrm{DAE}=180°-80°-80°=20°$ ··· 3단계

채점 기준표

단계	채점 기준	비율
1단계	$\angle \mathrm{B}=\angle \mathrm{C}$임을 보인 경우	20 %
2단계	$\triangle \mathrm{ABD}\equiv\triangle \mathrm{ACE}$임을 보인 경우	50 %
3단계	$\angle \mathrm{DAE}$의 크기를 구한 경우	30 %

14 $\triangle \mathrm{ADC}$는 $\overline{\mathrm{AD}}=\overline{\mathrm{CD}}$인 이등변삼각형이므로

$\angle \mathrm{C}=\angle \mathrm{CAD}=25°$이고

$\angle \mathrm{ADB}=25°+25°=50°$이다. ··· 1단계

$\triangle \mathrm{ABD}$는 $\overline{\mathrm{AD}}=\overline{\mathrm{BD}}$인 이등변삼각형이므로

$$\begin{aligned}\angle \mathrm{B}&=\angle \mathrm{DAB}\\&=\frac{1}{2}\times(180°-\angle \mathrm{ADB})\\&=\frac{1}{2}\times(180°-50°)\\&=65°\end{aligned}$$ ··· 2단계

채점 기준표

단계	채점 기준	비율
1단계	$\angle \mathrm{ADB}$의 크기를 구한 경우	50 %
2단계	$\angle \mathrm{B}$의 크기를 구한 경우	50 %

15 $\triangle \mathrm{ADM}$과 $\triangle \mathrm{CEM}$에서

$\angle \mathrm{ADM}=\angle \mathrm{CEM}=90°$,

$\overline{\mathrm{AM}}=\overline{\mathrm{CM}}$, $\overline{\mathrm{AD}}=\overline{\mathrm{CE}}$

이므로

$\triangle \mathrm{ADM}\equiv\triangle \mathrm{CEM}$ (RHS 합동)이다. ··· 1단계

즉, $\angle \mathrm{A}=\angle \mathrm{C}=26°$이고

$\angle \mathrm{AMD}=\angle \mathrm{CME}=90°-26°=64°$이다.

따라서 $\angle \mathrm{DME}=180°-64°-64°=52°$이다.

··· 2단계

채점 기준표

단계	채점 기준	비율
1단계	$\triangle \mathrm{ADM}\equiv\triangle \mathrm{CEM}$임을 보인 경우	50 %
2단계	$\angle \mathrm{DME}$의 크기를 구한 경우	50 %

16

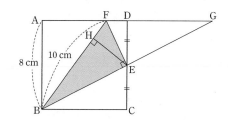

그림과 같이 $\overline{\mathrm{AD}}$의 연장선과 $\overline{\mathrm{BE}}$의 연장선의 교점을 G라 하고, 점 E에서 $\overline{\mathrm{BF}}$에 내린 수선의 발을 H라 하자.

$\triangle \mathrm{BCE}$와 $\triangle \mathrm{GDE}$에서

$\angle \mathrm{C}=\angle \mathrm{EDG}=90°$,

$\overline{\mathrm{CE}}=\overline{\mathrm{DE}}$,

$\angle \mathrm{BEC}=\angle \mathrm{GED}$ (맞꼭지각)

이므로

$\triangle \mathrm{BCE}\equiv\triangle \mathrm{GDE}$ (ASA 합동)이다. ··· 1단계

따라서 $\angle \mathrm{CBE}=\angle \mathrm{DGE}$이고 $\overline{\mathrm{BE}}=\overline{\mathrm{GE}}$이다.

이때 $\triangle \mathrm{BEF}$와 $\triangle \mathrm{GEF}$에서

$\overline{\mathrm{EF}}$는 공통,

$\angle \mathrm{BEF}=\angle \mathrm{GEF}=90°$,

$\overline{\mathrm{BE}}=\overline{\mathrm{GE}}$

이므로

$\triangle \mathrm{BEF}\equiv\triangle \mathrm{GEF}$ (SAS 합동)이다. ··· 2단계

따라서 $\angle \mathrm{FBE}=\angle \mathrm{FGE}$이다.

$\triangle \mathrm{BHE}$와 $\triangle \mathrm{BCE}$에서

$\angle \mathrm{BHE}=\angle \mathrm{C}=90°$,

$\overline{\mathrm{BE}}$는 공통,

$\angle\mathrm{HBE}=\angle\mathrm{FGE}=\angle\mathrm{CBE}$

이므로

$\triangle\mathrm{BHE}\equiv\triangle\mathrm{BCE}$ (RHA 합동)이다. ··· **3단계**

따라서 $\overline{\mathrm{HE}}=\overline{\mathrm{CE}}=\dfrac{1}{2}\overline{\mathrm{CD}}=\dfrac{1}{2}\times 8=4\,(\mathrm{cm})$이므로

$\triangle\mathrm{BEF}=\dfrac{1}{2}\times\overline{\mathrm{BF}}\times\overline{\mathrm{HE}}$

$\qquad\quad\ =\dfrac{1}{2}\times 10\times 4=20\,(\mathrm{cm}^2)$ ··· **4단계**

채점 기준표

단계	채점 기준	비율
1단계	$\triangle\mathrm{BCE}\equiv\triangle\mathrm{GDE}$임을 보인 경우	25 %
2단계	$\triangle\mathrm{BEF}\equiv\triangle\mathrm{GEF}$임을 보인 경우	25 %
3단계	$\triangle\mathrm{BHE}\equiv\triangle\mathrm{BCE}$임을 보인 경우	25 %
4단계	$\triangle\mathrm{BEF}$의 넓이를 구한 경우	25 %

중단원 실전 테스트 2회

본문 23~25쪽

01 ④ **02** ④ **03** ① **04** ② **05** ④
06 ⑤ **07** ④ **08** ⑤ **09** ③ **10** ③
11 ⑤ **12** ④ **13** 풀이 참조 **14** 60°
15 3 cm **16** 10°

01 이등변삼각형의 꼭지각의 이등분선은 밑변을 이등분하므로 ② $\overline{\mathrm{BC}}=2\overline{\mathrm{DC}}$이다.

$\triangle\mathrm{ABE}$와 $\triangle\mathrm{ACE}$에서

$\overline{\mathrm{AE}}$는 공통,

$\angle\mathrm{BAE}=\angle\mathrm{CAE}$,

$\overline{\mathrm{AB}}=\overline{\mathrm{AC}}$

이므로

$\triangle\mathrm{ABE}\equiv\triangle\mathrm{ACE}$ (SAS 합동)이다.

즉, ① $\overline{\mathrm{BE}}=\overline{\mathrm{CE}}$, ③ $\angle\mathrm{ABE}=\angle\mathrm{ACE}$이다.

$\overline{\mathrm{AD}}\perp\overline{\mathrm{BC}}$이고 $\overline{\mathrm{BD}}=\overline{\mathrm{CD}}$이므로

⑤ $\triangle\mathrm{ABC}=2\triangle\mathrm{ADC}$

$\qquad\qquad\ =2(\triangle\mathrm{ACE}+\triangle\mathrm{CED})$

$\qquad\qquad\ =2(\triangle\mathrm{ABE}+\triangle\mathrm{CED})$

따라서 옳지 않은 것은 ④이다.

02 $\angle\mathrm{A}=\angle x$라 하면 $\triangle\mathrm{ADE}$에서 $\overline{\mathrm{AD}}=\overline{\mathrm{DE}}$이므로

$\angle\mathrm{AED}=\angle\mathrm{A}=\angle x$

$\therefore\ \angle\mathrm{EDF}=\angle\mathrm{A}+\angle\mathrm{AED}=2\angle x$

$\triangle\mathrm{DEF}$에서 $\overline{\mathrm{DE}}=\overline{\mathrm{EF}}$이므로

$\angle\mathrm{EFD}=\angle\mathrm{EDF}=2\angle x$

$\therefore\ \angle\mathrm{BEF}=\angle\mathrm{A}+\angle\mathrm{EFD}=3\angle x$

$\triangle\mathrm{EBF}$에서 $\overline{\mathrm{EF}}=\overline{\mathrm{BF}}$이므로

$\angle\mathrm{EBF}=\angle\mathrm{BEF}=3\angle x$

$\therefore\ \angle\mathrm{BFC}=\angle\mathrm{A}+\angle\mathrm{EBF}=4\angle x$

$\triangle\mathrm{BCF}$에서 $\overline{\mathrm{BC}}=\overline{\mathrm{BF}}$이므로

$\angle\mathrm{C}=\angle\mathrm{BFC}=4\angle x$

이때 $\triangle\mathrm{ABC}$는 $\overline{\mathrm{AB}}=\overline{\mathrm{AC}}$인 이등변삼각형이므로

$\angle\mathrm{B}=\angle\mathrm{C}=4\angle x$이고 삼각형의 세 내각의 크기의 합은 $180°$이므로 $\triangle\mathrm{ABC}$에서

$\angle x+4\angle x+4\angle x=180°,\ 9\angle x=180°,\ \angle x=20°$

따라서 $\triangle\mathrm{DEF}$에서

$\angle\mathrm{DEF}=180°-4\angle x=100°$

03 $\triangle\mathrm{ADE}$는 $\overline{\mathrm{AD}}=\overline{\mathrm{AE}}$인 이등변삼각형이므로

$\angle\mathrm{AED}=\dfrac{1}{2}\times(180°-24°)=78°$

$\triangle\mathrm{BCE}$는 $\overline{\mathrm{BC}}=\overline{\mathrm{CE}}$인 이등변삼각형이므로

$\angle\mathrm{BEC}=\dfrac{1}{2}\times(180°-68°)=56°$

따라서

$\angle\mathrm{BED}=180°-78°-56°=46°$

04 $\triangle\mathrm{ABC}$는 $\overline{\mathrm{AB}}=\overline{\mathrm{AC}}$인 이등변삼각형이므로

$\angle\mathrm{ABC}=\angle\mathrm{ACB}=\dfrac{1}{2}\times(180°-40°)=70°$

$\angle\mathrm{ABD}:\angle\mathrm{CBD}=3:2$이므로

$\angle\mathrm{CBD}=70°\times\dfrac{2}{5}=28°$

$\angle\mathrm{DCE}=\dfrac{1}{2}\angle\mathrm{ACE}=\dfrac{1}{2}\times(180°-70°)=55°$

따라서

$\angle\mathrm{BDC}=\angle\mathrm{DCE}-\angle\mathrm{CBD}=55°-28°=27°$

05 $\triangle\mathrm{AEC}$는 $\overline{\mathrm{AC}}=\overline{\mathrm{AE}}$인 이등변삼각형이고, $\triangle\mathrm{BCD}$는 $\overline{\mathrm{BC}}=\overline{\mathrm{BD}}$인 이등변삼각형이므로

$\angle\mathrm{ACE}=\angle\mathrm{AEC}=\angle x$,

$\angle\mathrm{BCD}=\angle\mathrm{BDC}=\angle y$라 하자.

$\triangle\mathrm{CDE}$에서 삼각형의 세 내각의 크기의 합은 $180°$이므로

$\angle\mathrm{DCE}=180°-\angle x-\angle y$

또 $\angle\mathrm{ACE}+\angle\mathrm{BCD}-\angle\mathrm{DCE}+70°=180°$이므로

$\angle x+\angle y-(180°-\angle x-\angle y)=110°$

$2(\angle x+\angle y)=290°$

$\angle x+\angle y=145°$

따라서 $\angle\mathrm{DCE}=180°-(\angle x+\angle y)=35°$

06 ① ∠A＝∠B이므로 이등변삼각형이다.

② ∠A＝∠C＝70°이므로 이등변삼각형이다.

③ ∠A＝∠C＝37°이므로 이등변삼각형이다.

④ ∠B＝∠C＝52°이므로 이등변삼각형이다.

⑤ ∠B＝90°－42°＝48°,

∠BAC＝180°－48°－42°＝90°

즉, 세 내각의 크기가 모두 다르므로 이등변삼각형

이 아니다.

07 △ABC의 세 내각의 크기의 합은 180°이므로

∠A＝180°－60°－90°＝30°

△ADC는 $\overline{AD}=\overline{CD}$인 이등변삼각형이므로

∠ACD＝∠A＝30°

이때 ∠BCD＝90°－30°＝60°＝∠B이므로

△BCD는 $\overline{BD}=\overline{CD}=\overline{BC}=6\,cm$인 정삼각형이다.

따라서 $\overline{AB}=\overline{AD}+\overline{BD}=6+6=12\,(cm)$

08 ① △ABC≡△DEF (RHA 합동)

② △ABC≡△DEF (RHA 합동)

③ △ABC≡△DEF (ASA 합동)

④ △ABC≡△DEF (ASA 합동)

⑤ 빗변의 길이가 다르므로 합동이 아니다.

09 △ABD와 △CBD에서

∠A＝∠C＝90°,

$\overline{BD}$는 공통,

$\overline{BA}=\overline{BC}$

이므로 △ABD≡△CBD (RHS 합동)이다.

따라서 $\angle ADB=\angle CDB=\dfrac{1}{2}\times130°=65°$이므로

∠ABD＝90°－65°＝25°

10 오른쪽 그림과 같이 점 D에서 $\overline{AB}$에 내

린 수선의 발을 E라 하자.

$\triangle ABD=\dfrac{1}{2}\times\overline{AB}\times\overline{ED}$

$=\dfrac{1}{2}\times21\times\overline{ED}$

$=42\,(cm^2)$

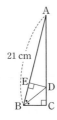

21 cm

이므로 $\overline{ED}=4\,cm$

△BCD와 △BED에서

∠C＝∠BED＝90°,

$\overline{BD}$는 공통,

∠CBD＝∠EBD

이므로

△BCD≡△BED (RHA 합동)이다.

따라서 $\overline{CD}=\overline{ED}=4\,cm$

11 △ABC는 $\overline{AB}=\overline{AC}$인 이등변삼각형이므로

∠B＝∠C이다.

△BMD와 △CME에서

∠BDM＝∠CEM＝90°,

$\overline{BM}=\overline{CM}$,

∠B＝∠C

이므로 △BMD≡△CME (RHA 합동)이다.

즉, ① $\overline{DM}=\overline{EM}$

$\overline{BD}=\overline{CE}$이므로 ② $\overline{AD}=\overline{AE}$

③ ∠DME＝180°－2∠CME

＝2(90°－∠CME)＝2∠C

④ ∠A＝180°－2∠B＝2(90°－∠B)＝2∠BMD

⑤ $\triangle ABC=2\triangle ABM=2\times\dfrac{1}{2}\times\overline{AB}\times\overline{DM}$

$=\overline{AB}\times\overline{DM}=\overline{AB}\times\overline{EM}$

따라서 옳지 않은 것은 ⑤이다.

12 △ADB와 △CEA에서

∠D＝∠E＝90°,

$\overline{AB}=\overline{CA}$,

∠DBA＝90°－∠BAD＝∠EAC

이므로 △ADB≡△CEA (RHA 합동)이다.

즉, $\overline{DA}=\overline{EC}=10\,cm$, $\overline{EA}=\overline{DB}=6\,cm$이므로

$\overline{DE}=10+6=16\,(cm)$

(사각형 BCED의 넓이)$=\dfrac{1}{2}\times(\overline{BD}+\overline{CE})\times\overline{DE}$

$=\dfrac{1}{2}\times(6+10)\times16$

$=128\,(cm^2)$

이고

$\triangle ABD=\dfrac{1}{2}\times10\times6=30\,(cm^2)$

따라서

△ABC＝(사각형 BCED의 넓이)－2△ABD

＝128－2×30＝68 (cm²)

13 오른쪽 그림과 같이 ∠A의 이등분선

과 밑변 BC의 교점을 D라 하자.

△ABD와 △ACD에서

$\overline{AB}=\overline{AC}$,

∠BAD＝∠CAD,

$\overline{AD}$는 공통

이므로 $\triangle ABD \equiv \triangle ACD$ (SAS 합동)이다. ... 2단계

따라서 $\angle B = \angle C$이다. ... 3단계

채점 기준표

단계	채점 기준	비율
1단계	$\angle A$의 이등분선을 그은 경우	30 %
2단계	$\triangle ABD \equiv \triangle ACD$임을 보인 경우	50 %
3단계	$\angle B = \angle C$임을 보인 경우	20 %

14 $\angle BEF = \angle DEF$ (접은 각),

$\angle BFE = \angle DEF$ (엇각)

이므로 $\angle BEF = \angle BFE$이다.

따라서 $\triangle BFE$는 $\overline{BE} = \overline{BF}$인 이등변삼각형이다.

... 1단계

점 D가 점 B에 오도록 접었으므로 $\overline{DE} = \overline{BE}$이고

$\overline{DE} = \overline{EF}$이므로 $\overline{EF} = \overline{DE} = \overline{BE} = \overline{BF}$이다.

따라서 $\triangle BFE$는 정삼각형이므로 ... 2단계

$\angle DEF = 60°$이다. ... 3단계

채점 기준표

단계	채점 기준	비율
1단계	$\triangle BFE$가 이등변삼각형임을 보인 경우	40 %
2단계	$\triangle BFE$가 정삼각형임을 보인 경우	40 %
3단계	$\angle DEF$의 크기를 구한 경우	20 %

15 $\angle C = 45°$, $\angle CED = 90°$이므로 $\angle CDE = 45°$

따라서 $\triangle CDE$는 $\overline{DE} = \overline{CE} = 3$ cm인 직각이등변삼각형이다. ... 1단계

$\triangle ABD$와 $\triangle EBD$에서

$\angle A = \angle BED = 90°$,

$\overline{BD}$는 공통,

$\angle ABD = \angle EBD$

이므로

$\triangle ABD \equiv \triangle EBD$ (RHA 합동)이다. ... 2단계

따라서 $\overline{AD} = \overline{ED} = 3$ cm이다. ... 3단계

채점 기준표

단계	채점 기준	비율
1단계	$\overline{DE}$의 길이를 구한 경우	30 %
2단계	$\triangle ABD \equiv \triangle EBD$임을 보인 경우	50 %
3단계	$\overline{AD}$의 길이를 구한 경우	20 %

16 $\angle DAF = 90° - \angle BAF = 35°$ ... 1단계

$\triangle AEB$와 $\triangle AFD$에서

$\angle B = \angle D = 90°$,

$\overline{AE} = \overline{AF}$,

$\overline{AB} = \overline{AD}$

이므로

$\triangle AEB \equiv \triangle AFD$ (RHS 합동)이다. ... 2단계

$\angle AEB = \angle AFD$

$= \angle BAF$ (엇각)

$= 55°$

이고

$\angle BAE = \angle DAF = 35°$이므로

$\angle EAF = 35° + 55° = 90°$

이때 $\triangle AEF$는 $\overline{AE} = \overline{AF}$인 이등변삼각형이므로

$\angle AEF = 45°$ ... 3단계

따라서

$\angle CEF = \angle AEB - \angle AEF$

$= 55° - 45° = 10°$

이다. ... 4단계

채점 기준표

단계	채점 기준	비율
1단계	$\angle DAF$의 크기를 구한 경우	20 %
2단계	$\triangle AEB \equiv \triangle AFD$임을 보인 경우	30 %
3단계	$\angle AEF$의 크기를 구한 경우	25 %
4단계	$\angle CEF$의 크기를 구한 경우	25 %

쉽게 배우는 중학 AI

4차 산업혁명의 핵심인 인공지능!
중학 교과와 AI를 융합한 인공지능 입문서

2 | 삼각형의 외심과 내심

개념 체크   본문 28~29쪽

01 (1) ○ (2) ○ (3) ×

02 (1) 54 (2) 122

03 (1) ○ (2) ○ (3) ×

04 (1) 31 (2) 52 (3) 5

대표유형   본문 30~33쪽

01 ②, ④, ⑤	**02** ②	**03** ③	**04** ④
05 ①	**06** ③	**07** ①	**08** ②	**09** ③
10 ⑤	**11** ⑤	**12** ④	**13** ②	**14** ③
15 ③	**16** ④	**17** ①	**18** ④	**19** ③
20 ③	**21** ①	**22** ②	**23** ②	**24** ⑤

01 ① 세 내각의 이등분선의 교점이므로 내심이다.
  ② 세 변의 수직이등분선의 교점이므로 외심이다.
  ③ 세 중선의 교점이므로 외심이 아니다. (무게중심)
  ④ 세 꼭짓점과 점 O까지의 거리가 모두 같기 때문에 외심이다.
  ⑤ 세 꼭짓점과 점 O까지의 거리가 모두 같기 때문에 외심이다.

02 외심 O에서 $\overline{AC}$에 내린 수선의 발 D는 $\overline{AC}$를 이등분 하므로 $\overline{AC}=2\overline{AD}=2\times6=12$ (cm)
  이때 △AOC의 둘레의 길이는 28 cm이므로
  $28=12+\overline{AO}+\overline{CO}$, $\overline{AO}+\overline{CO}=16$
  $\overline{AO}=\overline{CO}=8$ cm
  따라서 △ABC의 외접원의 반지름의 길이는 8 cm 이다.

03 $\angle ABO+\angle BCO+\angle CAO=90°$이므로
  $28°+\angle BCO+32°=90°$, $\angle BCO=30°$
  따라서 $\angle OBC=\angle BCO=30°$

04 오른쪽 그림과 같이 $\overline{OA}$를 그으면
  점 O가 △ABC의 외심이므로
  $\overline{OA}=\overline{OB}=\overline{OC}$
  △OAB는 $\overline{OA}=\overline{OB}$인 이등변삼각 형이므로

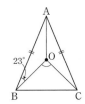

$\angle OAB=\angle ABO=23°$
  △OAB와 △OAC에서
  $\overline{AB}=\overline{AC}$, $\overline{OA}$는 공통, $\overline{OB}=\overline{OC}$
  이므로 △OAB≡△OAC (SSS 합동)
  즉, $\angle OAC=\angle OAB=23°$이므로
  $\angle A=23°+23°=46°$
  따라서 $\angle BOC=2\angle A=2\times46°=92°$

05 오른쪽 그림과 같이 $\overline{OA}$, $\overline{OB}$, $\overline{OC}$를 그으면 점 O는 세 변의 수직이등분선의 교점이므로
  △ADO=△BDO,
  △BEO=△CEO,
  △CFO=△AFO

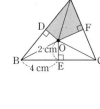

이때 $△BEO=\frac{1}{2}\times4\times2=4$ (cm²),
  $△ABC=2(△ADO+△AFO+△BEO)$
  이므로 $30=2(△ADO+△AFO+4)$
  따라서
  (사각형 ADOF의 넓이)$=△ADO+△AFO$
  $=11$ cm²

06 오른쪽 그림과 같이 $\overline{OC}$를 그으면 △BOC는 $\overline{BO}=\overline{CO}$인 이등변삼각형이므로

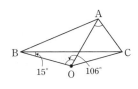

$\angle OCB=\angle OBC=15°$,
  $\angle BOC=180°-15°-15°=150°$
  $\therefore \angle AOC=150°-106°=44°$
  이때 △AOC는 $\overline{AO}=\overline{CO}$인 이등변삼각형이므로
  $\angle OAC=\frac{1}{2}\times(180°-44°)=68°$

07 점 O는 직각삼각형 ABC의 빗변의 중점이므로 △ABC의 외심이다.
  즉, $\overline{OB}=\overline{OC}$이므로
  △OBC에서 $\angle B=\angle OCB=67°$
  따라서 △ABC에서 $\angle A=90°-67°=23°$

08 점 M은 직각삼각형 ABC의 빗변의 중점이므로 △ABC의 외심이다.
  따라서 $\overline{AM}=\overline{CM}=\overline{BM}=3$ cm이므로
  $\overline{AC}=\overline{AM}+\overline{CM}=3+3=6$ (cm)

09 점 O는 직각삼각형 ABC의 빗변의 중점, 즉 외심이므로 △AOC는 $\overline{OA}=\overline{OC}$인 이등변삼각형이다.

이때 ∠AOC+∠BOC=180°이고

∠AOC : ∠BOC=2 : 3이므로

$\angle AOC=180°\times\dfrac{2}{5}=72°$

따라서

$\angle ACO=\dfrac{1}{2}\times(180°-72°)=54°$

10 ③ 내심에서 삼각형의 세 변까지의 거리는 내접원의 반지름으로 모두 같다.

⑤ 내심에서 삼각형의 세 꼭짓점까지의 거리는 내접원의 반지름의 길이가 아니며 길이가 서로 다를 수 있다.

11 점 I가 △ABC의 내심이므로

$\angle AIB=90°+\dfrac{1}{2}\angle C$

즉, $110°=90°+\dfrac{1}{2}\angle C$, $\dfrac{1}{2}\angle C=20°$

따라서 ∠C=40°

12 ∠A+∠B+∠C=180°이고

∠A : ∠B : ∠C=5 : 4 : 6이므로

$\angle C=180°\times\dfrac{6}{15}=72°$

점 I는 △ABC의 내심이므로

$\angle ICB=\dfrac{1}{2}\angle C=\dfrac{1}{2}\times72°=36°$

13 점 I는 △ABC의 내심이므로

∠IBC=∠ABI=25°, ∠ICB=∠ACI=29°

따라서 △IBC에서

∠BIC=180°-25°-29°=126°

14 오른쪽 그림과 같이 $\overline{IB}$, $\overline{IC}$를 그으면 점 I가 △ABC의 내심이므로 ∠DBI=∠CBI

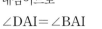

이때 $\overline{BC}/\!/\overline{DE}$이므로

∠DIB=∠CBI (엇각)

따라서 ∠DBI=∠DIB이므로 △DBI는 $\overline{DB}=\overline{DI}$인 이등변삼각형이다.

같은 이유로 △EIC도 $\overline{EC}=\overline{EI}$인 이등변삼각형이다.

따라서

(△ADE의 둘레의 길이)

$=\overline{AD}+\overline{DI}+\overline{IE}+\overline{EA}$

$=\overline{AD}+\overline{DB}+\overline{EC}+\overline{EA}$

$=\overline{AB}+\overline{AC}=9+7=16\,(\text{cm})$

15 오른쪽 그림과 같이 $\overline{IA}$, $\overline{IB}$를 그으면 점 I가 △ABC의 내심이므로

∠DAI=∠BAI

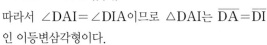

이때 $\overline{AB}/\!/\overline{DE}$이므로

∠DIA=∠BAI (엇각)

따라서 ∠DAI=∠DIA이므로 △DAI는 $\overline{DA}=\overline{DI}$인 이등변삼각형이다.

같은 이유로 △EIB도 $\overline{EB}=\overline{EI}$인 이등변삼각형이다.

따라서

$\overline{AC}+\overline{BC}=(\overline{AD}+6)+(\overline{BE}+7)$

$=\overline{ID}+\overline{IE}+13=\overline{DE}+13$

$=8+13=21\,(\text{cm})$

16 점 I는 △ABC의 내심이므로 ∠DBI=∠CBI

이때 $\overline{BC}/\!/\overline{DE}$이므로 ∠DIB=∠CBI (엇각)

따라서 ∠DBI=∠DIB이므로 △DBI는 $\overline{DB}=\overline{DI}$인 이등변삼각형이다.

같은 이유로 △EIC도 $\overline{EC}=\overline{EI}$인 이등변삼각형이다.

① ∠ADI=∠ABC=2∠IBC=2∠BID

② $\overline{DE}=\overline{DI}+\overline{EI}=\overline{DB}+\overline{EC}$

③ ∠EIC=∠ECI

⑤ (△ADE의 둘레의 길이)

$=\overline{AD}+\overline{DI}+\overline{IE}+\overline{EA}$

$=\overline{AD}+\overline{DB}+\overline{CE}+\overline{EA}$

$=\overline{AB}+\overline{AC}$

④ △IBC의 넓이는 △IDB+△ICE와 같지 않다.

17 오른쪽 그림과 같이 $\overline{IB}$, $\overline{IC}$를 그으면 점 I가 △ABC의 내심이므로

∠FCI=∠ECI

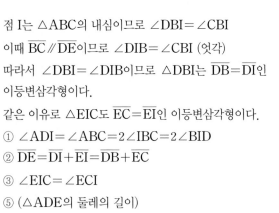

이때 $\overline{BC}/\!/\overline{DE}$이므로

∠FCI=∠EIC (엇각)

따라서 ∠ECI=∠EIC이므로

△EIC는 $\overline{EI}=\overline{EC}=3\,\text{cm}$인 이등변삼각형이고

$\overline{DI}=\overline{DE}-\overline{EI}=7-3=4\,(\text{cm})$이다.

같은 이유로 △BID도 $\overline{BD}=\overline{DI}=4\,\text{cm}$인 이등변삼각

형이다. △BID와 △IBF에서

∠DBI=∠FIB (엇각)

$\overline{BI}$는 공통,

∠DIB=∠FBI (엇각)

이므로 △BID≡△IBF (ASA 합동)

즉, $\overline{IF}=\overline{BD}=4\,cm$

따라서

(사각형 IFCE의 둘레의 길이)

$=\overline{IF}+\overline{FC}+\overline{CE}+\overline{EI}$

$=4+(10-4)+3+3$

$=16\,(cm)$

18 점 I는 △ABC의 내심이므로 △ABC의 각 꼭짓점으로부터 내접원과의 두 접점까지의 거리는 같다. 즉,

$\overline{BE}=\overline{BD}=8\,cm$, $\overline{CE}=\overline{CF}=5\,cm$

따라서

$\overline{BC}=\overline{BE}+\overline{CE}=8+5=13\,(cm)$

19 오른쪽 그림과 같이 △ABC의 내접원과 $\overline{BC}$, $\overline{CA}$의 접점을 각각 E, F라 하자.

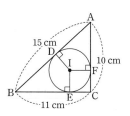

$\overline{AD}=x\,cm$라 하면

$\overline{AF}=\overline{AD}=x\,cm$,

$\overline{BE}=\overline{BD}=(15-x)\,cm$,

$\overline{EC}=\overline{FC}=(10-x)\,cm$

이때 $\overline{BC}=\overline{BE}+\overline{EC}$이므로

$11=(15-x)+(10-x)$

$2x=14$, $x=7$

따라서 $\overline{AD}=7\,cm$

20 △ABC의 내접원의 반지름의 길이를 $r\,cm$라 하면

$\triangle ABC=\frac{1}{2}\times r\times(13+14+15)=21r\,(cm^2)$

이때 △ABC$=84\,cm^2$이므로

$21r=84$, $r=4$

따라서 △ABC의 내접원의 지름의 길이는 $8\,cm$이다.

21 △ABC의 내접원의 반지름의 길이를 $r\,cm$라 하면

$\triangle ABC=\frac{1}{2}\times r\times(10+8+6)=12r\,(cm^2)$

이때 △ABC$=\frac{1}{2}\times8\times6=24\,(cm^2)$이므로

$12r=24$, $r=2$

따라서 $\overline{IE}=2\,cm$이고 사각형 IECF는 한 변의 길이가

$2\,cm$인 정사각형이다.

$\overline{BE}=\overline{BC}-\overline{EC}=8-2=6\,(cm)$

그러므로

(사각형 BEID의 넓이)$=\triangle IDB+\triangle IBE$

$=2\triangle IBE$

$=\overline{BE}\times\overline{IE}$

$=6\times2=12\,(cm^2)$

22 점 O는 △ABC의 외심이므로

$\angle A=\frac{1}{2}\angle BOC=44°$

점 I는 △ABC의 내심이므로

$\angle BIC=90°+\frac{1}{2}\angle A=112°$

23 점 P는 △ABC의 내심이므로

$\angle APB=90°+\frac{1}{2}\angle C=110°$

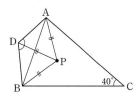

그림과 같이 $\overline{PD}$를 그으면 점 P는 △ADB의 외심이므로

$\overline{PA}=\overline{PB}=\overline{PD}$

이때 △PAD, △PDB는 각각 $\overline{PA}=\overline{PD}$, $\overline{PD}=\overline{PB}$인 이등변삼각형이므로

∠ADB

$=\angle ADP+\angle BDP$

$=\frac{1}{2}\times(180°-\angle APD)+\frac{1}{2}\times(180°-\angle BPD)$

$=180°-\frac{1}{2}\angle APB$

$=180°-55°=125°$

24 직각삼각형의 외심은 빗변의 중점이므로

$\overline{AB}=$(외접원의 지름의 길이)이다.

따라서 외접원의 반지름의 길이는 $5\,cm$이다.

내접원의 반지름의 길이를 $r\,cm$라 하면

$\triangle ABC=\frac{1}{2}\times r\times(10+8+6)=12r$

이때 △ABC$=\frac{1}{2}\times8\times6=24\,(cm^2)$이므로

$12r=24$, $r=2$

따라서 색칠한 부분의 넓이는

(외접원의 넓이)$-$(내접원의 넓이)

$=\pi\times5^2-\pi\times2^2=21\pi\,(cm^2)$

01 ① $\overline{OA}=\overline{OB}=\overline{OC}=$ (외접원의 반지름의 길이)

② $\angle AOC=2\angle ABC$이지만 $\angle ABO\ne\angle CBO$이므로 $4\angle ABO$와 같지 않다.

③ $\triangle OAB$는 $\overline{OA}=\overline{OB}$인 이등변삼각형이므로 $\angle OAB=\angle OBA$

④ $\triangle OAB$, $\triangle OBC$, $\triangle OCA$의 밑변의 길이나 높이가 다르면 넓이도 다르다.

⑤ $\angle OAB+\angle OCB+\angle OCA$

$=\dfrac{\angle OAB+\angle OBA}{2}+\dfrac{\angle OCB+\angle OBC}{2}$

$\qquad+\dfrac{\angle OCA+\angle OAC}{2}$

$=90°$

02

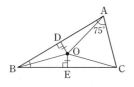

그림과 같이 $\overline{OA}$, $\overline{OB}$, $\overline{OC}$를 그으면

$\triangle OBD$와 $\triangle OBE$에서

$\angle ODB=\angle OEB=90°$,

$\overline{OB}$는 공통,

$\overline{OD}=\overline{OE}$

이므로 $\triangle OBD\equiv\triangle OBE$ (RHS 합동)이다.

이때 $\overline{BD}=\overline{BE}$, $\overline{BA}=\overline{BC}$이므로 $\triangle ABC$는 이등변삼각형이다. 즉, $\angle C=\angle A=75°$

따라서 $\angle B=180°-75°-75°=30°$

03 $\angle AOB:\angle BOC:\angle COA=2:3:4$이고

$\angle AOB+\angle BOC+\angle COA=360°$

이므로 $\angle BOC=360°\times\dfrac{3}{9}=120°$

$\triangle OBC$는 $\overline{OB}=\overline{OC}$인 이등변삼각형이므로

$\angle OCB=\dfrac{1}{2}\times(180°-120°)=30°$

04 $\triangle OBC$는 $\overline{OB}=\overline{OC}$인 이등변삼각형이므로

$\angle OBC=\angle OCB=67°$,

$\angle BOC=180°-67°-67°=46°$,

$\angle COA=130°-46°=84°$

$\triangle OCA$는 $\overline{OA}=\overline{OC}$인 이등변삼각형이므로

$\angle CAO=\dfrac{1}{2}\times(180°-84°)=48°$

$\triangle OBA$는 $\overline{OA}=\overline{OB}$인 이등변삼각형이므로

$\angle OAB=\dfrac{1}{2}\times(180°-130°)=25°$

따라서

$\angle BAC=\angle CAO-\angle OAB=48°-25°=23°$

05 직각삼각형의 외심은 빗변의 중점이므로 $\overline{AC}$는 $\triangle ABC$의 외접원의 지름이다. 즉, $\triangle ABC$의 외접원의 반지름의 길이는 $3\,\text{cm}$이다.

따라서 $\triangle ABC$의 외접원의 넓이는

$\pi\times 3^2=9\pi\,(\text{cm}^2)$

06 내심은 세 내각의 이등분선의 교점이고 세 변까지의 거리가 모두 같다. 그리고 삼각형의 각 꼭짓점으로부터 내접원과의 두 접점까지의 거리가 같으므로 내심을 나타내는 것은 ①, ③, ④이다.

07 점 I는 $\triangle ABC$의 내심이므로

$\angle BIC=90°+\dfrac{1}{2}\angle A=113°$

08 $\angle ABC=180°-\angle BAC-\angle ACB$

$\qquad\quad=180°-40°-84°=56°$

점 I는 $\triangle ABC$의 내심이므로

$\angle IBA=\dfrac{1}{2}\angle ABC=28°$

09

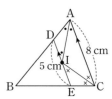

그림과 같이 $\overline{IA}$, $\overline{IC}$를 그으면

점 I는 $\triangle ABC$의 내심이므로 $\angle DAI=\angle CAI$

$\overline{AC}\,/\!/\,\overline{DE}$이므로 $\angle DIA=\angle CAI$ (엇각)

따라서 $\angle DAI=\angle DIA$이므로

$\triangle DIA$는 $\overline{DA}=\overline{DI}$인 이등변삼각형이다.

같은 이유로 $\triangle ECI$도 $\overline{EC}=\overline{EI}$인 이등변삼각형이다.

따라서

(사각형 ADEC의 둘레의 길이)

$=\overline{AD}+\overline{DE}+\overline{EC}+\overline{CA}$

$=\overline{DI}+5+\overline{EI}+8$

$$=\overline{\mathrm{DE}}+13=5+13=18\,(\mathrm{cm})$$

10

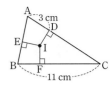

그림과 같이 점 I에서 $\overline{\mathrm{AB}}$, $\overline{\mathrm{BC}}$에 내린 수선의 발을 각 각 E, F라 하자.

삼각형의 각 꼭짓점에서 내접원과의 두 접점까지의 거 리는 같으므로

$\overline{\mathrm{AE}}=\overline{\mathrm{AD}}=3\,\mathrm{cm}$, $\overline{\mathrm{BE}}=\overline{\mathrm{BF}}$, $\overline{\mathrm{CF}}=\overline{\mathrm{CD}}$

따라서

($\triangle\mathrm{ABC}$의 둘레의 길이)
$$=\overline{\mathrm{AD}}+\overline{\mathrm{AE}}+\overline{\mathrm{BE}}+\overline{\mathrm{BC}}+\overline{\mathrm{CD}}$$
$$=6+\overline{\mathrm{BF}}+11+\overline{\mathrm{FC}}$$
$$=17+\overline{\mathrm{BC}}=17+11=28\,(\mathrm{cm})$$

11

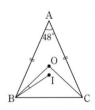

그림과 같이 $\overline{\mathrm{OC}}$를 그으면

점 O는 $\triangle\mathrm{ABC}$의 외심이므로

$\angle\mathrm{BOC}=2\angle\mathrm{A}=96°$

$\triangle\mathrm{OBC}$는 $\overline{\mathrm{OB}}=\overline{\mathrm{OC}}$인 이등변삼각형이므로

$$\angle\mathrm{OBC}=\frac{1}{2}\times(180°-96°)=42°$$

$\triangle\mathrm{ABC}$는 $\overline{\mathrm{AB}}=\overline{\mathrm{AC}}$인 이등변삼각형이므로

$$\angle\mathrm{ABC}=\frac{1}{2}\times(180°-48°)=66°$$

점 I는 $\triangle\mathrm{ABC}$의 내심이므로

$$\angle\mathrm{IBC}=\frac{1}{2}\angle\mathrm{ABC}=33°$$

따라서

$\angle\mathrm{OBI}=\angle\mathrm{OBC}-\angle\mathrm{IBC}=42°-33°=9°$

12 오른쪽 그림과 같이 $\overline{\mathrm{IO}}$를 그 으면 점 O는 $\triangle\mathrm{IBC}$의 외심 이므로 $\overline{\mathrm{BO}}=\overline{\mathrm{IO}}=\overline{\mathrm{CO}}$

이때 $\triangle\mathrm{OIB}$, $\triangle\mathrm{OCI}$는 각각 $\overline{\mathrm{OB}}=\overline{\mathrm{OI}}$, $\overline{\mathrm{OC}}=\overline{\mathrm{OI}}$인 이등변 삼각형이므로

$\angle\mathrm{BIC}$
$=\angle\mathrm{BIO}+\angle\mathrm{CIO}$

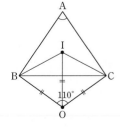

$$=\frac{1}{2}\times(180°-\angle\mathrm{BOI})+\frac{1}{2}\times(180°-\angle\mathrm{COI})$$
$$=180°-\frac{1}{2}\angle\mathrm{BOC}$$
$$=180°-\frac{1}{2}\times110°=125°$$

점 I는 $\triangle\mathrm{ABC}$의 내심이므로

$$\angle\mathrm{BIC}=90°+\frac{1}{2}\angle\mathrm{A},\ 125°=90°+\frac{1}{2}\angle\mathrm{A}$$

$$\frac{1}{2}\angle\mathrm{A}=35°$$

따라서 $\angle\mathrm{A}=70°$

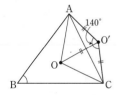

고난도 **집중 연습**

본문 36~37쪽

| **1** 55° | **1-1** 57° | **2** 34° | **2-1** 62° |
| **3** 9° | **3-1** 125° | **4** 17π cm | **4-1** 1 cm |

1

풀이 전략 외심의 활용 공식을 이용한다.

그림과 같이 $\overline{\mathrm{OO'}}$을 그으면 $\triangle\mathrm{AOO'}$과 $\triangle\mathrm{OCO'}$은 각각 $\overline{\mathrm{AO'}}=\overline{\mathrm{OO'}}$, $\overline{\mathrm{OO'}}=\overline{\mathrm{CO'}}$인 이등변삼각형이므로

$\angle\mathrm{AOC}$
$=\angle\mathrm{AOO'}+\angle\mathrm{COO'}$
$$=\frac{1}{2}\times(180°-\angle\mathrm{AO'O})+\frac{1}{2}\times(180°-\angle\mathrm{CO'O})$$
$$=180°-\frac{1}{2}\angle\mathrm{AO'C}$$
$$=180°-\frac{1}{2}\times140°=110°$$

따라서 $\angle\mathrm{B}=\frac{1}{2}\angle\mathrm{AOC}=55°$

1-1

풀이 전략 $\overline{\mathrm{AD}}$와 $\overline{\mathrm{OO'}}$이 서로 직교함을 이용한다.

두 점 O와 O'은 각각 $\triangle\mathrm{ABD}$와 $\triangle\mathrm{ADC}$의 외심이므로 O와 O'에서 $\overline{\mathrm{AD}}$에 내린 수선은 모두 $\overline{\mathrm{AD}}$를 수직이등분한 다.

이때 $\overline{\mathrm{AD}}$의 중점을 M이라 하면 세 점 O, M, O'은 한 직선 위에 있다.

즉, 점 M은 $\overline{\mathrm{AD}}$와 $\overline{\mathrm{OO'}}$의 교점이다.

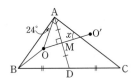

그림과 같이 $\overline{OB}$를 그으면 $\triangle OAB$는 $\overline{OA}=\overline{OB}$인 이등변삼각형이므로

$\angle OBA = \angle OAB = 24°$

$\therefore \angle AOB = 180° - 24° - 24° = 132°$,

$\angle ADB = \dfrac{1}{2}\angle AOB = \dfrac{1}{2} \times 132° = 66°$

또 점 D는 직각삼각형 ABC의 빗변의 중점이므로 $\triangle ABC$의 외심이다. 즉, $\overline{DA}=\overline{DB}=\overline{DC}$이므로 $\triangle ADC$는 $\overline{AD}=\overline{DC}$인 이등변삼각형이다.

따라서 $\angle DAC = \dfrac{1}{2}\angle ADB = \dfrac{1}{2} \times 66° = 33°$이므로

$\angle x = 90° - \angle DAC = 90° - 33° = 57°$

2

풀이 전략 내심은 삼각형의 세 내각의 이등분선의 교점임을 이용한다.

점 I'은 $\triangle ADC$의 내심이므로

$\angle CAD = 2\angle I'AC = 2 \times 14° = 28°$

점 I는 $\triangle ABC$의 내심이므로

$\angle BAD = \angle CAD = 28°$

$\triangle ABD$에서

$\angle ADC = \angle BAD + \angle B = 28° + 40° = 68°$

따라서 $\angle IDI' = \dfrac{1}{2}\angle ADC = \dfrac{1}{2} \times 68° = 34°$

2-1

풀이 전략 내심은 삼각형의 세 내각의 이등분선의 교점임을 이용한다.

$\triangle ABC$는 $\overline{AB}=\overline{BC}$인 이등변삼각형이므로

$\angle ACB = \angle BAC = 68°$

이때 $\overline{AD} /\!/ \overline{BC}$이므로 $\angle CAD = \angle ACB = 68°$ (엇각)

또 $\triangle ACD$는 $\overline{AC}=\overline{AD}$인 이등변삼각형이므로

$\angle ACD = \angle ADC = \dfrac{1}{2} \times (180° - 68°) = 56°$

점 I'은 $\triangle ACD$의 내심이므로

$\angle EDC = \dfrac{1}{2}\angle ADC = \dfrac{1}{2} \times 56° = 28°$

점 I는 $\triangle ABC$의 내심이므로

$\angle ECA = \dfrac{1}{2}\angle ACB = \dfrac{1}{2} \times 68° = 34°$

따라서 $\triangle ECD$에서

$\angle CED = 180° - \angle EDC - \angle ECA - \angle ACD$

$= 180° - 28° - 34° - 56° = 62°$

3

풀이 전략 세 점 O, I, C가 한 직선 위에 있으면 $\triangle ABC$는 $\overline{AC}=\overline{BC}$인 이등변삼각형임을 이용한다.

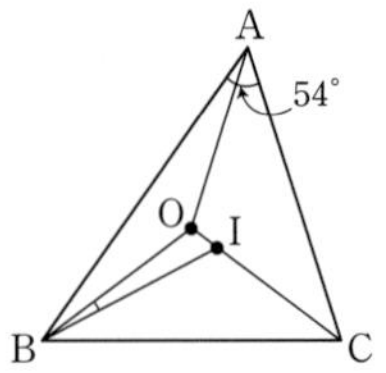

오른쪽 그림과 같이 $\overline{AO}$를 그으면

점 O는 $\triangle ABC$의 외심이므로

$\overline{OA}=\overline{OB}=\overline{OC}$

즉, $\triangle OBC$와 $\triangle OAC$는 각각 $\overline{OB}=\overline{OC}$, $\overline{OA}=\overline{OC}$인 이등변삼각형이다.

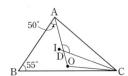

$\angle ACO = \angle ACI = \angle BCI$

$\qquad = \angle BCO$

이므로

$\angle AOC = 180° - 2\angle ACO$

$\qquad = 180° - 2\angle BCO$

$\qquad = \angle BOC$

따라서 $\triangle OBC \equiv \triangle OAC$ (SAS 합동)이다.

즉, $\triangle ABC$는 $\overline{BC}=\overline{AC}$인 이등변삼각형이므로

$\angle ABC = \angle A = 54°$

이때 $\angle BOC = 2\angle A = 2 \times 54° = 108°$,

$\angle OBC = \dfrac{1}{2} \times (180° - 108°) = 36°$,

$\angle IBC = \dfrac{1}{2}\angle ABC = \dfrac{1}{2} \times 54° = 27°$

이므로

$\angle OBI = \angle OBC - \angle IBC = 36° - 27° = 9°$

3-1

풀이 전략 $\triangle ADC$의 나머지 각들을 구한다.

그림과 같이 $\overline{OC}$를 그으면 점 O는 $\triangle ABC$의 외심이므로

$\angle AOC = 2\angle B = 2 \times 55° = 110°$

$\triangle OAC$에서 $\angle OAC = \dfrac{1}{2} \times (180° - 110°) = 35°$이므로

$\angle ACB = 180° - \angle BAC - \angle B$

$\qquad = 180° - 85° - 55° = 40°$

점 I는 $\triangle ABC$의 내심이므로

$\angle ICA = \dfrac{1}{2}\angle ACB = \dfrac{1}{2} \times 40° = 20°$

따라서 $\triangle ADC$에서

$\angle ADC = 180° - \angle OAC - \angle ICA$

$\qquad = 180° - 35° - 20° = 125°$

4

풀이 전략 외접원과 내접원의 반지름의 길이를 구한다.

직각삼각형의 외심은 빗변의 중점이므로
$\overline{AB}$=(외접원의 지름의 길이)

따라서 외접원의 반지름의 길이는 $\dfrac{13}{2}$ cm이다.

내접원의 반지름의 길이를 r cm라 하면

$$\triangle ABC=\frac{1}{2}\times r\times(13+12+5)=15r\;(\text{cm}^2)$$

이때 $\triangle ABC=\dfrac{1}{2}\times12\times5=30\;(\text{cm}^2)$이므로

$15r=30,\;r=2$

따라서 색칠한 부분의 둘레의 길이는

(외접원의 둘레의 길이)+(내접원의 둘레의 길이)

$$=2\pi\times\frac{13}{2}+2\pi\times2$$

$$=13\pi+4\pi=17\pi\;(\text{cm})$$

4-1

풀이 전략 직각삼각형에서 외심의 위치는 빗변의 중점임을 이용한다.

직각삼각형의 외심은 빗변의 중점이므로 $\overline{BO}=5$ cm이다.

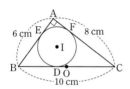

그림과 같이 내접원과 $\overline{AB}$, $\overline{AC}$와의 접점을 각각 E, F라 하자.

$\overline{BD}=x$ cm라 하면 $\overline{BE}=\overline{BD}=x$ cm,
$\overline{AF}=\overline{AE}=(6-x)$ cm,
$\overline{DC}=\overline{FC}=8-(6-x)=(2+x)$ cm
$\overline{BC}=\overline{BD}+\overline{DC}$이므로 $10=x+(2+x)$
$-2x=-8,\;x=4$
따라서
$\overline{DO}=\overline{BO}-\overline{BD}=5-4=1\;(\text{cm})$

서술형 집중 연습

본문 38~39쪽

예제 **1** 132°	유제 **1** 24°
예제 **2** 16°	유제 **2** 5 cm
예제 **3** 7 cm	유제 **3** 22 cm
예제 **4** $\left(9-\dfrac{9}{4}\pi\right)$ cm²	유제 **4** 42 cm²

예제 1

점 O는 $\triangle ABC$의 외심이므로 $\triangle AOB$와 $\triangle AOC$는 각각
$\overline{OA}=\overline{OB}$, $\overline{OA}=\boxed{\overline{OC}}$인 $\boxed{\text{이등변}}$삼각형이다.
따라서 $\angle CAO=\angle ACO=\boxed{54}°$이고
$\angle BAO=\angle A-\angle CAO=\boxed{24}°$이다. ··· 1단계
$\triangle AOB$는 $\overline{OA}=\overline{OB}$인 이등변삼각형이므로
$\angle ABO=\angle BAO=\boxed{24}°$이다.
따라서 $\angle AOB=180°-24°-24°=\boxed{132}°$이다. ··· 2단계

채점 기준표

단계	채점 기준	비율
1단계	$\angle BAO$의 크기를 구한 경우	50 %
2단계	$\angle AOB$의 크기를 구한 경우	50 %

유제 1

오른쪽 그림과 같이 $\overline{BO}$를 그으면 $\triangle ABO$는 $\overline{AO}=\overline{BO}$인 이등변삼각형이므로

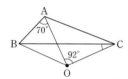

$\angle AOB=180°-70°-70°$
$\qquad\quad=40°$ ··· 1단계
따라서 $\angle BOC=40°+92°=132°$이다.
$\triangle BOC$는 $\overline{BO}=\overline{CO}$인 이등변삼각형이므로
$\angle BCO=\dfrac{1}{2}\times(180°-132°)=24°$이다. ··· 2단계

채점 기준표

단계	채점 기준	비율
1단계	$\angle AOB$의 크기를 구한 경우	50 %
2단계	$\angle BCO$의 크기를 구한 경우	50 %

예제 2

직각삼각형의 외심은 빗변의 중점이므로 점 $\boxed{D}$는 $\triangle ABC$의 외심이다. ··· 1단계
따라서 $\overline{CD}=\boxed{\overline{AD}}$, $\triangle ADC$는 $\boxed{\text{이등변}}$삼각형이므로
$\angle DAC=\angle DCA=\boxed{37}°$,
$\angle ADE=37°+37°=\boxed{74}°$이다.
따라서
$\angle DAE=90°-\angle ADE=90°-74°=\boxed{16}°$이다. ··· 2단계

채점 기준표

단계	채점 기준	비율
1단계	점 D가 외심임을 보인 경우	40 %
2단계	$\angle DAE$의 크기를 구한 경우	60 %

유제 **2**

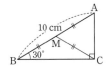

그림과 같이 $\overline{AB}$의 중점을 M이라 하면 직각삼각형의 외심은 빗변의 중점이므로 점 M은 △ABC의 외심이다.

··· **1단계**

이때 $\overline{MA}=\overline{MB}=\overline{MC}=5$ cm
△MCA는 이등변삼각형이고 ∠A=60°이므로
△MCA는 정삼각형이다. ··· **2단계**
따라서 $\overline{AC}=\overline{MA}=5$ cm이다. ··· **3단계**

채점 기준표

단계	채점 기준	비율
1단계	△ABC의 외심을 나타낸 경우	40 %
2단계	△MCA가 정삼각형임을 보인 경우	30 %
3단계	$\overline{AC}$의 길이를 구한 경우	30 %

예제 **3**

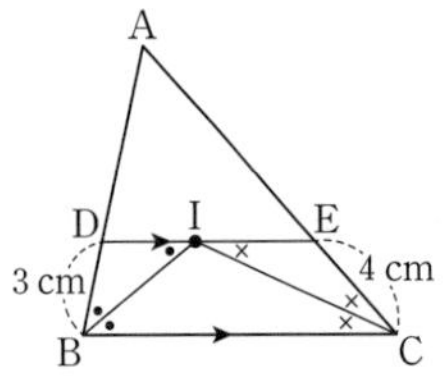

$\overline{BI}$, $\overline{CI}$를 그으면 내심은 세 내각의 이등분선의 교점이므로
∠DBI=$\boxed{\angle CBI}$이다.
이때 $\overline{BC}\,/\!/\,\overline{DE}$이므로
∠CBI=$\boxed{\angle DIB}$이다.
따라서 ∠DBI=$\boxed{\angle DIB}$이므로
△BID는 $\overline{DI}=\boxed{\overline{DB}}$인 이등변삼각형이다. ··· **1단계**
같은 이유로 ∠EIC=$\boxed{\angle ICB}$=∠ECI이므로
△EIC는 $\overline{IE}=\boxed{\overline{CE}}$인 이등변삼각형이다. ··· **2단계**
따라서
$\overline{DE}=\overline{DI}+\overline{IE}$
$\quad\ \ =\overline{DB}+\overline{CE}$
$\quad\ \ =3+4=\boxed{7}$ cm
이다. ··· **3단계**

채점 기준표

단계	채점 기준	비율
1단계	$\overline{DI}=\overline{DB}$임을 보인 경우	40 %
2단계	$\overline{IE}=\overline{CE}$임을 보인 경우	40 %
3단계	$\overline{DE}$의 길이를 구한 경우	20 %

유제 **3**

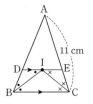

$\overline{BI}$, $\overline{CI}$를 그으면 내심은 세 내각의 이등분선의 교점이므로 ∠DBI=∠CBI이다.
이때 $\overline{BC}\,/\!/\,\overline{DE}$이므로 ∠CBI=∠DIB이다.
따라서 ∠DBI=∠DIB이므로
△BID는 $\overline{DI}=\overline{DB}$인 이등변삼각형이다. ··· **1단계**
같은 이유로 ∠EIC=∠ICB=∠ECI이므로
△EIC는 $\overline{IE}=\overline{CE}$인 이등변삼각형이다. ··· **2단계**
따라서
(△ADE의 둘레의 길이)
$=\overline{AD}+\overline{DI}+\overline{IE}+\overline{EA}$
$=\overline{AD}+\overline{DB}+\overline{CE}+\overline{EA}$
$=\overline{AB}+\overline{AC}$
$=11+11=22$ (cm) ··· **3단계**

채점 기준표

단계	채점 기준	비율
1단계	$\overline{DI}=\overline{DB}$임을 보인 경우	35 %
2단계	$\overline{IE}=\overline{CE}$임을 보인 경우	35 %
3단계	△ADE의 둘레의 길이를 구한 경우	30 %

예제 **4**

내접원의 반지름의 길이를 r cm라 하면 △ABC의 넓이는
$\dfrac{1}{2}\times r\times$(△ABC의 $\boxed{둘레}$의 길이)이므로

$\dfrac{1}{2}\times r\times(15+12+9)=\dfrac{1}{2}\times 12\times\boxed{9}$

$18r=\boxed{54}$

$r=\boxed{3}$ ··· **1단계**

색칠한 부분의 넓이는 한 변의 길이가 r cm인 정사각형의 넓이에서 사분원의 넓이를 뺀 것과 같으므로

(색칠한 부분의 넓이)$=9-\dfrac{\boxed{9}}{4}\pi$ (cm²)이다. ··· **2단계**

채점 기준표

단계	채점 기준	비율
1단계	내접원의 반지름의 길이를 구한 경우	70 %
2단계	색칠한 부분의 넓이를 구한 경우	30 %

유제 **4**

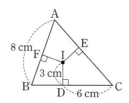

그림과 같이 점 I에서 $\overline{AC}$와 $\overline{AB}$에 내린 수선의 발을 각각 E, F라 하자.
$\overline{CE}=\overline{CD}=6$ cm이고 $\overline{AE}=\overline{AF}$, $\overline{BD}=\overline{BF}$이므로
($\triangle ABC$의 둘레의 길이)
$=\overline{AB}+\overline{BD}+\overline{DC}+\overline{CE}+\overline{EA}$
$=8+\overline{BF}+6+6+\overline{FA}$
$=20+\overline{AB}=20+8=28$ (cm)　　　… 1단계
따라서
$\triangle ABC$
$=\dfrac{1}{2}\times($내접원의 반지름의 길이$)\times(\triangle ABC$의 둘레의 길이$)$
$=\dfrac{1}{2}\times 3\times 28=42$ (cm^2)　　　… 2단계

채점 기준표

단계	채점 기준	비율
1단계	$\triangle ABC$의 둘레의 길이를 구한 경우	60 %
2단계	$\triangle ABC$의 넓이를 구한 경우	40 %

중단원 **실전 테스트** **1**회

본문 40~42쪽

01 ④	**02** ①	**03** ③	**04** ②	**05** ①
06 ④	**07** ③	**08** ④	**09** ⑤	**10** ⑤
11 ⑤	**12** ③	**13** 40°	**14** 26 cm	

15 24 cm^2　**16** 풀이 참조

01　④ 삼각형의 세 변에 이르는 거리가 모두 같은 점은 내심이다.

02　삼각형의 외심은 세 변의 수직이등분선의 교점이므로 세 점 D, E, F는 각각 $\overline{AB}$, $\overline{BC}$, $\overline{CA}$의 중점이다.
따라서
($\triangle ABC$의 둘레의 길이)
$=\overline{AB}+\overline{BC}+\overline{CA}$
$=2(\overline{AD}+\overline{CE}+\overline{CF})$
$=2(6+5+5)=32$ (cm)

03　점 O는 $\triangle ABC$의 외심이므로
$\angle A=\dfrac{1}{2}\angle BOC=\dfrac{1}{2}\times 134°=67°$

04　$\triangle OAB$는 $\overline{OA}=\overline{OB}$인 이등변삼각형이므로
$\angle OBA=\dfrac{1}{2}\times(180°-72°)=54°$
$\angle OBA : \angle OBC=2 : 3$이므로
$\angle OBC=\dfrac{3}{2}\angle OBA=\dfrac{3}{2}\times 54°=81°$
오른쪽 그림과 같이 $\overline{OC}$를 그으면 $\triangle OBC$는 $\overline{OB}=\overline{OC}$인 이등변삼각형이므로 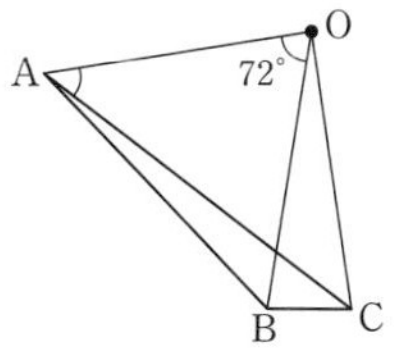
$\angle BOC=180°-81°-81°$
$\qquad\quad=18°$
$\therefore \angle AOC=72°+18°=90°$
따라서 $\triangle OAC$는 $\angle AOC=90°$이고 $\overline{OA}=\overline{OC}$인 직각이등변삼각형이므로
$\angle OAC=45°$

05　직각삼각형의 외심은 빗변의 중점이므로 $\overline{AO}=\overline{BO}$
따라서
$\triangle AOC=\dfrac{1}{2}\triangle ABC=\dfrac{1}{2}\times\left(\dfrac{1}{2}\times 12\times 7\right)$
$\qquad\quad=21$ (cm^2)

06　① $\angle DAI=\angle FAI$
② $\triangle ABC$가 이등변삼각형이 아니면 $\overline{BE}\neq\overline{CE}$
③ 세 꼭짓점까지 거리가 같은 점은 외심이다.
④ $\angle BDI=\angle BEI=90°$,
　$\overline{BI}$는 공통, $\angle DBI=\angle EBI$
　이므로 $\triangle BID\equiv\triangle BIE$ (RHA 합동)이다.
⑤ $\triangle ABC=\dfrac{1}{2}\times\overline{ID}\times(\overline{AB}+\overline{BC}+\overline{CA})$

07　$\triangle BCD$에서
$\angle B+\dfrac{1}{2}\angle C=180°-107°=73°$ ……㉠
$\triangle BCE$에서
$\dfrac{1}{2}\angle B+\angle C=180°-88°=92°$ ……㉡
㉠, ㉡을 변끼리 더하면
$\dfrac{3}{2}(\angle B+\angle C)=165°$, $\angle B+\angle C=110°$
따라서 $\angle A=180°-110°=70°$

08　점 I는 내심이므로 $\angle DAI=\angle CAI$

$\overline{AC} /\!/ \overline{DE}$이므로 $\angle DIA = \angle CAI$ (엇각)

따라서 $\angle DAI = \angle DIA = 26°$

$\triangle ADI$에서 $\angle BDE = 26° + 26° = 52°$

같은 이유로

$\angle CIE = \angle ECI = \dfrac{1}{2} \angle DEB = \dfrac{1}{2} \times 56° = 28°$

이므로 $\angle BDE + \angle CIE = 52° + 28° = 80°$

09 $\triangle ABC$

$= \dfrac{1}{2} \times 4 \times (\triangle ABC\text{의 둘레의 길이}) = 84 \text{ (cm}^2)$

이므로

$(\triangle ABC\text{의 둘레의 길이}) = 42 \text{ cm}$

10 $\triangle ABC$의 내접원의 반지름의 길이를 r cm라 하면 $\triangle ABC$의 넓이는

$\dfrac{1}{2} \times r \times (12 + 16 + 20) = \dfrac{1}{2} \times 12 \times 16$

$24r = 96, \quad r = 4$

따라서

$\triangle AIC = \dfrac{1}{2} \times \overline{AC} \times r$

$= \dfrac{1}{2} \times 20 \times 4 = 40 \text{ (cm}^2)$

11 점 I는 $\triangle ABC$의 내심이므로 $\angle BIC = 90° + \dfrac{1}{2} \angle A$

$124° = 90° + \dfrac{1}{2} \angle A$

$\dfrac{1}{2} \angle A = 34°, \quad \angle A = 68°$

따라서 점 O는 $\triangle ABC$의 외심이므로

$\angle BOC = 2 \angle A = 2 \times 68° = 136°$

12 $\triangle ABC$에서

$\angle A + \angle C = 180° - \angle B = 140°$

$\triangle ADF$와 $\triangle CFE$는 각각 $\overline{AD} = \overline{AF}$, $\overline{CE} = \overline{CF}$인 이등변삼각형이므로

$\angle AFD = \dfrac{1}{2} \times (180° - \angle A) = 90° - \dfrac{1}{2} \angle A$,

$\angle CFE = \dfrac{1}{2} \times (180° - \angle C) = 90° - \dfrac{1}{2} \angle C$

따라서

$\angle DFE = 180° - \angle AFD - \angle CFE$

$= 180° - 90° + \dfrac{1}{2} \angle A - 90° + \dfrac{1}{2} \angle C$

$= \dfrac{1}{2} (\angle A + \angle C)$

$= \dfrac{1}{2} \times 140° = 70°$

13 오른쪽 그림과 같이 $\overline{OA}$, $\overline{OC}$를 그으면 $\triangle ABO$와 $\triangle ACO$에서 $\overline{AB} = \overline{AC}$, $\overline{AO}$는 공통, $\overline{OB} = \overline{OC}$ 이므로

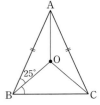

$\triangle ABO \equiv \triangle ACO$ (SSS 합동)이다. 즉, 두 삼각형 모두 이등변삼각형이다. ••• 1단계

이때 $\angle A = 2 \angle BAO = 2 \angle ABO = 50°$이고

$\angle B = \dfrac{1}{2} \times (180° - 50°) = 65°$이다.

따라서 $\angle OBC = \angle B - \angle ABO$

$\qquad\qquad = 65° - 25° = 40°$ ••• 2단계

이다.

채점 기준표

단계	채점 기준	비율
1단계	$\triangle ABO \equiv \triangle ACO$임을 보인 경우	50 %
2단계	$\angle OBC$의 크기를 구한 경우	50 %

14 점 I는 $\triangle ABC$의 내심이므로

$\angle DBI = \angle CBI$

이때 $\overline{BC} /\!/ \overline{DE}$이므로 $\angle CBI = \angle DIB$

따라서 $\angle DBI = \angle DIB$이므로 $\triangle BID$는 $\overline{DI} = \overline{DB}$인 이등변삼각형이다. ••• 1단계

같은 이유로 $\angle EIC = \angle ICB = \angle ECI$이므로 $\triangle EIC$는 $\overline{IE} = \overline{CE}$인 이등변삼각형이다. ••• 2단계

따라서

$(\triangle ADE\text{의 둘레의 길이})$

$= \overline{AD} + \overline{DI} + \overline{IE} + \overline{EA}$

$= \overline{AD} + \overline{DB} + \overline{CE} + \overline{EA}$

$= \overline{AB} + \overline{AC} = 17 \text{ cm}$

이므로

$(\triangle ABC\text{의 둘레의 길이})$

$= \overline{AB} + \overline{AC} + \overline{BC} = 17 + 9 = 26 \text{ (cm)}$ ••• 3단계

채점 기준표

단계	채점 기준	비율
1단계	$\overline{DI} = \overline{DB}$임을 보인 경우	30 %
2단계	$\overline{IE} = \overline{CE}$임을 보인 경우	30 %
3단계	$\triangle ABC$의 둘레의 길이를 구한 경우	40 %

15 오른쪽 그림과 같이 내접원과 $\overline{AB}$, $\overline{BC}$, $\overline{CA}$의 접점을 각각 D, E, F라 하자. 삼각형의 각 꼭짓점으로부터

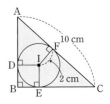

내접원과의 두 접점까지의 거리는 같으므로
$\overline{AD}=\overline{AF}$, $\overline{CE}=\overline{CF}$이다.

사각형 BEID는 한 변의 길이가 2 cm인 정사각형이므로
$\overline{BD}=\overline{BE}=2$ cm

이때
(△ABC의 둘레의 길이)
$=\overline{AD}+\overline{DB}+\overline{BE}+\overline{EC}+\overline{CA}$
$=\overline{AF}+2+2+\overline{CF}+10$
$=\overline{AC}+14=10+14=24$ (cm) ··· 1단계

따라서
(△ABC의 넓이)
$=\dfrac{1}{2}\times2\times24=24$ (cm²) ··· 2단계

채점 기준표

단계	채점 기준	비율
1단계	△ABC의 둘레의 길이를 구한 경우	70 %
2단계	△ABC의 넓이를 구한 경우	30 %

16 오른쪽 그림과 같이 $\overline{OA}$, $\overline{OB}$, $\overline{OC}$를 그으면 △OAB와 △OAC는 각각 $\overline{OA}=\overline{OB}$, $\overline{OA}=\overline{OC}$인 이등변삼각형이다.

$\angle OAB=\angle IAB=\angle IAC=\angle OAC$
이므로
$\angle AOB=180°-2\angle OAB$
$\qquad=180°-2\angle OAC=\angle AOC$
따라서 △OAB≡△OAC (SAS 합동)이므로
$\overline{AB}=\overline{AC}$이다. ··· 1단계
같은 이유로 △OAB≡△OCB 가 되어
$\overline{AB}=\overline{BC}$이다. ··· 2단계
따라서 $\overline{AB}=\overline{BC}=\overline{CA}$이므로 △ABC는 정삼각형이
다. ··· 3단계

채점 기준표

단계	채점 기준	비율
1단계	$\overline{AB}=\overline{AC}$임을 보인 경우	40 %
2단계	$\overline{AB}=\overline{BC}$임을 보인 경우	40 %
3단계	△ABC가 정삼각형임을 보인 경우	20 %

중단원 실전 테스트 2회

01 ③, ⑤	**02** ②	**03** ②	**04** ②	**05** ④
06 ⑤	**07** ④	**08** ③	**09** ④	**10** ③
11 ⑤	**12** ②	**13** 12π cm		
14 풀이 참조		**15** 9 cm	**16** 58 cm²	

01 ① 외심 O는 세 변의 수직이등분선의 교점이므로
$\overline{BE}=\overline{CE}$이다.
② $\overline{OA}=\overline{OC}$, $\angle AFO=\angle CFO=90°$, $\overline{OF}$는 공통
이므로 △AOF≡△COF (RHS 합동)
③ 세 점 D, O, C가 한 직선 위에 있지 않으면
$\angle BOD\neq2\angle BCO$이다.
④ ②와 같은 이유로 △AOD≡△BOD이므로
$\angle AOD=\angle BOD$이다.
⑤ 점 O는 내심이 아닌 외심이므로 성립하지 않는다.

02 오른쪽 그림과 같이 $\overline{OC}$를 그
으면 점 O는 △ABC의 외심
이므로
$\angle BOC=2\angle A$
$\qquad=2\times69°=138°$

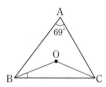

△OBC는 $\overline{OB}=\overline{OC}$인 이등변삼각형이므로
$\angle OBC=\dfrac{1}{2}\times(180°-138°)=21°$

03 세 점 A, B, C가 원 O 위에 있으므로
$\overline{OA}=\overline{OB}=\overline{OC}$
△ABO와 △AOC는 각각 $\overline{OA}=\overline{OB}$,
$\overline{OA}=\overline{OC}$인 이등변삼각형이므로
$\angle AOB=180°-27°-27°=126°$,
$\angle AOC=180°-33°-33°=114°$
이때 $\angle BOC=360°-126°-114°=120°$
따라서
(부채꼴 BOC의 넓이)
$=\pi\times3^2\times\dfrac{120}{360}=3\pi$ (cm²)

04 오른쪽 그림과 같이 $\overline{OA}$
를 그으면 △ABO는
$\overline{OA}=\overline{OB}$인 이등변삼각
형이므로

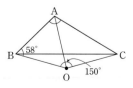

$\angle OAB=\angle OBA=58°$,
$\angle AOB=180°-58°-58°=64°$

∴ ∠AOC=150°−64°=86°

△AOC는 $\overline{OA}=\overline{OC}$인 이등변삼각형이므로

∠OAC=$\frac{1}{2}$×(180°−86°)=47°

따라서 ∠A=58°+47°=105°

05 오른쪽 그림과 같이 $\overline{AB}$의 중점을 M이라 하면 직각삼 각형의 외심은 빗변의 중점 이므로 점 M은 △ABC의 외심이 된다.

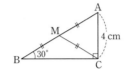

즉, $\overline{MA}=\overline{MB}=\overline{MC}$

이때 ∠A=90°−30°=60°이고, △AMC는 $\overline{MA}=\overline{MC}$인 이등변삼각형이므로 △AMC는 정삼각 형이다.

따라서 $\overline{MA}=\overline{AC}$=4 cm이고 외접원의 반지름의 길 이와 같으므로 외접원의 둘레의 길이는

2×π×4=8π (cm)

06 △ABC에서 ∠A와 ∠B의 이등분선의 교점을 I라 하 고, 점 I에서 삼각형의 세 변에 내린 수선의 발을 각각 D, E, F라 하자.

점 I는 ∠A, ∠B의 이등분선 위의 점이므로

$\overline{ID}=\boxed{\overline{IF}}$, $\overline{ID}=\overline{IE}$이다.

따라서 $\overline{ID}=\overline{IE}=\boxed{\overline{IF}}$이다.

이때 △IEC와 △IFC에서

∠IEC=∠IFC=$\boxed{90}$°, $\boxed{\overline{IC}}$는 공통,

$\boxed{\overline{IE}}=\overline{IF}$이므로

△IEC≡△IFC ($\boxed{RHS}$ 합동)이다.

따라서 ∠ICE=$\boxed{∠ICF}$이므로 $\overline{IC}$는 ∠C의 이등분 선이다.

그러므로 △ABC의 세 내각의 이등분선은 한 점 I에서 만난다.

07 ∠A+∠B+∠C=180°이므로

2∠IAC+2×28°+78°=180°, 2∠IAC=46°

따라서 ∠IAC=23°

08 점 I는 △ABC의 내심이므로

∠DBI=∠CBI

$\overline{BC}\,/\!/\,\overline{DE}$이므로 ∠CBI=∠DIB

따라서 ∠DBI=∠DIB이므로 △BID는 $\overline{DI}=\overline{DB}$인 이등변삼각형이다.

같은 이유로 ∠EIC=∠ICB=∠ECI이므로 △EIC 는 $\overline{EI}=\overline{EC}$인 이등변삼각형이다.

이때

(△ABC의 둘레의 길이)−(△ADE의 둘레의 길이)

=($\overline{BC}+\overline{DB}+\overline{EC}$)−$\overline{DE}=\overline{BC}+\overline{DI}+\overline{EI}−\overline{DE}$

=$\overline{BC}$=8 cm

따라서

△IBC=$\frac{1}{2}$×(△ABC의 내접원의 반지름의 길이)×$\overline{BC}$

=$\frac{1}{2}$×3×8=12 (cm²)

09 오른쪽 그림과 같이 내접원 과 $\overline{AC}$, $\overline{AB}$와의 접점을 각각 E, F라 하자.

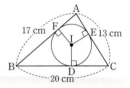

$\overline{BD}=x$ cm라 하면 삼각형 의 꼭짓점으로부터 내접원과의 두 접점까지의 거리는 같으므로

$\overline{BF}=\overline{BD}=x$ cm,

$\overline{AE}=\overline{AF}=(17−x)$ cm,

$\overline{DC}=\overline{EC}=13−(17−x)=(x−4)$ cm

$\overline{BC}=\overline{BD}+\overline{DC}$이므로 20=x+(x−4)

−2x=−24, x=12

따라서 $\overline{BD}$=12 cm

10 △ABC의 내접원의 반지름의 길이를 r cm라 하면 △ABC의 넓이는

$\frac{1}{2}$×r×(17+15+8)=$\frac{1}{2}$×15×8

20r=60, r=3

따라서 △ABC의 내접원의 반지름의 길이는 3 cm이다.

11 점 I는 △OBC의 내심이므로

∠OBC=2∠OBI=2×13°=26°

△OBC는 $\overline{OB}=\overline{OC}$인 이등변삼각형이므로

∠BOC=180°−26°−26°=128°

따라서 점 O는 △ABC의 외심이므로

∠A=$\frac{1}{2}$∠BOC=$\frac{1}{2}$×128°=64°

12 △ABC는 $\overline{AB}=\overline{AC}$인 이등변삼각형이므로

∠ABC=$\frac{1}{2}$×(180°−76°)=52°

점 I는 △ABC의 내심이므로

∠IBD=$\frac{1}{2}$∠ABC=$\frac{1}{2}$×52°=26°

점 O는 삼각형의 세 변의 수직이등분선의 교점이므로
$\angle BDO=90°$

따라서

$\angle IEO=\angle BED$ (맞꼭지각)

$=90°-26°=64°$

13 점 O가 △ABC의 외심이므로 △OBC는 $\overline{OB}=\overline{OC}$인 이등변삼각형이다. ··· 1단계

이때

(△OBC의 둘레의 길이)

$=2\overline{OB}+\overline{BC}=2\overline{OB}+9=21\ (cm)$

이므로 $\overline{OB}=6\ cm$ ··· 2단계

따라서 △ABC의 외접원의 둘레의 길이는

$2\pi\times 6=12\pi\ (cm)$ ··· 3단계

채점 기준표

단계	채점 기준	비율
1단계	△OBC가 이등변삼각형임을 보인 경우	30 %
2단계	외접원의 반지름의 길이를 구한 경우	50 %
3단계	외접원의 둘레의 길이를 구한 경우	20 %

14

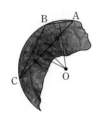

그림과 같이 유물의 둘레 위에 세 점 A, B, C를 찍으면 원의 중심은 △ABC의 외심과 같다. ··· 1단계

따라서 $\overline{AB}$, $\overline{BC}$, $\overline{CA}$의 수직이등분선의 교점을 찾으면 그 점이 원의 중심이다. ··· 2단계

채점 기준표

단계	채점 기준	비율
1단계	원 위에 세 점을 찍은 경우	50 %
2단계	원의 중심을 찾은 경우	50 %

15

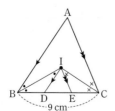

그림과 같이 $\overline{BI}$, $\overline{CI}$를 그으면 점 I는 △ABC의 내심이므로 $\angle DBI=\angle ABI$

$\overline{AB}/\!/\overline{ID}$이므로 $\angle DIB=\angle ABI$

따라서 $\angle DBI=\angle DIB$이므로 △BDI는

$\overline{ID}=\overline{BD}$인 이등변삼각형이다. ··· 1단계

같은 이유로 $\angle EIC=\angle ECI$이므로 △ECI는 $\overline{EI}=\overline{EC}$인 이등변삼각형이다. ··· 2단계

따라서

(△IDE의 둘레의 길이)

$=\overline{ID}+\overline{DE}+\overline{EI}$

$=\overline{BD}+\overline{DE}+\overline{EC}=\overline{BC}=9\ cm$ ··· 3단계

채점 기준표

단계	채점 기준	비율
1단계	$\overline{ID}=\overline{BD}$임을 구한 경우	35 %
2단계	$\overline{EI}=\overline{EC}$임을 구한 경우	35 %
3단계	△IDE의 둘레의 길이를 구한 경우	30 %

16 △ABC의 내접원의 반지름의 길이를 r cm라 하면

$\triangle IBC=\dfrac{1}{2}\times 18\times r=9r=87$

$r=\dfrac{29}{3}$ ··· 1단계

따라서

$\triangle AIC=\dfrac{1}{2}\times 12\times r=6\times\dfrac{29}{3}=58\ (cm^2)$ ··· 2단계

채점 기준표

단계	채점 기준	비율
1단계	내접원의 반지름의 길이를 구한 경우	50 %
2단계	△AIC의 넓이를 구한 경우	50 %

3 | 사각형의 성질

개념 체크 본문 48~49쪽

01 (1) $x=5$, $y=4$ (2) $x=120$, $y=60$

02 한 쌍의 대변이 평행하고 그 길이가 같다.

03 20 cm^2

04 $x=8$, $y=60$

05 $x=3$, $y=30$

06 ㄱ, ㄷ

07 36 cm^2

대표유형 본문 50~53쪽

01 60 **02** ③ **03** ③ **04** ④ **05** ①

06 ②

07 (가) ∠MDN (나) ∠DNC (다) ∠BND

08 두 쌍의 대변의 길이가 각각 같으므로 평행사변형이다.

09 ④ **10** ② **11** 56 cm^2 **12** ④ **13** ⑤

14 ③ **15** ② **16** $40°$ **17** ②

18 ①, ⑤ **19** ⑤ **20** ①, ④, ⑤

21 ①, ④ **22** ④ **23** 10 cm^2 **24** ②

01 평행사변형의 두 쌍의 대변의 길이는 각각 같으므로
$x-2y=15$ ······ ㉠
$x+2y=2x-y$에서 $x-3y=0$ ······ ㉡
㉠, ㉡을 연립하여 풀면
$x=45$, $y=15$
따라서 $x+y=60$

02 두 쌍의 대변이 각각 평행한 사각형은 평행사변형이므
로 두 쌍의 대각의 크기는 각각 같다.
△ABD에서
$\angle A=180°-(40°+30°)=110°$
따라서 $\angle BCD=\angle A=110°$

03 평행사변형의 두 대각선은 서로 다른 것을 이등분하므
로
$\overline{BO}=\dfrac{1}{2}\overline{BD}=\dfrac{1}{2}\times 12=6\text{ (cm)}$,

---

$\overline{CO}=\overline{AO}=4\text{ cm}$
따라서 △OBC의 둘레의 길이는
$4+6+9=19\text{ (cm)}$

04 ① 한 쌍의 대변이 평행하고 그 길이가 같다.
② 두 쌍의 대변의 길이가 각각 같다.
③ 두 쌍의 대각의 크기가 각각 같다. (단, 네 내각의
크기의 합은 360°이다.)
④ 두 쌍의 대변의 길이가 같지 않으므로 평행사변형이
아니다.
⑤ 두 대각선은 서로 다른 것을 이등분한다.

05 그림으로 표현해 보면 다음과 같다.
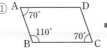 ∠D=110°이므로 두 쌍의
대각의 크기가 각각 같다.
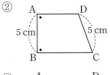
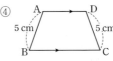 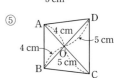

06 ① 두 쌍의 대변의 길이가 각각 같으므로 평행사변형이
다.
③ 두 대각선이 서로 다른 것을 이등분하므로 평행사변
형이다
④ 나머지 한 각의 크기가 50°이므로 두 쌍의 대각의
크기가 각각 같다. 따라서 평행사변형이다.
⑤ 엇각의 크기가 같으므로 두 쌍의 대변이 각각 평행
하다. 따라서 평행사변형이다.

07 ∠B=∠D이므로
∠MBN=∠MDN ······ ㉠
∠AMB=∠MBN (엇각),
∠DNC= ∠MDN (엇각)이므로
∠AMB= ∠DNC
∠DMB=180°-∠AMB
　　　=180°-∠DNC= ∠BND ······ ㉡
㉠, ㉡에 의하여 두 쌍의 대각의 크기가 각각 같으므로
□MBND는 평행사변형이다.

08 △AEH와 △CGF에서

$\overline{AE}=\overline{CG}$,

∠A=∠C (대각),

$\overline{AH}=\overline{CF}$

이므로 △AEH≡△CGF (SAS 합동)

즉, $\overline{EH}=\overline{GF}$ ······ ㉠

같은 방법으로 하면 △BEF≡△DGH (SAS 합동)이

므로

$\overline{EF}=\overline{GH}$ ······ ㉡

㉠, ㉡에 의하여 □EFGH는 두 쌍의 대변의 길이가

각각 같으므로 평행사변형이다.

09 △ABE와 △CDF에서

∠AEB=∠CFD=90°,

$\overline{AB}=\overline{CD}$,

∠ABE=∠CDF (엇각)(①)

이므로 △ABE≡△CDF (RHA 합동)(③)

즉, ∠BAE=∠DCF(②), $\overline{AE}=\overline{CF}$

따라서 □AECF는 한 쌍의 대변이 평행하고 그 길이

가 같으므로 평행사변형이다.(⑤)

10 오른쪽 그림과 같이 점 P를 지나
고 두 변 AB, BC에 각각 평행
한 두 선분 EF, GH를 그으면

△PDA+△PBC

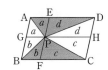

$=a+b+c+d$

$=$△PAB+△PCD

$=5+10=15\ (\text{cm}^2)$

11 △PDA : △PBC=2 : 5이므로 8 : △PBC=2 : 5

△PBC=20 cm²

따라서

□ABCD=2(△PBC+△PDA)

$=2\times(20+8)=56\ (\text{cm}^2)$

12 △OAE와 △OCF에서

∠AOE=∠COF (맞꼭지각),

$\overline{AO}=\overline{CO}$,

∠OAE=∠OCF (엇각)

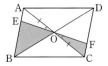

이므로 △OAE≡△OCF (ASA 합동)

즉, △OAE=△OCF이므로

△OAB=△OEB+△OAE

$=$△OEB+△OCF=15 cm²

따라서

△ABC=2△OAB=2×15

$=30\ (\text{cm}^2)$

13

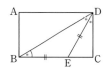

∠BDE=∠EDC=∠x라 하면

△DBE가 이등변삼각형이므로

∠DBE=∠BDE=∠x

△DBC에서

2∠x+∠x+90°=180°, 3∠x=90°, ∠x=30°

따라서 ∠DBE=∠x=30°

14 □ABCD가 마름모이므로

∠AOB=90°

△ABO에서

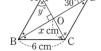

∠ABO=∠ADO=30°이므로

∠BAO=90°−30°=60°

즉, $y=60$

이때 △ABC는 정삼각형이므로

$\overline{OC}=\dfrac{1}{2}\overline{AC}=\dfrac{1}{2}\overline{BC}=\dfrac{1}{2}\times6=3\ (\text{cm})$

즉, $x=3$

따라서 $x+y=3+60=63$

15 정사각형은 네 내각의 크기가 모두 같고, 네 변의 길이
가 모두 같은 사각형이다. 따라서 두 대각선은 길이가
같고, 서로 다른 것을 수직이등분한다.

② $\overline{AD}\neq\overline{OD}$

16 △ABD는 이등변삼각형이므로

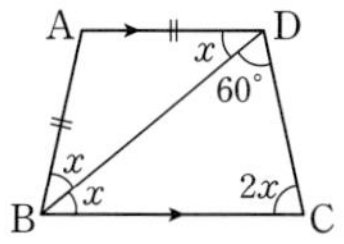

∠ABD=∠ADB=∠x라 하면

$\overline{AD}\,/\!/\,\overline{BC}$이므로

∠DBC=∠ADB=∠x (엇각)

이때 □ABCD는 등변사다리꼴이므로

∠C=∠B=2∠x

△BCD에서

60°+∠x+2∠x=180°, 3∠x=120°

∠x=40°

따라서 ∠DBC=∠x=40°

17 ①, ③, ⑤ △ABC와 △DCB에서

$\overline{AB}=\overline{DC}$, ∠ABC=∠DCB, $\overline{BC}$는 공통이므로

△ABC≡△DCB (SAS 합동)

즉, $\angle ACB=\angle DBC$이므로 $\triangle OBC$는 $\overline{OB}=\overline{OC}$인 이등변삼각형이다.

④ $\overline{AD}/\!/\overline{BC}$이므로 $\triangle ADB=\triangle DAC$

18 ① 직사각형 중에서 이웃하는 두 변의 길이가 같은 것은 정사각형이다.

⑤ 직사각형 중에서 두 대각선이 서로 수직인 것은 정사각형이다.

따라서 직사각형 ABCD가 정사각형이 되는 조건은 ①, ⑤이다.

19 ①, ② 평행사변형 중에서 두 대각선의 길이가 같은 것은 직사각형이다.

③, ④ 평행사변형 중에서 한 내각이 직각, 즉 이웃하는 두 내각의 크기가 같은 것은 직사각형이다.

⑤ 평행사변형 중에서 두 대각선이 서로 수직인 것은 마름모이다.

20 $\angle A+\angle B=180°$이므로 $\triangle ABE$에서

$\angle EAB+\angle ABE=\dfrac{1}{2}\times(\angle A+\angle B)=90°$

$\therefore \angle AEB=\angle HEF=90°$ (맞꼭지각)

같은 방법으로 하면

$\angle EFG=90°$, $\angle FGH=90°$, $\angle GHE=90°$

즉, □EFGH는 직사각형이다.

따라서 직사각형에 대한 설명으로 옳은 것은 ①, ④, ⑤이다.

21 ① 평행사변형에서 두 대각선의 길이가 같아지면 직사각형이다.

④ 평행사변형에서 이웃하는 두 변의 길이가 같아지면 네 변의 길이가 모두 같으므로 마름모이다.

22 $\overline{AC}/\!/\overline{DE}$이므로 $\triangle ACD=\triangle ACE$

따라서

$\begin{aligned}□ABCD&=\triangle ABC+\triangle ACD\\&=\triangle ABC+\triangle ACE\\&=20+8=28\,(\text{cm}^2)\end{aligned}$

23 $\overline{AC}/\!/\overline{DE}$이므로 $\triangle ACD=\triangle ACE$

이때 $\begin{aligned}\triangle FCE&=\triangle ACE-\triangle ACF\\&=\triangle ACD-\triangle ACF\\&=\triangle AFD\end{aligned}$

이고 $\triangle ABE=\triangle ABC+\triangle ACE$

$\qquad=\triangle ABC+\triangle ACD$

$\qquad=□ABCD$

따라서

$\begin{aligned}\triangle FCE&=\triangle AFD\\&=□ABCD-□ABCF\\&=40-30=10\,(\text{cm}^2)\end{aligned}$

24 $\overline{BD}:\overline{DC}=3:1$이므로

$\begin{aligned}\triangle ABD&=\dfrac{3}{4}\triangle ABC\\&=\dfrac{3}{4}\times40=30\,(\text{cm}^2)\end{aligned}$

$\overline{AE}:\overline{ED}=1:4$이므로

$\begin{aligned}\triangle EBD&=\dfrac{4}{5}\triangle ABD\\&=\dfrac{4}{5}\times30=24\,(\text{cm}^2)\end{aligned}$

기출 예상 문제

본문 54~57쪽

01 ④	**02** ②	**03** ④	**04** ㄱ, ㄷ, ㄹ
05 ②, ④	**06** ③, ④		
07 □AECG, □HBFD, □IJKL			
08 ⑤	**09** ③	**10** ④	**11** ⑤	**12** ③
13 ③, ④	**14** ⑤	**15** 30 cm	**16** ⑤
17 ②	**18** ③	**19** 마름모	**20** ④
21 ③, ⑤	**22** ①	**23** ②	**24** ③

01 □AEIG, □EBHI, □IHCF, □GIFD가 모두 평행사변형이므로

$x=\overline{BC}=\overline{BH}+\overline{HC}=\overline{BH}+\overline{IF}$

$\quad=4+6=10$

$\angle GIE$, $\angle A$는 대각으로 크기가 같으므로

$\angle y=\angle GIE=\angle A=180°-80°=100°$

따라서 $x+y=10+100=110$

02 ㄹ. 평행사변형은 두 대각선이 서로 다른 것을 이등분한다.(두 대각선의 길이가 같은 평행사변형은 직사각형이다.)

ㅁ. 평행사변형은 두 쌍의 대각의 크기가 각각 같다.(이웃하는 두 내각의 크기가 같은 평행사변형은 직사각형이다.)

03 △ABC에서

∠A=∠C이고

∠C=∠AED (동위각)

이므로 ∠A=∠AED

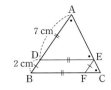

즉, △ADE는 $\overline{AD}=\overline{DE}$인 이등변삼각형이므로

$\overline{DE}=\overline{AD}=7$ cm

따라서 □DBFE의 둘레의 길이는

$2\times(2+7)=18$ (cm)

04 조건을 그림으로 표현해 보면 다음과 같다.

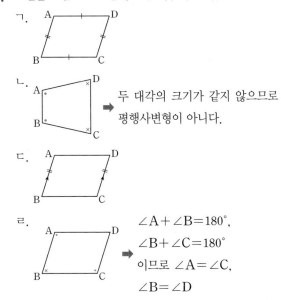

ㄴ. 두 대각의 크기가 같지 않으므로 평행사변형이 아니다.

ㄹ. ∠A+∠B=180°, ∠B+∠C=180° 이므로 ∠A=∠C, ∠B=∠D

05 ② (나머지 한 각의 크기)

$=360°-(110°+110°+80°)=60°\neq80°$

따라서 대각의 크기가 같지 않으므로 평행사변형이 아니다.

④ 한 쌍의 대변의 길이가 같지만, 평행하지 않으므로 평행사변형이 아니다.

06 ③ $\overline{AD}=\overline{BC}$, $\overline{AB}=\overline{CD}$

두 쌍의 대변의 길이가 각각 같으므로 □ABCD는 평행사변형이다.

④ $\overline{AD}=\overline{BC}$, $\overline{AD}\,/\!/\,\overline{BC}$

한 쌍의 대변이 평행하고 그 길이가 같으므로 □ABCD는 평행사변형이다.

07 (i) $\overline{AE}\,/\!/\,\overline{GC}$이고 $\overline{AE}=\dfrac{1}{2}\overline{AB}=\dfrac{1}{2}\overline{DC}=\overline{GC}$

즉, 한 쌍의 대변이 평행하고 그 길이가 같으므로 □AECG는 평행사변형이다.

(ii) $\overline{HD}\,/\!/\,\overline{BF}$이고 $\overline{HD}=\dfrac{1}{2}\overline{AD}=\dfrac{1}{2}\overline{BC}=\overline{BF}$

즉, 한 쌍의 대변이 평행하고 그 길이가 같으므로 □HBFD는 평행사변형이다.

(iii) (i)에서 □AECG가 평행사변형이므로 $\overline{AG}\,/\!/\,\overline{EC}$, 즉 $\overline{IL}\,/\!/\,\overline{JK}$

(ii)에서 □HBFD가 평행사변형이므로 $\overline{HB}\,/\!/\,\overline{DF}$, 즉 $\overline{IJ}\,/\!/\,\overline{LK}$

따라서 두 쌍의 대변이 각각 평행하므로 □IJKL는 평행사변형이다.

08 ① 한 쌍의 대변이 서로 평행하고, 그 길이가 서로 같으므로 평행사변형이다.

② 두 대각선이 서로 다른 것을 이등분하므로 평행사변형이다.

③ △ABE≡△CDF (RHA 합동) 이므로 $\overline{AE}=\overline{CF}$

∠AEF=∠CFE (엇각)이므로 $\overline{AE}\,/\!/\,\overline{CF}$

즉, 한 쌍의 대변이 서로 평행하고, 그 길이가 서로 같으므로 평행사변형이다.

④ 한 쌍의 대변이 서로 평행하고, 그 길이가 서로 같으므로 평행사변형이다.

⑤ 주어진 길이에 대한 조건으로는 평행사변형이라고 할 수 없다.

09

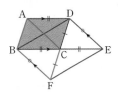

□BFED는 두 대각선이 서로 다른 것을 이등분한다.

□ABFC와 □ACED는 한 쌍의 대변이 평행하고 그 길이가 같다.

따라서 □ABCD를 제외한 평행사변형은 모두 3개이다.

10

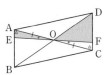

△AOE와 △COF에서

∠AOE=∠COF (맞꼭지각),

$\overline{AO}=\overline{CO}$, ∠EAO=∠FCO (엇각)

이므로 △AOE≡△COF (ASA 합동)

즉, △AOE=△COF

이때

$\triangle AOE + \triangle DOF = \triangle COF + \triangle DOF = \triangle COD$
이므로 $\square ABCD = 4\triangle COD$
따라서 $\square ABCD$의 넓이는 $\triangle AOE$와 $\triangle DOF$의 넓이의 합의 4배이다.

11 $\triangle PAB : \triangle PCD = 2 : 3$이므로
$12 : \triangle PCD = 2 : 3$
$\triangle PCD = 18$ cm^2
오른쪽 그림과 같이 점 P를 지나고 두 변 AB, BC에 각각 평행한 두 선분 EG, FH를 그으면

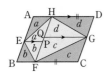

$\triangle PAB + \triangle PCD = a + b + c + d$
$\qquad\qquad\qquad = \triangle PBC + \triangle PDA$
따라서
$\square ABCD = 2(\triangle PAB + \triangle PCD)$
$\qquad\qquad = 2 \times (12 + 18) = 60$ (cm^2)

12

그림과 같이 $\overline{HF}$를 긋고 점 E와 점 G에서 $\overline{AD}$에 평행한 선분을 그어 $\overline{HF}$와 만나는 점을 각각 P, Q라 하면 $\square AEPH$, $\square EBFP$, $\square QFCG$, $\square HQGD$는 모두 평행사변형이다.
이때 $\triangle AEH = \triangle PHE$, $\triangle EBF = \triangle FPE$, $\triangle FGQ = \triangle GFC$, $\triangle HQG = \triangle GDH$
이므로
$\square ABCD = 2(a + b + c + d)$
$\qquad\qquad = 2\square EFGH = 2 \times 50$
$\qquad\qquad = 100$ (cm^2)

13 두 대각선이 서로 다른 것을 수직이등분하는 것은 정사각형과 마름모이다.

14 $\triangle DEB$는 $\overline{DB} = \overline{DE}$인 이등변삼각형이므로
$\angle DBE = \angle DEB$
$\qquad\qquad = \dfrac{1}{2} \times (180° - 20°) = 80°$
이때 $\angle ABD = \angle DBC = 45°$이므로
$\angle EBF = \angle DBE - \angle DBF$
$\qquad\qquad = 80° - 45° = 35°$

15 $\angle OBC = \angle CDO = 30°$이고 $\overline{AC} \perp \overline{BD}$이므로
$\angle DCO = \angle BCO = 90° - 30° = 60°$
즉, $\triangle ABC$는 정삼각형이다.
따라서 $\triangle ABC$의 둘레의 길이는
$10 \times 3 = 30$ (cm)

16 $\triangle DAC$는 $\overline{AD} = \overline{CD}$인 이등변삼각형이므로
$\angle DCA = \angle DAC = 35°$
$\overline{AD} /\!/ \overline{BC}$이므로 $\angle ACB = \angle DAC = 35°$ (엇각)
$\square ABCD$는 등변사다리꼴이므로
$\angle ABC = \angle DCB = \angle ACB + \angle DCA$
$\qquad\qquad = 35° + 35° = 70°$
따라서
$\angle BAC = 180° - (70° + 35°) = 75°$

17

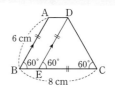

그림과 같이 점 D에서 $\overline{AB}$에 평행한 직선을 그어 $\overline{BC}$와 만나는 점을 E라 하면
$\square ABED$는 평행사변형이므로
$\overline{DE} = \overline{AB} = 6$ cm, $\angle DEC = \angle B = 60°$
이때 $\angle C = \angle B = 60°$이므로 $\triangle DEC$는 정삼각형이다.
즉, $\overline{DE} = \overline{EC} = \overline{CD} = 6$ cm
따라서 $\overline{AD} = \overline{BE} = 8 - 6 = 2$ (cm)

18

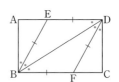

$\square EBFD$는 마름모이므로
$\overline{EB} = \overline{BF} = \overline{FD} = \overline{DE}$
즉, $\triangle EBD$, $\triangle FDB$는 이등변삼각형이므로
$\angle EBD = \angle EDB$, $\angle FBD = \angle FDB$
이때 $\overline{AD} /\!/ \overline{BC}$이므로 $\angle EDB = \angle FBD$
즉, $\angle EDB = \angle FDB = \angle FDC$
따라서 $3\angle EDB = 90°$이므로
$\angle EDB = 30°$

19 $\angle ADB = \angle CBD$ (엇각), $\angle ABD = \angle CBD$이므로
$\angle ABD = \angle ADB$
즉, $\triangle ABD$는 $\overline{AB} = \overline{AD}$인 이등변삼각형이다.

따라서 이웃하는 두 변의 길이가 같은 평행사변형이므로 □ABCD는 마름모이다.

20 $\angle A + \angle B = 180°$이므로

$\dfrac{1}{2}(\angle A + \angle B) = 90°$

$\triangle ABE$에서 $\angle AEB = 180° - 90° = 90°$

따라서 $\angle HEF = \angle AEB = 90°$ (맞꼭지각)

21 ① 사각형 ② 평행사변형

➡ 평행사변형 ➡ 평행사변형

③ 직사각형 ➡ 마름모 ④ 마름모 ➡ 직사각형

⑤ 등변사다리꼴 ➡ 마름모

22 $\triangle ABC$에서 $\overline{AO} : \overline{CO} = 3 : 4$이므로

$\triangle OAB : \triangle OBC = 3 : 4$

즉, $\triangle OAB = \dfrac{3}{4}\triangle OBC$

$\qquad = \dfrac{3}{4} \times 16 = 12\ (\text{cm}^2)$

이때 $\triangle OCD = \triangle OAB = 12\ \text{cm}^2$

$\triangle ACD$에서 $\overline{AO} : \overline{CO} = 3 : 4$이므로

$\triangle ODA : \triangle OCD = 3 : 4$

따라서

$\triangle ODA = \dfrac{3}{4}\triangle OCD$

$\qquad = \dfrac{3}{4} \times 12 = 9\ (\text{cm}^2)$

23

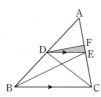

$\overline{BC}\,/\!/\,\overline{DE}$이므로 $\triangle DCE = \triangle DBE$

$\triangle DCF = \triangle DCE + \triangle FDE$

$\qquad = \triangle DBE + \triangle FDE$

$\qquad = \square DBEF = 20\ \text{cm}^2$

$\overline{EF} : \overline{CE} = 1 : 4$이므로

$\triangle FDE : \triangle DCE = 1 : 4$

따라서

$\triangle FDE = \dfrac{1}{5}\triangle DCF = \dfrac{1}{5} \times 20 = 4\ (\text{cm}^2)$

24 $\triangle ACD = \dfrac{1}{2}\square ABCD$

$\overline{DE} = 2\overline{CE}$이므로 $\overline{DE} : \overline{CE} = 2 : 1$

따라서

$\triangle ACE = \dfrac{1}{3}\triangle ACD$

$\qquad = \dfrac{1}{3} \times \dfrac{1}{2}\square ABCD$

$\qquad = \dfrac{1}{6}\square ABCD$

고난도 집중 연습

본문 58~59쪽

1 3 cm² **1-1** 4 cm² **2** 60 cm² **2-1** 75 cm²

3 55° **3-1** 30° **4** 8 cm **4-1** 4 cm

1

풀이 전략 $\triangle ACE$와 $\triangle ACD$는 높이가 같고, 밑변의 길이의 비가 1 : 2이므로 넓이의 비가 1 : 2임을 이용한다.

$\triangle ACE = \dfrac{1}{2}\triangle ACD = \dfrac{1}{4}\square ABCD$

$\qquad = \dfrac{1}{4} \times 72 = 18\ (\text{cm}^2)$

$\overline{OA} = \overline{OC}$이므로

$\triangle AOE = \dfrac{1}{2}\triangle ACE = \dfrac{1}{2} \times 18 = 9\ (\text{cm}^2)$

$\overline{AF} : \overline{EF} = 2 : 1$이므로

$\triangle AOF : \triangle EFO = 2 : 1$

따라서

$\triangle EFO = \dfrac{1}{3}\triangle AOE = \dfrac{1}{3} \times 9 = 3\ (\text{cm}^2)$

1-1

풀이 전략 높이가 같은 삼각형은 밑변의 길이의 비가 넓이의 비임을 이용한다.

$\triangle AMD = \dfrac{1}{2}\triangle ACD = \dfrac{1}{2} \times \dfrac{1}{2}\square ABCD$

$\qquad = \dfrac{1}{2} \times \dfrac{1}{2} \times 48 = 12\ (\text{cm}^2)$

$\overline{AN} : \overline{NM} = 2 : 1$이므로

$\triangle AND : \triangle DNM = 2 : 1$

따라서

$\triangle DNM = \dfrac{1}{3}\triangle AMD = \dfrac{1}{3} \times 12 = 4 \ (\text{cm}^2)$

2

풀이 전략 $\triangle AFO \equiv \triangle DEO$임을 이용한다.

$\triangle AFO$와 $\triangle DEO$에서

$\angle OAF = \angle ODE = 45°$,

$\overline{OA} = \overline{OD}$,

$\angle AOF = 90° - \angle AOE = \angle DOE$

이므로 $\triangle AFO \equiv \triangle DEO$ (ASA 합동)

즉, $\triangle AFO = \triangle DEO$

이때 $\square AFOE = \triangle AFO + \triangle AOE$

$\qquad\qquad = \triangle DEO + \triangle AOE$

$\qquad\qquad = \triangle AOD$

$\qquad\qquad = \dfrac{1}{4}\square ABCD$

따라서

$\square ABCD = 4\square AFOE = 4 \times 15$

$\qquad\qquad = 60 \ (\text{cm}^2)$

2-1

풀이 전략 $\triangle OEC \equiv \triangle OID$임을 이용한다.

$\triangle OEC$와 $\triangle OID$에서

$\angle OCE = \angle ODI = 45°$,

$\overline{OC} = \overline{OD}$,

$\angle EOC = 90° - \angle COI = \angle IOD$

이므로 $\triangle OEC \equiv \triangle OID$ (ASA 합동)

즉, $\triangle OEC = \triangle OID$

이때 $\square OECI = \triangle OEC + \triangle OCI$

$\qquad\qquad = \triangle OID + \triangle OCI$

$\qquad\qquad = \triangle OCD$

$\qquad\qquad = \dfrac{1}{4}\square ABCD$

$\qquad\qquad = \dfrac{1}{4} \times 10 \times 10 = 25 \ (\text{cm}^2)$

따라서 색칠한 부분의 넓이는

$\square OFGH - \square OECI = 100 - 25 = 75 \ (\text{cm}^2)$

3

풀이 전략 $\triangle ABP \equiv \triangle CBQ$임을 이용한다.

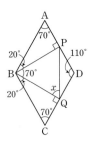

$\triangle ABP$와 $\triangle CBQ$에서

$\angle APB = \angle CQB = 90°$,

$\overline{AB} = \overline{CB}$,

$\angle A = \angle C = 70°$

이므로 $\triangle ABP \equiv \triangle CBQ$ (RHA 합동)

즉, $\angle ABP = \angle CBQ$

$\qquad\qquad = 90° - 70° = 20°$

이때

$\angle ABC = 180° - \angle C = 180° - 70° = 110°$,

$\angle PBQ = 110° - 2 \times 20° = 70°$

이고 $\triangle BQP$는 $\overline{BP} = \overline{BQ}$인 이등변삼각형이다.

따라서

$\angle BQP = \angle BPQ$

$\qquad\qquad = \dfrac{1}{2} \times (180° - 70°) = 55°$

3-1

풀이 전략 $\triangle BCE \equiv \triangle DCF$임을 이용한다.

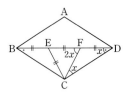

$\triangle BCE$와 $\triangle DCF$에서

$\overline{BE} = \overline{DF}$,

$\angle EBC = \angle FDC$,

$\overline{BC} = \overline{CD}$

이므로 $\triangle BCE \equiv \triangle DCF$ (SAS 합동)

즉, $\overline{EC} = \overline{FC}$이고 $\triangle ECF$는 정삼각형이므로

$\angle CFE = 60°$

이때 $\triangle CDF$는 $\overline{CF} = \overline{DF}$인 이등변삼각형이므로

$\angle FCD = \angle CDF = \angle x$라 하면

$\angle CFE = \angle x + \angle x = 2\angle x = 60°$

따라서 $\angle CDF = \angle x = 30°$

4

풀이 전략 $\triangle DCE \equiv \triangle GBE$임을 이용한다.

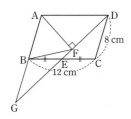

그림과 같이 $\overline{AB}$의 연장선과 $\overline{DE}$의 연장선이 만나는 점을 G라 하면 △DCE와 △GBE에서

∠DEC=∠GEB (맞꼭지각),

$\overline{EC}=\overline{EB}$,

∠DCE=∠GBE (엇각)

이므로 △DCE≡△GBE (ASA 합동)

즉, $\overline{DC}=\overline{GB}=\overline{AB}$

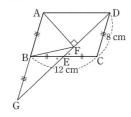

이때 △AGF는 직각삼각형이고, 점 B는 직각삼각형 AGF 의 외심이므로

$\overline{AB}=\overline{BG}=\overline{BF}$

따라서 $\overline{BF}=8$ cm

4-1

풀이 전략 △BCE≡△GDE임을 이용한다.

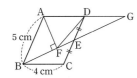

그림과 같이 $\overline{AD}$의 연장선과 $\overline{BE}$의 연장선이 만나는 점을 G라 하면 △BCE와 △GDE에서

∠BEC=∠GED (맞꼭지각),

$\overline{EC}=\overline{ED}$,

∠ECB=∠EDG (엇각)

이므로 △BCE≡△GDE (ASA 합동)

즉, $\overline{BC}=\overline{GD}=\overline{AD}$

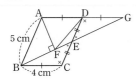

이때 △AFG는 직각삼각형이고, 점 D는 직각삼각형 AFG 의 외심이므로 $\overline{AD}=\overline{DG}=\overline{DF}$

따라서 $\overline{DF}=4$ cm

서술형 집중 연습

예제 1 50°	유제 1 50°
예제 2 11 cm	유제 2 10 cm
예제 3 95°	유제 3 30°
예제 4 20π cm^2	유제 4 2π cm^2

예제 1

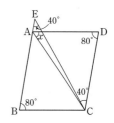

∠AEC= $\boxed{\text{∠DCE}}$ = $\boxed{40}$ ° (엇각)

∠ECA=$\dfrac{1}{4}$× $\boxed{\text{∠DCE}}$ =$\dfrac{1}{4}$× $\boxed{40}$ = $\boxed{10}$ ° ··· 1단계

∴ ∠DCA=40°+10°= $\boxed{50}$ ° ··· 2단계

∠D=∠B= $\boxed{80}$ °이므로

△ACD에서

∠x=180°− $\boxed{(50°+80°)}$ = $\boxed{50}$ ° ··· 3단계

채점 기준표

단계	채점 기준	비율
1단계	∠ECA의 크기를 구한 경우	40 %
2단계	∠DCA의 크기를 구한 경우	20 %
3단계	∠x의 크기를 구한 경우	40 %

유제 1

∠ECB=∠AEC=30° (엇각)이므로

∠ACB=2×30°=60° ··· 1단계

∠B=∠D=70° (대각) ··· 2단계

△ABC에서

∠BAC=180°−(60°+70°)=50° ··· 3단계

채점 기준표

단계	채점 기준	비율
1단계	∠ACB의 크기를 구한 경우	40 %
2단계	∠B의 크기를 구한 경우	20 %
3단계	∠BAC의 크기를 구한 경우	40 %

예제 2

∠ADE=∠BDE이고,

∠ADE= $\boxed{\text{∠BED}}$ (엇각)이므로

∠BDE= $\boxed{\text{∠BED}}$

즉, △DEB가 이등변삼각형이므로 ··· 1단계

$\overline{BD}=\boxed{\overline{BE}}$

$\overline{BD}=2\times\boxed{\overline{DO}}=\boxed{8}\ \text{cm}=\overline{BE}$ ··· 2단계

따라서

$\overline{CE}=\overline{BC}+\boxed{\overline{BE}}=3+8=\boxed{11}\ \text{cm}$ ··· 3단계

채점 기준표

단계	채점 기준	비율
1단계	△DEB가 이등변삼각형임을 보인 경우	20 %
2단계	$\overline{BD}$의 길이를 구한 경우	40 %
3단계	$\overline{CE}$의 길이를 구한 경우	40 %

유제 2

$\angle DAE=\angle CAE$이고,

$\angle DAE=\angle CEA$ (엇각)이므로

$\angle CAE=\angle CEA$

즉, △ACE가 이등변삼각형이므로 ··· 1단계

$\overline{AC}=\overline{CE}$ ··· 2단계

따라서

$\overline{CE}=\overline{AC}=2\times\overline{AO}=2\times5=10\ (\text{cm})$ ··· 3단계

채점 기준표

단계	채점 기준	비율
1단계	△ACE가 이등변삼각형임을 보인 경우	20 %
2단계	$\overline{CE}$와 길이가 같은 변을 찾은 경우	40 %
3단계	$\overline{CE}$의 길이를 구한 경우	40 %

예제 3

△PBC와 △PDC에서

$\overline{PC}$는 공통,

$\angle PCB=\boxed{\angle PCD}=45°$,

$\overline{BC}=\boxed{\overline{DC}}$

이므로 △PBC≡$\boxed{\text{△PDC}}$ (SAS 합동)

즉, $\angle BPC=\boxed{\angle DPC}=70°$

$\angle QPB=180°-\boxed{70}°\times2=\boxed{40}°$ ··· 1단계

△PQC에서

$\angle PQB=180°-\boxed{70}°-\boxed{45}°-\boxed{40}°$

$=\boxed{25}°$ ··· 2단계

따라서 $\angle x+\angle y=25°+70°=\boxed{95}°$ ··· 3단계

채점 기준표

단계	채점 기준	비율
1단계	$\angle QPB$의 크기를 구한 경우	40 %
2단계	$\angle PQB$의 크기를 구한 경우	40 %
3단계	$\angle x+\angle y$의 크기를 구한 경우	20 %

유제 3

△ABF에서 $\angle AFB=180°-90°-60°=30°$

△ABE와 △CBE에서

$\overline{AB}=\overline{CB}$,

$\angle ABE=\angle CBE=45°$,

$\overline{BE}$는 공통

이므로 △ABE≡△CBE (SAS 합동)

즉, $\angle BCE=\angle BAE=60°$이고 ··· 1단계

$\angle AEB=\angle CEB$

$=180°-45°-60°=75°$ ··· 2단계

따라서

$\angle CEF=180°-75°\times2=30°$ ··· 3단계

채점 기준표

단계	채점 기준	비율
1단계	$\angle BCE$의 크기를 구한 경우	40 %
2단계	$\angle AEB$의 크기를 구한 경우	40 %
3단계	$\angle CEF$의 크기를 구한 경우	20 %

예제 4

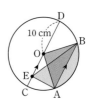

$\overline{AB}\ /\!/\ \overline{CD}$이므로

△EAB=$\boxed{\text{△OAB}}$ ··· 1단계

따라서

(색칠한 부분의 넓이)

=(부채꼴 OAB의 넓이)

$=\boxed{\dfrac{1}{5}}\times\pi\times\boxed{10}^2$ ··· 2단계

$=\boxed{20\pi}\ (\text{cm}^2)$ ··· 3단계

채점 기준표

단계	채점 기준	비율
1단계	△EAB와 넓이가 같은 삼각형을 찾은 경우	20 %
2단계	넓이 구하는 식을 세운 경우	40 %
3단계	색칠한 부분의 넓이를 구한 경우	40 %

유제 4

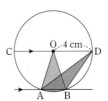

$\overline{AB}\,/\!/\,\overline{CD}$이므로

$\triangle DAB = \triangle OAB$ ··· **1단계**

따라서

(색칠한 부분의 넓이)

=(부채꼴 OAB의 넓이)

$=\dfrac{1}{8}\times\pi\times 4^2$ ··· **2단계**

$=2\pi\,(\text{cm}^2)$ ··· **3단계**

채점 기준표

단계	채점 기준	비율
1단계	$\triangle DAB$와 넓이가 같은 삼각형을 찾은 경우	20 %
2단계	넓이 구하는 식을 세운 경우	40 %
3단계	색칠한 부분의 넓이를 구한 경우	40 %

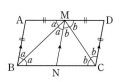

본문 62~64쪽

중단원 실전 테스트 1회

01 ③ **02** ④ **03** ② **04** ①, ④

05 ①, ⑤ **06** ⑤ **07** ②, ③ **08** ③ **09** ①

10 ⑤ **11** ② **12** ③ **13** 60° **14** 99

15 100° **16** 49 cm²

01 ③ $\angle ABD \neq \angle CBD$, $\angle BAO \neq \angle DAO$

02 $\overline{AB}=\dfrac{1}{2}\overline{BC}$이므로

$\overline{AB}=\overline{AM}=\overline{MD}=\overline{CD}$

그림과 같이 $\overline{AB}\,/\!/\,\overline{MN}$이 되도록 $\overline{MN}$을 그으면

$\angle AMB = \angle ABM$ (이등변삼각형)

$\angle AMB = \angle ABM = \angle MBN = \angle BMN = \angle a$,

$\angle DMC = \angle DCM = \angle NMC = \angle MCN = \angle b$라 하

면 $\angle B + \angle C = 180°$에서

$2\angle a + 2\angle b = 180°$, $\angle a + \angle b = 90°$

따라서

$\angle BMC = \angle BMN + \angle NMC$

$\qquad\quad = \angle a + \angle b = 90°$

03

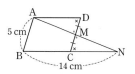

$\triangle MDA$와 $\triangle MCN$에서

$\angle ADM = \angle NCM$ (엇각),

$\overline{DM}=\overline{CM}$,

$\angle AMD = \angle NMC$ (맞꼭지각)

이므로 $\triangle MDA \equiv \triangle MCN$ (ASA 합동)

즉, $\overline{AD}=\overline{NC}$

이때 $\overline{AD}=\overline{BC}$이므로

$\overline{AD}=\overline{BC}=\overline{NC}$

따라서

$\overline{AD}=\dfrac{1}{2}\overline{BN}=\dfrac{1}{2}\times 14 = 7\,(\text{cm})$

04 □AECF에서

$\overline{OA}=\overline{OC}$이고 (②)

$\overline{OE}=\overline{OB}-\overline{BE}=\overline{OD}-\overline{DF}=\overline{OF}$

즉, 두 대각선이 서로 다른 것을 이등분하므로

□AECF는 평행사변형이다.(⑤)

$\triangle OAF$와 $\triangle OCE$에서

$\overline{OA}=\overline{OC}$, $\angle AOF = \angle COE$, $\overline{OF}=\overline{OE}$

이므로 $\triangle OAF \equiv \triangle OCE$ (SAS 합동) (③)

따라서 옳지 않은 것은 ①, ④이다.

05 ① 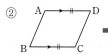 ➡ 평행사변형이 아니다.

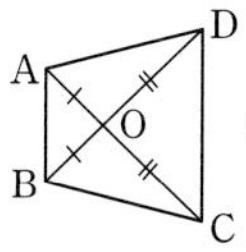

② 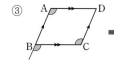 ➡ 한 쌍의 대변이 평행하고, 그 길이가 같으므로 평행사변형이다.

③ 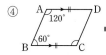 ➡ 두 쌍의 대변이 평행하므로 평행사변형이다.

④ ➡ 한 쌍의 대변이 평행하고, 그 길이가 같으므로 평행사변형이다.

⑤ 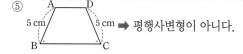 ➡ 평행사변형이 아니다.

06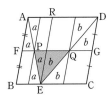

그림과 같이 세 점 P, E, Q를 지나고 $\overline{AB}$에 평행한 세 선분을 각각 그으면

평행사변형에 대각선을 그었을 때 생기는 삼각형의 넓이는 같으므로

$\triangle AFP + \triangle PEQ + \triangle DQG$

$= \dfrac{2}{8} \times (\square ABER + \square RECD)$

$= \dfrac{1}{4} \square ABCD$

따라서

$\triangle PEQ = \dfrac{1}{2} \times (\triangle AFP + \triangle PEQ + \triangle DQG)$

$\qquad = \dfrac{1}{8} \square ABCD$

07 $\square ABCD$는 대변의 길이가 각각 같으므로 평행사변형이다.

평행사변형이 직사각형이 되는 경우는 한 내각이 직각이거나 두 대각선의 길이가 같은 경우이다.

08 $\angle B = \dfrac{1}{2} \angle A$이므로 $\angle A = 2 \angle B$

$\angle A + \angle B = 180°$이므로

$2 \angle B + \angle B = 180°$, $\angle B = 60°$

즉, $\triangle ABF$는 정삼각형이다.

이때 $\overline{AF} = \overline{BF} = \overline{AB} = 10$ cm,

$\overline{CF} = 12 - 10 = 2$ (cm)

따라서 $\square AFCE$는 평행사변형이므로

($\square AFCE$의 둘레의 길이)

$= 2 \times (10 + 2) = 24$ (cm)

09 $\square AECF$는 두 쌍의 대변이 각각 평행하고, $\overline{AC} \perp \overline{EF}$이므로 마름모이다.

$\overline{CF} = 18 - 5 = 13$ (cm)

따라서 $\square AECF$의 둘레의 길이는

$4 \times 13 = 52$ (cm)

10 $\angle DFG = 180° - 130° = 50°$

$\triangle AED$와 $\triangle DFC$에서

$\overline{AD} = \overline{DC}$,

$\angle DAE = \angle CDF = 90°$,

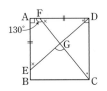

$\overline{AE} = \overline{DF}$

이므로 $\triangle AED \equiv \triangle DFC$ (SAS 합동)

즉, $\angle ADE = \angle DCF$

$\triangle DFC$에서

$\angle DCF = 180° - (90° + 50°) = 40°$

$\qquad = \angle ADE$

따라서

$\angle EGC = \angle FGD$ (맞꼭지각)

$\qquad = 180° - (40° + 50°) = 90°$

다른 풀이 $\triangle AED \equiv \triangle DFC$이므로

$\angle ADE = \angle DCF$, $\angle AED = \angle DFC$

이때

$\angle ADE + \angle DFC = \angle DCF + \angle DFC = 90°$

따라서

$\angle EGC = \angle FGD = 90°$

11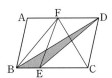

$\overline{AF} : \overline{FD} = 3 : 4$이므로

$\triangle ABF : \triangle FCD = 3 : 4$

이때 $\triangle ABF = \dfrac{3}{4} \triangle FCD$

$\qquad = \dfrac{3}{4} \times 12 = 9$ (cm^2)

$\triangle ABD = \triangle ABF + \triangle FBD$

$\qquad = \triangle ABF + \triangle FCD$

$\qquad = 9 + 12 = 21$ (cm^2)

$\triangle DBC$에서 $\overline{BE} : \overline{EC} = 1 : 2$이므로

$\triangle DBE : \triangle DEC = 1 : 2$

따라서

$\triangle DBE = \dfrac{1}{3} \triangle DBC = \dfrac{1}{3} \triangle ABD$

$\qquad = \dfrac{1}{3} \times 21 = 7$ (cm^2)

12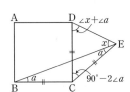

$\angle DEB = \angle x$, $\angle EBC = \angle CEB = \angle a$라 하면

$\angle CDE = \angle CED = \angle x + \angle a$,

$\angle DCE = (180° - 2\angle a) - 90° = 90° - 2\angle a$

$\triangle DCE$에서

$2(\angle x+\angle a)+90^\circ-2\angle a=180^\circ$이므로

$2\angle x=90^\circ$, $\angle x=45^\circ$

따라서 $\angle DEB=\angle x=45^\circ$

13

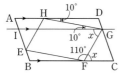

그림과 같이 점 G를 지나고 $\overline{AD}$에 평행한 직선이 $\overline{AB}$와 만나는 점을 I라 하면

$\angle HGI=\angle DHG=10^\circ$ (엇각)　　　··· 1단계

$\angle IGF=\angle GFC=\angle x$ (엇각)

이때 $\angle HGF+\angle GFE=180^\circ$이므로

$(10^\circ+\angle x)+110^\circ=180^\circ$　　　··· 2단계

따라서 $\angle x=180^\circ-120^\circ=60^\circ$　　　··· 3단계

채점 기준표

단계	채점 기준	비율
1단계	$\angle HGI$의 크기를 구한 경우	40 %
2단계	$\angle x$의 관계식을 구한 경우	40 %
3단계	$\angle x$의 크기를 구한 경우	20 %

14　$\angle ABO=\angle CBO=30^\circ$이므로

$\angle ABC=60^\circ$,

$\angle BAC=\angle BCA=\dfrac{1}{2}\times(180^\circ-60^\circ)=60^\circ$

즉, $\triangle ABC$는 정삼각형이므로

$\overline{AB}=\overline{BC}=\overline{CA}$

이때 $x=6$, $y=\dfrac{1}{2}\times6=3$　　　··· 1단계

마름모의 대각선은 서로 다른 것을 수직이등분하므로

$\angle AOB=90^\circ$, 즉 $z=90$　　　··· 2단계

따라서 $x+y+z=6+3+90=99$　　　··· 3단계

채점 기준표

단계	채점 기준	비율
1단계	x, y의 값을 구한 경우	40 %
2단계	z의 값을 구한 경우	40 %
3단계	$x+y+z$의 값을 구한 경우	20 %

15　$\triangle ABC$와 $\triangle DCB$에서

$\overline{AB}=\overline{DC}$,

$\angle ABC=\angle DCB$,

$\overline{BC}$는 공통

이므로 $\triangle ABC\equiv\triangle DCB$ (SAS 합동)

즉, $\angle ACB=\angle DBC=50^\circ$

한편 $\overline{AE}\,//\,\overline{DB}$이므로

$\angle x=\angle DBC=50^\circ$ (동위각)　　　··· 1단계

$\overline{AC}\,//\,\overline{DF}$이므로

$\angle y=\angle ACB=50^\circ$ (동위각)　　　··· 2단계

따라서 $\angle x+\angle y=100^\circ$　　　··· 3단계

채점 기준표

단계	채점 기준	비율
1단계	$\angle x$의 크기를 구한 경우	40 %
2단계	$\angle y$의 크기를 구한 경우	40 %
3단계	$\angle x+\angle y$의 크기를 구한 경우	20 %

16　$\overline{AD}\,//\,\overline{BC}$이므로

$\triangle ABD=\triangle ACD=21\ cm^2$

$\overline{OA}:\overline{OC}=3:4$이므로

$\triangle DOC=\dfrac{4}{7}\triangle ACD=\dfrac{4}{7}\times21=12\ (cm^2)$

$=\triangle AOB$　　　··· 1단계

$\triangle AOB:\triangle COB=3:4$이므로

$\triangle COB=\dfrac{4}{3}\triangle AOB$

$=\dfrac{4}{3}\times12=16\ (cm^2)$　　　··· 2단계

따라서

$\square ABCD=\triangle AOB+\triangle BOC+\triangle ACD$

$=12+16+21=49\ (cm^2)$　　　··· 3단계

채점 기준표

단계	채점 기준	비율
1단계	$\triangle DOC$의 넓이를 구한 경우	40 %
2단계	$\triangle COB$의 넓이를 구한 경우	40 %
3단계	$\square ABCD$의 넓이를 구한 경우	20 %

중단원 실전 테스트 2회　　　본문 65~67쪽

01 ④, ⑤　**02** ③　**03** ③　**04** ②　**05** ①

06 ④　**07** ②, ③　**08** ①, ③　**09** ①　**10** ⑤

11 ①, ③　**12** 평행사변형　**13** 110°

14 32 cm²　**15** 4 cm　**16** 45°

01　④ 두 쌍의 대각의 크기가 각각 서로 같으므로 평행사변형이다.

⑤ 엇각의 크기가 같으므로 한 쌍의 대변이 서로 평행하다. 이때 그 평행한 대변의 길이가 서로 같으므로 평행사변형이다.

02 $\overline{AD} /\!/ \overline{BC}$이므로

∠ACB=∠DAC=40° (엇각)

△OBC에서

∠x=∠OBC+∠OCB=30°+40°=70°

$\overline{AB} /\!/ \overline{DC}$이므로

∠ABD=∠CDB=∠y (엇각)

△ABO에서

∠y=180°−(∠OAB+∠AOB)

　　=180°−(60°+70°)=50°

따라서

∠x+∠y=70°+50°=120°

03 ∠ABD=∠DBA′=50° (접은 각),

∠BDC=∠ABD=50° (엇각)

이므로 △BFD에서

∠DFA′=180°−(50°+50°)=80°

04 △AQP와 △CSR에서

$\overline{AQ}=\overline{CS}$,

∠A=∠C,

$\overline{AP}=\overline{CR}$

이므로 △AQP≡△CSR (SAS 합동)

즉, $\overline{PQ}=\overline{RS}$

같은 방법으로 하면 △BRQ≡△DPS (SAS 합동)

이므로 $\overline{RQ}=\overline{PS}$

따라서 두 쌍의 대변의 길이가 각각 같으므로

□PQRS가 평행사변형이다.

05 △ABP와 △CDQ에서

∠APB=∠CQD=90°,

$\overline{AB}=\overline{CD}$,

∠BAP=∠DCQ (엇각)

이므로 △ABP≡△CDQ (RHA 합동)

즉, $\overline{BP}=\overline{DQ}$ ...... ㉠

이때 ∠BPQ=∠DQP=90°이므로 엇각의 크기가 같다.

즉, $\overline{BP} /\!/ \overline{DQ}$ ...... ㉡

㉠, ㉡에 의하여 한 쌍의 대변의 길이가 같고 평행하므로 □PBQD는 평행사변형이다.

또 △DPQ는 직각삼각형이므로

∠DPC=180°−(90°+50°)

　　　　=40°

06

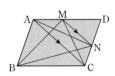

$\overline{AB} /\!/ \overline{DC}$이므로 △BCN=△ACN

$\overline{AC} /\!/ \overline{MN}$이므로 △ACN=△ACM

∴ △ACM=△BCN=9 cm²

$\overline{AM}:\overline{MD}$=3:4이므로

△ACM : △ACD=3:7

이때 △ACD=$\dfrac{7}{3}$×△ACM

　　　　　　=$\dfrac{7}{3}$×9=21 (cm²)

따라서

□ABCD=2△ACD=2×21=42 (cm²)

07 ② $\overline{AB}=\overline{AD}$이면 이웃하는 두 변의 길이가 같으므로 마름모이다.

③ ∠B=∠C이면 한 내각이 직각이 되므로 직사각형이다.

08 ∠DAC=∠BCA이므로

∠DAP=∠PAC

　　　　=∠ACQ

　　　　=∠QCB

△APD와 △CQB에서

∠D=∠B=90°,

$\overline{AD}=\overline{CB}$, ∠DAP=∠BCQ

이므로 △APD≡△CQB (ASA 합동)

즉, $\overline{AP}=\overline{CQ}$ (①)

∠PAC=∠ACQ이므로 $\overline{AP} /\!/ \overline{CQ}$이다.

따라서 □AQCP는 평행사변형이다.

∴ $\overline{OA}=\overline{OC}$, $\overline{OP}=\overline{OQ}$ (③)

09

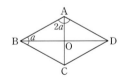

∠ABC=∠a라 하면 ∠DAB=2∠a

∠DAB+∠ABC=2∠a+∠a=180°이므로

∠a=60°=∠ABC

즉, △ABC는 정삼각형이므로

$\overline{AC}=\overline{AB}=\dfrac{32}{4}$=8 (cm)

따라서 $\overline{AO}=\dfrac{1}{2}\overline{AC}=\dfrac{1}{2}$×8=4 (cm)

10

$\overline{AD}=\overline{DO}=\overline{CO}$이므로 △OCD는 정삼각형이다.

즉, $\angle OCD=\angle ODC=60°$

$\therefore \angle ODA=90°-60°=30°$

△DAO에서

$\angle DOA=\dfrac{1}{2}\times(180°-30°)=75°$

따라서

$\angle AOB=360°-(75°+75°+60°)=150°$

11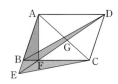

$\overline{AD}/\!/\overline{BC}$이므로 △ABF=△DBF (①)

$\overline{AE}/\!/\overline{DC}$이므로 △DBE=△CBE

$\begin{aligned}△DBF&=△DBE-△FBE\\&=△CBE-△FBE\\&=△CFE\end{aligned}$

따라서 △ABF=△DBF=△CFE (③)

12 △ABC와 △DBE에서

$\overline{AB}=\overline{DB}$,

$\angle ABC=60°-\angle EBA=\angle DBE$,

$\overline{BC}=\overline{BE}$

이므로 △ABC≡△DBE (SAS 합동)

즉, $\overline{AC}=\overline{DE}$이므로 $\overline{AF}=\overline{DE}$

같은 방법으로 하면

△ABC≡△FEC (SAS 합동)이므로

$\overline{AB}=\overline{FE}$

즉, $\overline{AD}=\overline{EF}$

따라서 □AFED는 평행사변형이다.

13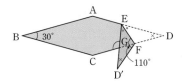

□ABCD는 마름모이므로

$\angle ADC=\angle ABC=30°$

$\angle EFD=\angle EFD'=110°$ (접은 각)

△DEF에서

$\angle DEF=180°-(110°+30°)=40°$

$\angle D'EF=\angle DEF=40°$ (접은 각)이므로

$\angle AED'=180°-(40°+40°)=100°$ ··· **1단계**

이때 마름모는 대각의 크기가 같으므로

$\angle A=\angle C$

$\qquad=\dfrac{1}{2}\times(360°-30°\times 2)=150°$ ··· **2단계**

오각형 ABCGE의 내각의 크기의 합은 540°이므로

$\angle EGC=540°-(30°+150°\times 2+100°)$

$\qquad\quad=110°$ ··· **3단계**

다른 풀이 △EGF에서 $\angle GEF=40°$

$\angle EFG=180°-\angle EFD=180°-110°=70°$

삼각형의 한 외각의 크기는 그와 이웃하지 않는 두 내각의 크기의 합과 같으므로 △EGF에서

$\angle EGC=\angle GEF+\angle EFG$

$\qquad\quad=40°+70°=110°$

채점 기준표

단계	채점 기준	비율
1단계	$\angle AED'$의 크기를 구한 경우	40 %
2단계	$\angle A$의 크기를 구한 경우	20 %
3단계	$\angle EGC$의 크기를 구한 경우	40 %

14 $\overline{PB}:\overline{PD}=3:1$이므로

△PBC : △PCD=3 : 1

이때 $△PCD=\dfrac{1}{3}△PBC$

$\qquad\qquad\quad=\dfrac{1}{3}\times 18=6\,(\text{cm}^2)$

$\qquad\qquad\quad=△PAB$ ··· **1단계**

△PDA : △PCD=1 : 3이므로

$△PDA=\dfrac{1}{3}△PCD$

$\qquad\quad=\dfrac{1}{3}\times 6=2\,(\text{cm}^2)$ ··· **2단계**

따라서

$□ABCD=△PDA+△PAB+△PBC+△PCD$

$\qquad\qquad=2+6+18+6=32\,(\text{cm}^2)$ ··· **3단계**

채점 기준표

단계	채점 기준	비율
1단계	△PCD의 넓이를 구한 경우	40 %
2단계	△PDA의 넓이를 구한 경우	40 %
3단계	□ABCD의 넓이를 구한 경우	20 %

15

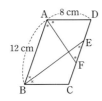

∠BAF=∠DFA (엇각)이므로

∠DAF=∠DFA

△DAF는 이등변삼각형이므로

$\overline{\text{DF}}=\overline{\text{AD}}=8$ cm

즉, $\overline{\text{CF}}=12-8=4$ (cm)　　　… 1단계

∠ABE=∠CEB (엇각)이므로

∠CBE=∠CEB

△BCE는 이등변삼각형이므로

$\overline{\text{CE}}=\overline{\text{BC}}=8$ cm　　　… 2단계

따라서

$\overline{\text{EF}}=\overline{\text{CE}}-\overline{\text{CF}}=8-4=4$ (cm)　　　… 3단계

채점 기준표

단계	채점 기준	비율
1단계	$\overline{\text{CF}}$의 길이를 구한 경우	40 %
2단계	$\overline{\text{CE}}$의 길이를 구한 경우	40 %
3단계	$\overline{\text{EF}}$의 길이를 구한 경우	20 %

16

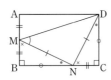

△NMB와 △DNC에서

$\overline{\text{AB}}=\overline{\text{BN}}$이고 $\overline{\text{BN}}:\overline{\text{NC}}=2:1$이므로

$\overline{\text{MB}}=\dfrac{1}{2}\overline{\text{AB}}=\dfrac{1}{2}\overline{\text{BN}}=\overline{\text{NC}}$,

∠B=∠C=90˚,

$\overline{\text{BN}}=\overline{\text{AB}}=\overline{\text{CD}}$

이므로 △NMB≡△DNC (SAS 합동)　　　… 1단계

즉, ∠NMB=∠DNC이고 $\overline{\text{NM}}=\overline{\text{DN}}$

∠MNB+∠DNC

=∠MNB+∠NMB=90˚　　　… 2단계

따라서 △DMN은 직각이등변삼각형이므로

∠DMN=∠MDN=45˚　　　… 3단계

채점 기준표

단계	채점 기준	비율
1단계	△NMB≡△DNC임을 보인 경우	40 %
2단계	∠MNB+∠DNC의 크기를 구한 경우	40 %
3단계	∠DMN의 크기를 구한 경우	20 %

 도형의 닮음과 피타고라스 정리

1 | 도형의 닮음

개념 체크　　　본문 70~71쪽

01 ㄴ

02 ⑴ △ABC∽△DEF ⑵ 3 : 4 ⑶ $\dfrac{15}{2}$ cm

03 ⑴ 4 : 3 ⑵ 9

04 ⑴ 1 : 4 ⑵ 1 : 8

05 △ABC∽△DEF (SAS 닮음)

06 ⑴ △ABC∽△AED ⑵ △ABC∽△ACD

07 4 cm

대표유형　　　본문 72~75쪽

01 ⑤　　　**02** ③, ⑤　**03** ③　　**04** ④　　**05** ⑤

06 ②　　**07** ⑴ 48 cm² ⑵ 81 cm³　　**08** ⑤

09 ①

10 △ABC∽△KLJ (SAS 닮음),
　　△DEF∽△HGI (AA 닮음)

11 ①　　　　**12** △ABC∽△EDC (AA 닮음)

13 ⑴ △ABC∽△AED (SAS 닮음) ⑵ 28 cm

14 ⑴ ㄱ. △ABC∽△EBD (AA 닮음)
　　　ㄴ. △ABC∽△EBD (AA 닮음)

　⑵ $\dfrac{45}{2}$

15 ⑴ △ABC∽△ADB (AA 닮음) ⑵ 5 : 2 ⑶ $\dfrac{36}{5}$

16 $\dfrac{20}{3}$　**17** ①　　**18** ①　　**19** 8　　**20** ②

21 ⑴ △ABE∽△ADF (AA 닮음) ⑵ 18 cm

22 ④　　**23** ④　　**24** ②

01 ⑤ $\overline{\text{DC}}:\overline{\text{HG}}=\overline{\text{AB}}:\overline{\text{EF}}$

02 ③ $\overline{\text{AB}}:\overline{\text{DE}}=\overline{\text{BC}}:\overline{\text{EF}}=16:12=4:3$
　　⑤ $\overline{\text{AC}}$에 대응하는 변은 $\overline{\text{DF}}$이다.

03 ①, ②, ④, ⑤ 두 원, 두 정삼각형, 두 정사각형, 두 직각이등변삼각형은 항상 서로 닮은 도형이다.

③ 두 직사각형은 가로와 세로의 길이의 비가 다르면
닮은 도형이 아니다.

04 □ABCD와 □EFGH의 닮음비는
$\overline{BC} : \overline{FG} = 20 : 15 = 4 : 3$
① $\angle E = \angle A = 70°$
② $\angle G = \angle C$
$= 360° - (80° + 70° + 110°) = 100°$
③ $\overline{AB} : \overline{EF} = 4 : 3$이므로
$16 : \overline{EF} = 4 : 3$, 즉 $\overline{EF} = 12$ cm
④ $\overline{DC} : \overline{HG} = 4 : 3$이므로
$8 : \overline{HG} = 4 : 3$, 즉, $\overline{HG} = 6$ cm
⑤ $\overline{DC}$의 대응변은 $\overline{HG}$이므로
$\overline{DC} : \overline{HG} = 4 : 3$

05 □OABC와 □ODEF의 닮음비는
$\overline{OA} : \overline{OD} = 9 : 12 = 3 : 4$
이므로 □ODEF의 둘레의 길이를 x cm라 하면
$27 : x = 3 : 4$에서 $x = 36$
따라서 □ODEF의 둘레의 길이는 36 cm이다.

06 두 사면체 A-BCD와 E-FGH의 닮음비는
$\overline{BC} : \overline{FG} = 4 : 6 = 2 : 3$
$\overline{CD} : \overline{GH} = 2 : 3$이므로
$y : 15 = 2 : 3$, $3y = 30$, $y = 10$
$\overline{AD} : \overline{EH} = 2 : 3$이므로
$6 : x = 2 : 3$, $2x = 18$, $x = 9$
따라서 $x + y = 9 + 10 = 19$

07 (1) 두 원기둥의 닮음비가 3 : 4이므로 넓이의 비는
$3^2 : 4^2 = 9 : 16$
이때 작은 원기둥의 밑면의 넓이가 27 cm²이므로
$27 :$ (큰 원기둥의 밑면의 넓이) $= 9 : 16$
따라서
(큰 원기둥의 밑면의 넓이) $= \dfrac{27 \times 16}{9}$
$= 48$ (cm²)
(2) 두 원기둥의 닮음비가 3 : 4이므로 부피의 비는
$3^3 : 4^3 = 27 : 64$
이때 큰 원기둥의 부피가 192 cm³이므로
(작은 원기둥의 부피) $: 192 = 27 : 64$
따라서
(작은 원기둥의 부피) $= \dfrac{192 \times 27}{64} = 81$ (cm³)

08 $\overline{DF} = \dfrac{1}{2}\overline{BC}$이므로

$\overline{DF} = \overline{BE} = \overline{EC}$
$\overline{DE} = \dfrac{1}{2}\overline{AC}$이므로
$\overline{DE} = \overline{AF} = \overline{FC}$
$\overline{FE} = \dfrac{1}{2}\overline{AB}$이므로
$\overline{FE} = \overline{AD} = \overline{DB}$
$\triangle ADF \equiv \triangle DBE \equiv \triangle FEC \equiv \triangle EFD$ (SSS 합동)
이고, $\triangle ABC$와 $\triangle EFD$의 닮음비가 2 : 1이므로 넓이의 비는 $2^2 : 1^2 = 4 : 1$
따라서
$\triangle DEF = \dfrac{1}{4}\triangle ABC = \dfrac{1}{4} \times 160 = 40$ (cm²)

09 원뿔 모양의 그릇과 그릇 안의 물이 이루는 원뿔은 닮은 도형이다.
이때 닮음비는 8 : 6 = 4 : 3이므로 부피의 비는
$4^3 : 3^3 = 64 : 27$
따라서 (그릇 전체의 부피) : 135 = 64 : 27이므로
(그릇 전체의 부피) $= \dfrac{135 \times 64}{27} = 320$ (cm³)

10 (i) $\triangle ABC$와 $\triangle KLJ$에서
$\angle C = \angle J = 90°$,
$\overline{AC} : \overline{KJ} = \overline{BC} : \overline{LJ} = 5 : 4$
이다. 즉, 두 대응변의 길이의 비가 각각 같고, 그 끼인각의 크기가 같으므로 두 삼각형은 닮은 도형이다.
따라서 $\triangle ABC \backsim \triangle KLJ$ (SAS 닮음)
(ii) $\triangle DEF$와 $\triangle HGI$에서
$\angle E = 180° - (35° + 65°) = 80° = \angle G$,
$\angle D = \angle H = 35°$
이다. 즉, 두 대응각의 크기가 각각 같으므로 두 삼각형은 닮은 도형이다.
따라서 $\triangle DEF \backsim \triangle HGI$ (AA 닮음)

11 ① $\angle A = 70°$, $\angle D = 50°$일 때,
$\angle C = 180° - (50° + 70°) = 60°$
이므로 $\angle B = \angle D$, $\angle A = \angle E$
따라서 $\triangle ABC \backsim \triangle EDF$ (AA 닮음)

12 △ABC와 △EDC에서
∠ABC=∠EDC=65°, ∠C는 공통
이므로 △ABC∽△EDC (AA 닮음)

13 (1) △ABC와 △AED에서
$\overline{AB}:\overline{AE}=20:10=2:1$,
$\overline{AC}:\overline{AD}=12:6=2:1$, ∠A는 공통
이므로 △ABC∽△AED (SAS 닮음)
(2) $\overline{BC}:\overline{ED}=\overline{BC}:14=2:1$이므로
$\overline{BC}=28$ cm

14 (1) ㄱ. △ABC와 △EBD에서
∠CAB=∠DEB (엇각),
∠ABC=∠EBD (맞꼭지각)
이므로 △ABC∽△EBD (AA 닮음)
ㄴ. △ABC와 △EBD에서
∠CAB=∠DEB (엇각),
∠ABC=∠EBD (맞꼭지각)
이므로 △ABC∽△EBD (AA 닮음)
(2) ㄱ. $\overline{AB}:\overline{EB}=\overline{BC}:\overline{BD}$에서
$5:x=4:6$, $4x=30$, $x=\dfrac{15}{2}$
ㄴ. $\overline{AC}:\overline{ED}=\overline{BC}:\overline{BD}$에서
$9:y=3:5$, $3y=45$, $y=15$
따라서
$x+y=\dfrac{15}{2}+15=\dfrac{45}{2}$

15 (1) △ABC와 △ADB에서
∠A는 공통, ∠ACB=∠ABD
이므로 △ABC∽△ADB (AA 닮음)
(2) △ABC∽△ADB이므로 닮음비는
$\overline{AC}:\overline{AB}=15:6=5:2$
(3) $\overline{CB}:\overline{BD}=5:2$이므로
$18:\overline{BD}=5:2$, $5\overline{BD}=36$
따라서 $\overline{BD}=\dfrac{36}{5}$

16 △FBC와 △BEA에서
∠FCB=∠BAE, ∠BFC=∠EBA
이므로 △FBC∽△BEA (AA 닮음)
즉, $\overline{FC}:\overline{BA}=\overline{CB}:\overline{AE}$이므로
$6:4=10:\overline{AE}$
따라서 $\overline{AE}=\dfrac{20}{3}$

17 △AFE와 △CFB에서
∠FAE=∠FCB, ∠FEA=∠FBC
이므로 △AFE∽△CFB (AA 닮음)
즉, $\overline{AE}:\overline{CB}=\overline{AF}:\overline{CF}$이므로
$\overline{AE}:6=3:4$, $\overline{AE}=\dfrac{9}{2}$ cm
이때 $\overline{AD}=\overline{BC}=6$ cm이므로
$\overline{DE}=\overline{AD}-\overline{AE}=6-\dfrac{9}{2}=\dfrac{3}{2}$ (cm)

18 △AOD와 △COB에서
∠DAO=∠BCO (엇각),
∠AOD=∠COB (맞꼭지각)
이므로 △AOD∽△COB (AA 닮음)
즉, $\overline{AO}:\overline{CO}=\overline{DO}:\overline{BO}$이므로 $\overline{DO}=x$라 하면
$3:6=x:(6-x)$
$6x=3(6-x)$, $9x=18$
따라서 $x=2$

19 △ABC와 △AED에서
∠ABC=∠AED=90°, ∠A는 공통
이므로 △ABC∽△AED (AA 닮음)
이때 $\overline{AE}=\overline{CE}=\dfrac{1}{2}\times10=5$이고
$\overline{AC}:\overline{AD}=\overline{AB}:\overline{AE}$이므로
$10:\dfrac{25}{4}=\overline{AB}:5$, $\dfrac{25}{4}\overline{AB}=50$
따라서 $\overline{AB}=8$

20 △ABC와 △EDC에서
∠ABC=∠EDC=90°, ∠C는 공통
이므로 △ABC∽△EDC (AA 닮음)
즉, $\overline{BC}:\overline{DC}=\overline{AB}:\overline{ED}$이므로
$8:4=x:3$, $4x=24$
$x=6$
또 $\overline{BC}:\overline{DC}=\overline{AC}:\overline{EC}$이므로
$8:4=(y+4):5$, $4y+16=40$, $4y=24$
$y=6$
따라서 $x+y=6+6=12$

21 (1) △ABE와 △ADF에서
∠AEB=∠AFD=90°, ∠B=∠D
이므로 △ABE∽△ADF (AA 닮음)
(2) $\overline{AE}:\overline{AF}=\overline{AB}:\overline{AD}$이므로
$10:15=12:\overline{AD}$, $10\overline{AD}=180$

따라서 $\overline{\text{AD}}=18$ cm

22 △ABD와 △CAD에서

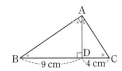

$\angle\text{ADB}=\angle\text{CDA}=90°$,

$\angle\text{BAD}=\angle\text{ACD}$

이므로 △ABD∽△CAD (AA 닮음)

즉, $\overline{\text{AD}}:\overline{\text{CD}}=\overline{\text{BD}}:\overline{\text{AD}}$이므로

$\overline{\text{AD}}:4=9:\overline{\text{AD}}$, $\overline{\text{AD}}^2=36$

따라서 $\overline{\text{AD}}=6$ cm

23 ④

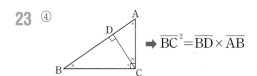

➡ $\overline{\text{BC}}^2=\overline{\text{BD}}\times\overline{\text{AB}}$

24

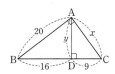

△ABD와 △CAD에서

$\angle\text{ADB}=\angle\text{CDA}=90°$,

$\angle\text{BAD}=\angle\text{ACD}$

이므로 △ABD∽△CAD (AA 닮음)

즉, $\overline{\text{AD}}:\overline{\text{CD}}=\overline{\text{BD}}:\overline{\text{AD}}$이므로

$\overline{\text{AD}}^2=\overline{\text{BD}}\times\overline{\text{CD}}$, $y^2=16\times9$

$y^2=144$, $y=12$

또 $\overline{\text{AB}}:\overline{\text{CA}}=\overline{\text{BD}}:\overline{\text{AD}}$이므로

$20:x=16:12$, $16x=240$, $x=15$

따라서 $x-y=15-12=3$

기출 예상 문제

01 ①, ⑤ **02** ② **03** ⑤ **04** ①, ④ **05** ⑤
06 ③ **07** ③ **08** ④ **09** ⑤
10 △ABC∽△OMN (SSS 닮음),
  △DEF∽△QRP (AA 닮음),
  △GHI∽△KLJ (SAS 닮음)
11 (1) △ABC∽△DAC (SSS 닮음), 3 : 4
  (2) △ABC∽△DAC (SSS 닮음), 5 : 4
12 ④, ⑤ **13** ④ **14** ① **15** ② **16** ④
17 ② **18** ⑤ **19** ③ **20** ① **21** ④
22 ③ **23** (1) 12 (2) 3 (3) $\dfrac{8}{3}$ (4) $\dfrac{60}{13}$ **24** ⑤

01 ①, ⑤ 두 구와 두 정육면체는 각각 닮은 도형이다.

02 ② 닮음인 두 도형의 넓이가 항상 같다고 할 수 없다.

03 ⑤ $\overline{\text{AB}}$의 대응변인 $\overline{\text{A'B'}}$의 길이가 주어지지 않아 길이를 구할 수 없다.

04 ① $\angle\text{A}=85°$인지는 알 수 없다.
  ④ 닮은 도형에서 대응하는 변의 길이의 비는 닮음비와 같으나 대응하는 각의 크기는 서로 같다.
  $\angle\text{B}=\angle\text{E}$

05 □ABCD∽□AFEB이므로
  $\overline{\text{AB}}:\overline{\text{AF}}=\overline{\text{AD}}:\overline{\text{AB}}$
  즉, $18:9=\overline{\text{AD}}:18$
  $\overline{\text{AD}}=36$ cm
  따라서
  $\overline{\text{FD}}=\overline{\text{AD}}-\overline{\text{AF}}=36-9=27$ (cm)

06 두 삼각뿔은 서로 닮은 도형이고 닮음비는
  $\overline{\text{VC}}:\overline{\text{V'C'}}=8:12=2:3$
  $\overline{\text{VC}}:\overline{\text{V'C'}}=\overline{\text{BC}}:\overline{\text{B'C'}}=2:3$
  $z:6=2:3$에서 $z=4$
  $\overline{\text{VC}}:\overline{\text{V'C'}}=\overline{\text{AB}}:\overline{\text{A'B'}}=2:3$
  $6:y=2:3$에서 $y=9$
  $\angle\text{A'C'B'}=\angle\text{ACB}=50°$이므로 $x=50$
  따라서
  $x+y+z=50+9+4=63$

07 △AOD와 △COB에서

∠AOD=∠COB (맞꼭지각),

∠ADO=∠CBO (엇각)

이므로 △AOD∽△COB (AA 닮음)

$\overline{AD}:\overline{CB}=8:10=4:5$에서 닮음비는 $4:5$이므로

넓이의 비는 $4^2:5^2=16:25$

즉, $80:\triangle BOC=16:25$이므로

$16\triangle BOC=80\times25$

따라서 $\triangle BOC=125\ \mathrm{cm}^2$

08 처음 큰 원뿔과 원뿔을 밑면에 평행한 평면으로 자를

때 생기는 원뿔은 닮은 도형이고 닮음비는

$(9+6):9=15:9=5:3$

넓이의 비는 $5^2:3^2=25:9$

이때 (큰 원뿔의 밑면의 넓이) $:36=25:9$이므로

$9\times$(큰 원뿔의 밑면의 넓이)$=25\times36$

따라서 (큰 원뿔의 밑면의 넓이)$=100\ \mathrm{cm}^2$

09 두 쇠구슬의 닮음비가 $10:2=5:1$이므로 부피의 비

는 $5^3:1^3=125:1$

따라서 지름의 길이가 $2\ \mathrm{cm}$인 쇠구슬을 최대 125개까

지 만들 수 있다.

10 △ABC∽△OMN (SSS 닮음),

△DEF∽△QRP (AA 닮음),

△GHI∽△KLJ (SAS 닮음)

11 ⑴ △ABC∽△DAC

$\overline{AB}:\overline{DA}=\overline{AC}:\overline{DC}=9:12=3:4$

$\overline{BC}:\overline{AC}=\dfrac{27}{4}:9=3:4$

따라서 세 대응변의 길이의 비가 각각 같으므로 두
삼각형은 닮은 도형이다. (SSS 닮음)

⑵ △ABC∽△DAC

$\overline{AB}:\overline{DA}=\overline{AC}:\overline{DC}=15:12=5:4$

$\overline{BC}:\overline{AC}=25:20=5:4$

따라서 세 대응변의 길이의 비가 각각 같으므로 두
삼각형은 닮은 도형이다. (SSS 닮음)

12 △ADB와 △CDB는 닮은 도형이 아니다. (①, ②)

△ABC와 △DCB는 닮은 도형이 아니다. (③)

△ABC와 △ADB에서

$\overline{AC}:\overline{AB}=18:12=3:2$,

$\overline{AB}:\overline{AD}=12:8=3:2$이고 (④)

∠A가 공통이므로

△ABC와 △ADB는 닮은 도형이다.

$\overline{BC}:\overline{BD}=3:2$이므로 $18:\overline{BD}=3:2$

따라서 $\overline{BD}$의 길이는 $12\ \mathrm{cm}$이다.(⑤)

13

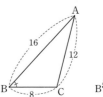

△ABC와 △CBD에서

∠B는 공통, $\overline{AB}:\overline{CB}=\overline{BC}:\overline{BD}=2:1$

이므로 △ABC∽△CBD (SAS 닮음)

이때 닮음비가 $2:1$이므로

$\overline{AC}:\overline{CD}=\overline{BC}:\overline{BD}$에서

$12:x=2:1$

따라서 $x=6$

14

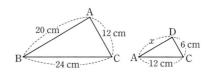

△ABC와 △DAC에서

$\overline{BC}:\overline{AC}=2:1$, $\overline{AC}:\overline{DC}=2:1$, ∠C는 공통

이므로 △ABC∽△DAC (SAS 닮음)

이때 닮음비는 $2:1$

즉, $\overline{BA}:\overline{AD}=2:1$에서

$20:\overline{AD}=2:1$

따라서 $\overline{AD}=10\ \mathrm{cm}$

15

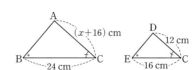

△ABC와 △DEC에서

∠B=∠DEC, ∠C는 공통

이므로 △ABC∽△DEC (AA 닮음)

즉, $\overline{BC}:\overline{EC}=24:16=3:2$이므로

$\overline{AC}:\overline{DC}=\overline{BC}:\overline{EC}$에서

$(x+16):12=3:2$, $2x+32=36$, $2x=4$

따라서 $x=2$

16

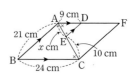

△ABC와 △EDA에서

∠BAC=∠DEA (엇각), ∠ACB=∠EAD (엇각)

이므로 △ABC∽△EDA (AA 닮음)

즉, $\overline{BC}:\overline{DA}=\overline{AC}:\overline{EA}$이므로

$\overline{AE}=x$ cm라 하면 $24:9=(x+10):x$

$24x=9x+90$, $15x=90$, $x=6$

따라서 $\overline{AE}=6$ cm

17 마름모의 두 대각선은 서로를 수직이등분하므로

$\overline{DO}=\overline{BO}=8$ cm

즉, $\overline{OF}=\overline{OB}-\overline{BF}=8-6=2$ (cm),

$\overline{DF}=\overline{DO}+\overline{OF}=8+2=10$ (cm)

△CDF와 △EBF에서

∠DFC=∠BFE (맞꼭지각),

∠FDC=∠FBE (엇각)

이므로 △CDF∽△EBF (AA 닮음)

즉, $\overline{DF}:\overline{BF}=\overline{DC}:\overline{BE}$이므로

$10:6=\overline{DC}:6$, $\overline{DC}=10$ cm

따라서 마름모 ABCD의 둘레의 길이는

$10\times4=40$ (cm)

18 △EBC와 △EDM에서

∠EBC=∠EDM (엇각),

∠BEC=∠DEM (맞꼭지각)

이므로 △EBC∽△EDM (AA 닮음)

$\overline{BC}:\overline{DM}=2:1$이므로

$\overline{BE}:\overline{DE}=2:1$에서 $\overline{DE}=x$ cm라 하면

$(30-x):x=2:1$

$2x=30-x$, $x=10$

따라서 $\overline{DE}=10$ cm

19 △ACB와 △DCE에서

∠B=∠E=90°, ∠ACB=∠DCE

이므로 △ACB∽△DCE (AA 닮음)

즉, $\overline{AB}:\overline{DE}=\overline{BC}:\overline{EC}$이므로

$\overline{AB}:8=25:10$

따라서 $\overline{AB}=20$ m

20

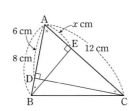

△ABE와 △ACD에서

∠A는 공통, ∠AEB=∠ADC=90°

이므로 △ABE∽△ACD (AA 닮음)

즉, $\overline{AB}:\overline{AC}=\overline{AE}:\overline{AD}$이므로

$8:12=x:6$, $12x=48$

따라서 $x=4$

21

△AEF∽△BDF∽△BEC∽△ADC (AA 닮음)

22

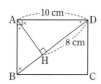

△ABD와 △HAD에서

∠BAD=∠AHD, ∠ABD=∠HAD

이므로 △ABD∽△HAD (AA 닮음)

즉, $\overline{AD}:\overline{HD}=\overline{BD}:\overline{AD}$이므로

$10:8=\overline{BD}:10$, $\overline{BD}=\dfrac{25}{2}$ cm

$\overline{BH}=\overline{BD}-\overline{HD}=\dfrac{25}{2}-8=\dfrac{9}{2}$ (cm)

△ADH와 △BAH에서

∠ADH=∠BAH, ∠DHA=∠AHB

이므로 △ADH∽△BAH (AA 닮음)

즉, $\overline{DH}:\overline{AH}=\overline{AH}:\overline{BH}$이므로

$8:\overline{AH}=\overline{AH}:\dfrac{9}{2}$, $\overline{AH}^2=36$

따라서 $\overline{AH}=6$ cm

23 (1) $\overline{AC}^2=\overline{CH}\times\overline{CB}$이므로

$x^2=8\times(8+10)$, $x=12$

(2) $\overline{CH}^2=\overline{HA}\times\overline{HB}$이므로

$6^2=x\times12$, $x=3$

(3) $\overline{AB}^2=\overline{AH}\times\overline{AC}$이므로

$4^2=x\times6$, $x=\dfrac{8}{3}$

(4) $\overline{AB}\times\overline{AC}=\overline{AH}\times\overline{BC}$이므로

$12\times5=x\times13$, $x=\dfrac{60}{13}$

24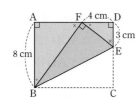

△ABF와 △DFE에서

∠ABF+∠AFB=∠DFE+∠AFB이므로

∠ABF=∠DFE, ∠BAF=∠FDE

이므로 △ABF∽△DFE (AA 닮음)

즉, $\overline{AB}:\overline{DF}=\overline{AF}:\overline{DE}$이므로

$8:4=\overline{AF}:3,\ \overline{AF}=6$ cm

따라서

$\overline{BF}=\overline{BC}=\overline{AD}=6+4=10$ (cm)

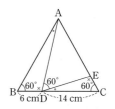

△ABD와 △DCE에서

∠B=∠C=60°이고

∠BAD+∠ADB

=∠CDE+∠ADB

이므로 ∠BAD=∠CDE

따라서 △ABD∽△DCE (AA 닮음)

즉, $\overline{AB}:\overline{DC}=\overline{BD}:\overline{CE}$이므로

$20:14=6:\overline{CE},\ \overline{CE}=\dfrac{21}{5}$ cm

따라서 $\overline{AE}=\overline{AC}-\overline{CE}=20-\dfrac{21}{5}=\dfrac{79}{5}$ (cm)

고난도 집중 연습

본문 80~81쪽

1 ② **1-1** ⑤ **2** $\dfrac{28}{3}$ cm **2-1** $\dfrac{35}{4}$ cm

3 10 cm **3-1** $\dfrac{65}{12}$ cm **4** $\dfrac{18}{5}$ cm **4-1** $\dfrac{12}{5}$ cm

---

1

풀이 전략 △ADC와 닮음인 삼각형을 찾는다.

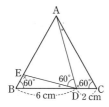

△ADC와 △DEB에서

∠C=∠B=60°이고

∠CAD+∠ADC

=∠BDE+∠ADC

이므로 ∠CAD=∠BDE

따라서 △ADC∽△DEB (AA 닮음)

즉, $\overline{AC}:\overline{DB}=\overline{CD}:\overline{BE}$이므로

$8:6=2:\overline{BE}$

따라서 $\overline{BE}=\dfrac{3}{2}$ cm

1-1

풀이 전략 △ABD와 닮음인 삼각형을 찾는다.

2

풀이 전략 △DBE와 닮음인 삼각형을 찾는다.

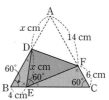

△DBE와 △ECF에서

∠B=∠C=60°,

∠BDE=120°-∠DEB=∠CEF

이므로 △DBE∽△ECF (AA 닮음)

즉, $\overline{DE}:\overline{EF}=\overline{BE}:\overline{CF}$이므로

$\overline{AD}=\overline{DE}=x$ cm라 하면

$x:14=4:6$

$6x=56,\ x=\dfrac{28}{3}$

따라서 $\overline{AD}=\dfrac{28}{3}$ cm

2-1

풀이 전략 △BED와 닮음인 삼각형을 찾는다.

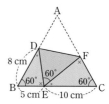

△BED와 △CFE에서

∠B=∠C=60°,

∠BED=120°-∠BDE

$$=120°-\angle CEF$$
$$=\angle CFE$$

이므로 △BED∽△CFE (AA 닮음)

즉, $\overline{BE} : \overline{CF} = \overline{BD} : \overline{CE}$이므로

$\overline{AF} = \overline{EF} = x$ cm라 하면

$5 : (15-x) = 8 : 10$

$8(15-x) = 50$, $x = \dfrac{35}{4}$

따라서 $\overline{AF} = \dfrac{35}{4}$ cm

3

풀이 전략 △EBF와 닮음인 삼각형을 찾는다.

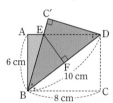

$\overline{AD} /\!/ \overline{BC}$이므로 $\angle EDB = \angle CBD$ (엇각),

$\angle CBD = \angle EBD$ (접은 각)

에서 $\angle EBD = \angle EDB$이므로

△EBD는 $\overline{EB} = \overline{ED}$인 이등변 삼각형이다.

즉, $\overline{BF} = \overline{DF} = \dfrac{1}{2}\overline{BD} = \dfrac{1}{2} \times 10 = 5$ (cm)

△EBF와 △DBC에서

$\angle EFB = \angle DCB = 90°$, $\angle EBF = \angle DBC$ (접은 각)

이므로 △EBF∽△DBC (AA 닮음)

즉, $\overline{BF} : \overline{BC} = \overline{EF} : \overline{DC}$이므로

$5 : 8 = \overline{EF} : 6$, $8\overline{EF} = 30$

$\overline{EF} = \dfrac{15}{4}$ cm

또 $\overline{EB} : \overline{DB} = \overline{BF} : \overline{BC}$이므로

$\overline{EB} : 10 = 5 : 8$, $8\overline{EB} = 50$

$\overline{EB} = \dfrac{25}{4}$ cm

따라서

$\overline{EF} + \overline{EB} = \dfrac{15}{4} + \dfrac{25}{4} = 10$ (cm)

3-1

풀이 전략 △EBF와 닮음인 삼각형을 찾는다.

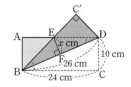

$\overline{AD} /\!/ \overline{BC}$이므로 $\angle EDB = \angle DBC$ (엇각),

$\angle EBD = \angle DBC$ (접은 각)

이므로 $\angle EDB = \angle EBD$

즉, △EBD는 $\overline{EB} = \overline{ED}$인 이등변삼각형이므로

$\overline{EF}$는 $\overline{BD}$를 이등분한다.

$\therefore \overline{BF} = \overline{DF} = 13$ cm

△EBF와 △DBC에서

$\angle EFB = \angle DCB = 90°$, $\angle EBF = \angle DBC$ (접은 각)

이므로 △EBF∽△DBC (AA 닮음)

즉, $\overline{BF} : \overline{BC} = \overline{EF} : \overline{DC}$이므로

$\overline{EF} = x$ cm라 하면

$13 : 24 = x : 10$, $24x = 130$, $x = \dfrac{65}{12}$

따라서 $\overline{EF} = \dfrac{65}{12}$ cm

4

풀이 전략 점 M은 직각삼각형 ABC의 외심임을 이용한다.

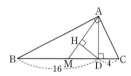

점 M은 직각삼각형의 빗변의 중점이므로 △ABC의 외심이다. 즉, $\overline{AM} = \overline{BM} = \overline{CM} = \dfrac{20}{2} = 10$ (cm)

△ABC에서

$\overline{AD}^2 = \overline{BD} \times \overline{CD} = 64$, $\overline{AD} = 8$ cm

△DAM에서

$\overline{AD}^2 = \overline{AH} \times \overline{AM}$

$64 = \overline{AH} \times 10$, $\overline{AH} = \dfrac{32}{5}$ cm

따라서

$\overline{HM} = \overline{AM} - \overline{AH} = 10 - \dfrac{32}{5} = \dfrac{18}{5}$ (cm)

4-1

풀이 전략 점 M이 직각삼각형 ABC의 외심임을 이용한다.

점 M은 직각삼각형의 빗변의 중점이므로 △ABC의 외심이다. 즉, $\overline{AM} = \overline{BM} = \overline{CM} = \dfrac{10}{2} = 5$ (cm)

△ABC에서

$\overline{AG}^2 = \overline{BG} \times \overline{CG} = 9$, $\overline{AG} = 3$ cm

△GAM에서

$\overline{AG}^2 = \overline{AH} \times \overline{AM}$, $9 = \overline{AH} \times 5$

$\overline{AH} = \dfrac{9}{5}$ cm

이때

$\overline{HM} = \overline{AM} - \overline{AH} = 5 - \dfrac{9}{5} = \dfrac{16}{5}$ (cm)

$\overline{HG}^2 = \overline{AH} \times \overline{HM}$이므로

$\overline{HG}^2 = \dfrac{9}{5} \times \dfrac{16}{5} = \dfrac{144}{25}$

따라서 $\overline{HG} = \dfrac{12}{5}$ cm

서술형 집중 연습

본문 82~83쪽

예제 **1** 12 cm   유제 **1** $\dfrac{13}{5}$ cm

예제 **2** $\overline{DF} = 3$ cm, $\overline{EF} = 4$ cm   유제 **2** 15

예제 **3** 5 cm   유제 **3** $\dfrac{16}{3}$ cm

예제 **4** $x = \dfrac{48}{5}$, $y = \dfrac{36}{5}$ 유제 **4** $x = \dfrac{9}{4}$, $y = 3$

예제 **1**

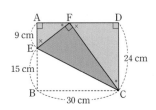

$\triangle AEF$와 $\boxed{\triangle DFC}$에서 ··· 1단계

$\angle A = \angle D = \boxed{90}°$ ······ ㉠

$\angle AEF + \angle AFE = 90°$, $\angle DFC + \angle AFE = 90°$이므로

$\angle AEF = \boxed{\angle DFC}$ ······ ㉡

㉠, ㉡에서 $\triangle AEF \backsim \boxed{\triangle DFC}$ (AA 닮음) ··· 2단계

즉, $\overline{AF} : \overline{DC} = \overline{EF} : \overline{FC}$이므로

$\overline{AF} = x$ cm라 하면 $x : 24 = \boxed{15} : \boxed{30}$

따라서 $x = \overline{AF} = \boxed{12}$ cm ··· 3단계

채점 기준표

단계	채점 기준	비율
1단계	$\triangle AEF$와 닮은 삼각형을 찾은 경우	10 %
2단계	두 삼각형이 닮음임을 보인 경우	40 %
3단계	$\overline{AF}$의 길이를 구한 경우	50 %

유제 **1**

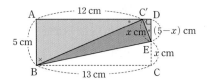

$\triangle ABC'$과 $\triangle DC'E$에서

$\angle A = \angle D = 90°$ ······ ㉠

$\angle AC'B + \angle DC'E = 90°$

$\angle ABC' + \angle AC'B = 90°$에서

$\angle ABC' = \angle DC'E$ ······ ㉡

㉠, ㉡에서 $\triangle ABC' \backsim \triangle DC'E$ (AA 닮음) ··· 1단계

즉, $\overline{AB} : \overline{DC'} = \overline{AC'} : \overline{DE}$이므로

$\overline{CE} = x$ cm라 하면 $5 : 1 = 12 : (5-x)$ ··· 2단계

$12 = 5(5-x)$, $x = \dfrac{13}{5}$

따라서 $\overline{CE} = \dfrac{13}{5}$ cm ··· 3단계

채점 기준표

단계	채점 기준	비율
1단계	$\triangle ABC'$과 $\triangle DC'E$가 닮음임을 보인 경우	40 %
2단계	$\overline{CE}$의 길이를 구하는 식을 세운 경우	40 %
3단계	$\overline{CE}$의 길이를 구한 경우	20 %

예제 **2**

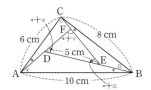

삼각형의 한 외각의 크기는 그와 이웃하지 않는 두 내각의 크기의 합과 같으므로 $\triangle ABD$에서

$\angle EDF = \angle DAB + \boxed{\angle DBA}$

$\qquad = \angle DAB + \angle CAF = \boxed{\angle BAC}$

같은 방법으로 하면 $\angle DEF = \angle ABC$이므로

$\triangle ABC \backsim \boxed{\triangle DEF}$ (AA 닮음) ··· 1단계

즉, $\overline{AB} : \overline{DE} = 10 : 5 = \boxed{2} : \boxed{1}$이므로

$\overline{BC} : \overline{EF} = 8 : \overline{EF} = 2 : 1$에서 $\overline{EF} = \boxed{4}$ cm ··· 2단계

$\overline{AC} : \overline{DF} = 6 : \overline{DF} = 2 : 1$에서 $\overline{DF} = \boxed{3}$ cm ··· 3단계

채점 기준표

단계	채점 기준	비율
1단계	$\triangle ABC$와 $\triangle DEF$가 닮음임을 보인 경우	40 %
2단계	$\overline{EF}$의 길이를 구한 경우	30 %
3단계	$\overline{DF}$의 길이를 구한 경우	30 %

유제 **2**

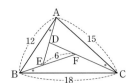

삼각형에서 한 외각의 크기는 그와 이웃하지 않는 두 내각의 크기의 합과 같으므로 $\triangle ABE$에서

$\angle DEF = \angle ABE + \angle BAE$

$$= \angle ABE + \angle CBF = \angle ABC$$

같은 방법으로 하면 $\angle EDF = \angle BAC$이므로

$\triangle ABC \circ \triangle DEF$ (AA 닮음) ··· 1단계

즉, $\overline{BC} : \overline{EF} = \overline{AB} : \overline{DE} = 18 : 6 = 3 : 1$이므로

$12 : \overline{DE} = 3 : 1$, $\overline{DE} = 4$

$15 : \overline{DF} = 3 : 1$, $\overline{DF} = 5$ ··· 2단계

따라서

($\triangle DEF$의 둘레의 길이)$= 6 + 5 + 4 = 15$ ··· 3단계

채점 기준표

단계	채점 기준	비율
1단계	$\triangle ABC$와 $\triangle DEF$가 닮음임을 보인 경우	40 %
2단계	$\overline{DE}$와 $\overline{DF}$의 길이를 구한 경우	각 20 %
3단계	$\triangle DEF$의 둘레의 길이를 구한 경우	20 %

예제 3

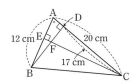

$\triangle BDA$와 $\triangle CEA$에서

$\angle A$는 공통, $\angle BDA = \angle CEA = 90°$

이므로 $\triangle BDA \circ \boxed{\triangle CEA}$ (AA 닮음) ··· 1단계

즉, $\overline{BA} : \boxed{\overline{CA}} = \overline{AD} : \boxed{\overline{AE}}$이므로

$12 : 20 = \boxed{(20-17)} : \boxed{\overline{AE}}$ ··· 2단계

따라서 $\overline{AE} = \boxed{5}$ cm ··· 3단계

채점 기준표

단계	채점 기준	비율
1단계	$\triangle BDA$와 $\triangle CEA$가 닮음임을 보인 경우	40 %
2단계	$\overline{AE}$의 길이를 구하는 식을 세운 경우	40 %
3단계	$\overline{AE}$의 길이를 구한 경우	20 %

유제 3

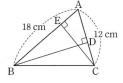

$\triangle ABD$와 $\triangle ACE$에서

$\angle A$는 공통, $\angle ADB = \angle AEC = 90°$

이므로 $\triangle ABD \circ \triangle ACE$ (AA 닮음) ··· 1단계

이때 $\overline{AD} : \overline{DC} = 2 : 1$이므로

$\overline{AD} = 12 \times \dfrac{2}{3} = 8$ (cm), $\overline{DC} = 12 \times \dfrac{1}{3} = 4$ (cm)

$\overline{AB} : \overline{AC} = \overline{AD} : \overline{AE}$이므로

$18 : 12 = 8 : \overline{AE}$ ··· 2단계

따라서 $\overline{AE} = \dfrac{16}{3}$ cm ··· 3단계

채점 기준표

단계	채점 기준	비율
1단계	$\triangle ABD$와 $\triangle ACE$가 닮음임을 보인 경우	40 %
2단계	$\overline{AE}$의 길이를 구하는 식을 세운 경우	40 %
3단계	$\overline{AE}$의 길이를 구한 경우	20 %

예제 4

$\triangle ABC \circ \triangle CBH$이므로

$\overline{AB} : \boxed{\overline{CB}} = \overline{BC} : \boxed{\overline{BH}}$에서

$\overline{BC}^2 = \overline{AB} \times \boxed{\overline{BH}}$, $12^2 = \boxed{15} \times x$

따라서 $x = \boxed{\dfrac{48}{5}}$ ··· 1단계

$\triangle ABC \circ \triangle ACH$이므로

$\overline{AB} : \overline{AC} = \overline{BC} : \boxed{\overline{CH}}$에서

$15 : 9 = 12 : \boxed{y}$

따라서 $y = \boxed{\dfrac{36}{5}}$ ··· 2단계

다른 풀이 $\triangle ABC$의 넓이는

$\dfrac{1}{2} \times \overline{BC} \times \overline{AC} = \dfrac{1}{2} \times \overline{AB} \times \overline{CH}$

이므로 $\overline{BC} \times \overline{AC} = \overline{AB} \times \overline{CH}$

$12 \times 9 = 15 \times y$, $y = \dfrac{36}{5}$

채점 기준표

단계	채점 기준	비율
1단계	x의 값을 구한 경우	50 %
2단계	y의 값을 구한 경우	50 %

유제 4

$\triangle ABC \circ \triangle CBD$ (AA 닮음)이므로

$\overline{AB} : \overline{CB} = \overline{BC} : \overline{BD}$에서

$\overline{BC}^2 = \overline{AB} \times \overline{BD}$, $5^2 = 4(x+4)$

따라서 $x = \dfrac{9}{4}$ ··· 1단계

$\triangle ACD \circ \triangle CBD$ (AA 닮음)이므로

$\overline{AD} : \overline{CD} = \overline{CD} : \overline{BD}$에서

$\overline{CD}^2 = \overline{BD} \times \overline{AD}$, $y^2 = 4 \times \dfrac{9}{4} = 9$

따라서 $y = 3$ ··· 2단계

단계	채점 기준	비율
1단계	x의 값을 구한 경우	50 %
2단계	y의 값을 구한 경우	50 %

중단원 실전 테스트 1회

본문 84~86쪽

01 ④ **02** ③ **03** ④ **04** ④ **05** 8 cm

06 ⑤ **07** ①, ③, ⑤ **08** ③

09 1 : 2 : 4 **10** ②

11 ㉠ △CBD ㉡ 4 cm **12** ④ **13** 16 cm

14 $\dfrac{25}{13}$ **15** 6 cm **16** $\dfrac{768}{25}$ cm²

01 항상 서로 닮은 도형인 것에는 원, 직각이등변삼각형,
정다각형(정삼각형, 정사각형, …), 정다면체(정사면
체…) 등이 있다.
ㄷ. 두 직각삼각형과 ㅁ. 두 직사각형은 항상 서로 닮
은 도형은 아니다.

02 두 직육면체 모양의 상자 A, B의 닮음비가 3 : 4이므
로 겉넓이의 비는 $3^2 : 4^2 = 9 : 16$
(상자 A의 포장지의 넓이) : (상자 B의 포장지의 넓이)
$= 9 : 16$
이므로
270 : (상자 B의 포장지의 넓이)$= 9 : 16$
9 × (상자 B의 포장지의 넓이)$= 270 × 16$
(상자 B의 포장지의 넓이)$= 480$
따라서 상자 B의 겉면을 포장하는 데 480 cm²의 포장
지가 필요하다.

03 ① △ABC∽△ADE (AA 닮음)
② △ABC∽△AED (AA 닮음)
③ △ABC∽△DBA∽△DAC (AA 닮음)
⑤ △ABC∽△ADB (SAS 닮음)

04 ④ 두 삼각뿔대의 밑면의 둘레의 길이의 비는 도형의
닮음비와 같으므로 2 : 3이다.

05
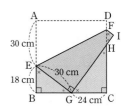

△EBG와 △GCH에서
∠B$=$∠C$=90°$,
∠BEG$=90° -$∠EGB
$\qquad =$∠CGH
이므로 △EBG∽△GCH (AA 닮음)
즉, $\overline{BE} : \overline{CG} = 18 : 24 = 3 : 4$이고
$\overline{EG} = \overline{EA} = 30$ cm이므로
$\overline{EG} : \overline{GH} = 3 : 4$에서
$30 : \overline{GH} = 3 : 4$
$\overline{GH} = 40$ cm
따라서 $\overline{IH} = \overline{AD} - \overline{GH} = 48 - 40 = 8$ (cm)

06
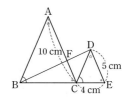

△ABC∽△DCE이므로
$\overline{AC} : \overline{DE} = \overline{BC} : \overline{CE} = 10 : 5 = 2 : 1$
$\overline{BC} : 4 = 2 : 1$, $\overline{BC} = 8$ cm
△BED와 △BCF에서
∠E$=$∠BCF, ∠DBE는 공통
이므로 △BED∽△BCF (AA 닮음)
즉, $\overline{BE} : \overline{BC} = \overline{DE} : \overline{FC}$이므로
$12 : 8 = 5 : \overline{FC}$, $\overline{FC} = \dfrac{10}{3}$ cm
따라서 $\overline{AF} = \overline{AC} - \overline{FC} = 10 - \dfrac{10}{3} = \dfrac{20}{3}$ (cm)

07 ① ∠C$=$∠M$=90°$, ∠B$=$∠N$=60°$
이므로 △ABC∽△ONM (AA 닮음)
③ ∠D$=$∠G$=60°$, ∠E$=$∠I$=50°$
이므로 △DEF∽△GIH (AA 닮음)
⑤ $\overline{JK} : \overline{PQ} = \overline{KL} : \overline{QR} = \overline{LJ} : \overline{RP} = 2 : 3$
△JKL∽△PQR (SSS 닮음)

08 △ABC와 △BDC에서
$\overline{AC} : \overline{BC} = \overline{BC} : \overline{DC} = 2 : 1$, ∠C는 공통
이므로 △ABC∽△BDC (SAS 닮음)
이때 닮음비가 2 : 1이므로

$\overline{AB} : \overline{BD} = 2 : 1$

$16 : \overline{BD} = 2 : 1$

따라서 $\overline{BD} = 8$ cm

09 원 A의 반지름의 길이를 r라 하면 원 B의 반지름의 길이는 $2r$이고 원 C의 반지름의 길이는 $4r$이다.

따라서 원 A, B, C의 닮음비는

$2\pi r : 2\pi \times 2r : 2\pi \times 4r = 1 : 2 : 4$

10
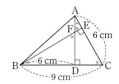

$\triangle ADC$와 $\triangle BEC$에서

$\angle ADC = \angle BEC = 90°$, $\angle C$는 공통

이므로 $\triangle ADC \circ \triangle BEC$ (AA 닮음)

즉, $\overline{AC} : \overline{BC} = \overline{CD} : \overline{CE}$이므로

$6 : 9 = 3 : \overline{CE}$, $\overline{CE} = \dfrac{9}{2}$ cm

따라서 $\overline{AE} = \overline{AC} - \overline{CE} = 6 - \dfrac{9}{2} = \dfrac{3}{2}$ (cm)

11 $\overline{BA} : \overline{BC} = 8 : 12 = 2 : 3$,

$\overline{BC} : \overline{BD} = 12 : 18 = 2 : 3$,

$\angle ABC = \angle CBD$

이므로 $\triangle ABC \circ \triangle CBD$ (SAS 닮음)

즉, $\overline{AC} : \overline{CD} = 2 : 3$이므로

$\overline{AC} : 6 = 2 : 3$

따라서 $\overline{AC} = 4$ cm

12
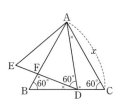

$\triangle ACD$와 $\triangle DBF$에서

$\angle C = \angle B = 60°$,

$\angle CAD = 120° - \angle ADC = \angle BDF$

이므로 $\triangle ACD \circ \triangle DBF$ (AA 닮음)

즉, $\overline{AC} : \overline{DB} = \overline{CD} : \overline{BF}$이고

$\overline{BD} : \overline{DC} = 3 : 1$이므로

$\overline{AC} = x$라 하면

$x : \dfrac{3}{4}x = \dfrac{1}{4}x : \overline{BF}$, $\overline{BF} = \dfrac{3}{16}x$

따라서 $\overline{BF}$의 길이는 $\overline{AC}$의 길이의 $\dfrac{3}{16}$배이다.

13
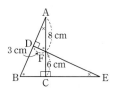

$\triangle ADF$와 $\triangle ECF$에서

$\angle D = \angle C = 90°$, $\angle DFA = \angle CFE$ (맞꼭지각)

이므로 $\triangle ADF \circ \triangle ECF$ (AA 닮음) $\cdots$ 1단계

즉, $\overline{DF} : \overline{CF} = \overline{AF} : \overline{EF}$이므로

$3 : 6 = 8 : \overline{EF}$ $\cdots$ 2단계

따라서 $\overline{EF} = 16$ cm $\cdots$ 3단계

채점 기준표

단계	채점 기준	비율
1단계	$\triangle ADF$와 $\triangle ECF$가 닮음임을 보인 경우	40 %
2단계	$\overline{EF}$의 길이를 구하는 식을 세운 경우	40 %
3단계	$\overline{EF}$의 길이를 구한 경우	20 %

14 점 B의 x좌표는 직선 $-12x + 5y = 60$의 x절편이므로

$x = -5$

즉, $\overline{OB} = 5$ $\cdots$ 1단계

$\triangle AOB$에서 $\overline{OB}^2 = \overline{BH} \times \overline{AB}$이므로

$5^2 = 13\overline{BH}$ $\cdots$ 2단계

따라서 $\overline{BH} = \dfrac{25}{13}$ $\cdots$ 3단계

채점 기준표

단계	채점 기준	비율
1단계	$\overline{OB}$의 길이를 구한 경우	40 %
2단계	$\overline{BH}$의 길이를 구하는 식을 세운 경우	40 %
3단계	$\overline{BH}$의 길이를 구한 경우	20 %

15 $\triangle AED$와 $\triangle MEB$에서

$\angle ADE = \angle MBE$ (엇각),

$\angle AED = \angle MEB$ (맞꼭지각)

이므로 $\triangle AED \circ \triangle MEB$ (AA 닮음) $\cdots$ 1단계

즉, $\overline{DE} : \overline{BE} = \overline{AD} : \overline{MB} = 2 : 1$ $\cdots$ 2단계

이므로

$\overline{BE} = \dfrac{1}{3}\overline{BD} = \dfrac{1}{3} \times 18 = 6$ (cm) $\cdots$ 3단계

채점 기준표

단계	채점 기준	비율
1단계	$\triangle AED$와 $\triangle MEB$가 닮음임을 보인 경우	40 %
2단계	닮음비를 구한 경우	40 %
3단계	$\overline{BE}$의 길이를 구한 경우	20 %

16 $\triangle ABC$와 $\triangle ADF$에서

이므로 △ABE∽△FCE (AA 닮음)
즉, $\overline{AB} : \overline{FC} = \overline{BE} : \overline{CE}$이므로
$4 : \overline{FC} = 1 : 3$
따라서 $\overline{FC} = 12$ cm

이므로 △ABC∽△DAC (AA 닮음)
즉, $\overline{AB} : \overline{DA} = \overline{BC} : \overline{AC}$이므로
$x : 8 = 20 : 10$, $10x = 160$, $x = 16$
또 $\overline{AB} : \overline{DA} = \overline{AC} : \overline{DC}$이므로
$16 : 8 = 10 : y$, $16y = 80$, $y = 5$
따라서 $x - y = 16 - 5 = 11$

08

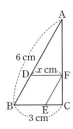

△ABC와 △ADF에서
∠A는 공통, ∠ABC=∠ADF (동위각)
이므로 △ABC∽△ADF (AA 닮음)
즉, $\overline{AB} : \overline{AD} = \overline{BC} : \overline{DF}$이므로
$\overline{DF} = \overline{DB} = x$ cm라 하면
$6 : (6-x) = 3 : x$, $6x = 3(6-x)$
$9x = 18$, $x = 2$
따라서
(마름모의 둘레의 길이)$= 4 \times 2 = 8$ (cm)

09 △FBC와 △FED에서
∠C=∠D=90°, ∠FBC=∠E (엇각)
이므로 △FBC∽△FED (AA 닮음)
이때 $\overline{DF} = 10 - 6 = 4$ (cm)이고,
$\overline{BC} : \overline{ED} = \overline{FC} : \overline{FD}$이므로
$10 : \overline{ED} = 6 : 4$, $\overline{ED} = \dfrac{20}{3}$ cm
따라서
$\triangle DEF = \dfrac{1}{2} \times \dfrac{20}{3} \times 4 = \dfrac{40}{3}$ (cm²)

10 △ABC∽△CBD이므로
$\overline{BC}^2 = \overline{BD} \times \overline{AB}$
$6^2 = 4 \times \overline{AB}$, $\overline{AB} = 9$ cm
즉, $\overline{AD} = 5$ cm
△ABC∽△ADE이므로
$\overline{AB} : \overline{AD} = \overline{BC} : \overline{DE}$
$9 : 5 = 6 : \overline{DE}$, $\overline{DE} = \dfrac{10}{3}$ cm
따라서
$\overline{AD} + \overline{DE} = 5 + \dfrac{10}{3} = \dfrac{25}{3}$ (cm)

11 △ABC와 △DAC에서
∠ABC=∠DAC, ∠C는 공통

12

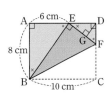

△ABE와 △DEF에서
∠A=∠D=90°,
∠ABE=90°−∠AEB=∠DEF
이므로 △ABE∽△DEF (AA 닮음)
즉, $\overline{AB} : \overline{DE} = \overline{AE} : \overline{DF}$이므로
$8 : 4 = 6 : \overline{DF}$, $\overline{DF} = 3$ cm
$\overline{FE} = \overline{FC} = 8 - 3 = 5$ (cm)
이때 $\overline{DE} \times \overline{DF} = \overline{DG} \times \overline{FE}$이므로
$4 \times 3 = \overline{DG} \times 5$
따라서 $\overline{DG} = \dfrac{12}{5}$ cm

13 △ABC와 △EBD에서
$\overline{BC} : \overline{BD} = 16 : 8 = 2 : 1$,
$\overline{AB} : \overline{BE} = 12 : 6 = 2 : 1$,
∠B는 공통
이므로 △ABC∽△EBD (SAS 닮음) ··· **1단계**
$\overline{AC} : \overline{ED} = x : 10 = 2 : 1$ ··· **2단계**
따라서 $x = 20$ ··· **3단계**

채점 기준표

단계	채점 기준	비율
1단계	△ABC와 △EBD가 닮음임을 보인 경우	40 %
2단계	x의 값을 구하는 식을 세운 경우	40 %
3단계	x의 값을 구한 경우	20 %

14

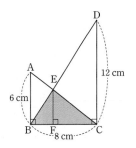

△ABE와 △CDE에서

$\overline{AB} /\!/ \overline{DC}$이므로 ∠BAE=∠DCE (엇각),

∠AEB=∠CED (맞꼭지각)

이므로 △ABE∽△CDE (AA 닮음)

즉, $\overline{AB}:\overline{CD}=\overline{BE}:\overline{DE}=6:12=1:2$

이므로 $\overline{BD}:\overline{BE}=3:1$ ··· [1단계]

점 E에서 $\overline{BC}$에 내린 수선의 발을 F라 하면

△BCD∽△BFE이므로

$\overline{DC}:\overline{EF}=\overline{BD}:\overline{BE}=3:1$

$12:\overline{EF}=3:1$, $3\overline{EF}=12$

$\overline{EF}=4\ cm$ ··· [2단계]

따라서

$\triangle EBC=\dfrac{1}{2}\times 8\times 4=16\ (cm^2)$ ··· [3단계]

채점 기준표

단계	채점 기준	비율
1단계	$\overline{BD}:\overline{BE}$를 구한 경우	40 %
2단계	$\overline{EF}$의 길이를 구한 경우	40 %
3단계	△EBC의 넓이를 구한 경우	20 %

15

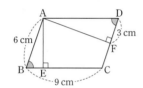

△ABE와 △ADF에서

∠AEB=∠AFD=90°,

∠B=∠D (평행사변형의 대각)

이므로 △ABE∽△ADF (AA 닮음) ··· [1단계]

$\overline{BE}=x\ cm$라 하면

$\overline{AB}:\overline{AD}=\overline{BE}:\overline{DF}$에서

$6:9=x:3$, $9x=18$, $x=2$ ··· [2단계]

따라서

$\overline{EC}=\overline{BC}-\overline{BE}=9-2=7\ (cm)$ ··· [3단계]

채점 기준표

단계	채점 기준	비율
1단계	△ABE와 △ADF가 닮음임을 보인 경우	40 %
2단계	$\overline{BE}$의 길이를 구한 경우	40 %
3단계	$\overline{EC}$의 길이를 구한 경우	20 %

16

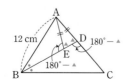

△AED가 이등변삼각형이므로

∠AED=∠ADE

△ABE와 △CBD에서

∠AEB=180°−∠AED

=180°−∠ADE

=∠CDB ······ ㉠

∠ABE=∠CBD ······ ㉡

㉠, ㉡에서

△ABE∽△CBD (AA 닮음) ··· [1단계]

이때 $\overline{AD}=\overline{AE}$, $\overline{AD}:\overline{DC}=3:5$이므로

$\overline{AE}:\overline{CD}=3:5$

$\overline{BA}:\overline{BC}=\overline{AE}:\overline{CD}=3:5$에서 ··· [2단계]

$12:\overline{BC}=3:5$

따라서 $\overline{BC}=20\ cm$ ··· [3단계]

채점 기준표

단계	채점 기준	비율
1단계	△ABE와 △CBD가 닮음임을 보인 경우	40 %
2단계	닮음비를 구한 경우	40 %
3단계	$\overline{BC}$의 길이를 구한 경우	20 %

실전 모의고사 1회

본문 92~95쪽

01 ②	**2** ②	**3** ③	**4** ⑤	**5** ④
06 ③	**7** ④	**8** ②	**9** ⑤	**10** ③
11 ②	**12** ④	**13** ②	**14** ⑤	**15** ②
16 ⑤	**17** ④	**18** ④	**19** ③	**20** ③
21 29°	**22** 40°	**23** 15 cm²	**24** 풀이 참조	
25 4 cm				

01 $\angle ACB=\dfrac{1}{2}\times(180°-74°)=53°$,

$\angle ECD=\dfrac{1}{2}\times(180°-28°)=76°$

이므로

$\angle ACE=180°-53°-76°=51°$

02 이등변삼각형의 꼭지각의 이등분선은 밑변을 수직이등

분하므로 ∠ADC=90°

∠AEC=90°+32°=122°

△ABE와 △ACE에서

$\overline{AB}=\overline{AC}$,

∠BAE=∠CAE,

$\overline{AE}$는 공통

이므로 $\triangle ABE \equiv \triangle ACE$ (SAS 합동)이다.

따라서 $\angle AEB = \angle AEC = 122°$

03 $\angle ABC = \angle ACD - \angle A = 2\angle A - \angle A = \angle A$

이므로 $\triangle ABC$는 $\overline{AC} = \overline{BC}$인 이등변삼각형이다.

$\triangle ABC$의 둘레의 길이가 20 cm이므로

$\overline{AC} = \dfrac{1}{2} \times (20 - 8) = 6$ (cm)

04 $\angle ADE = \angle BDE = 90°$이므로

$\angle A = 90° - 46° = 44°$

$\triangle ABC$는 $\overline{AB} = \overline{AC}$인 이등변삼각형이므로

$\angle ABC = \dfrac{1}{2} \times (180° - 44°) = 68°$

$\angle ABE = \angle A = 44°$이므로

$\angle EBC = \angle ABC - \angle ABE$

$\qquad = 68° - 44° = 24°$

05 $\triangle ABC$에서 $\overline{AB}$와 $\overline{AC}$의 수직이등분선의 교점을 O라 하고, 점 O에서 $\overline{BC}$에 내린 수선의 발을 D라 하자.

점 O는 $\overline{AB}$, $\overline{AC}$의 수직이등분선 위의 점이므로

$\overline{OA} = \overline{OB}$, $\overline{OA} = \overline{OC}$이다.

즉, $\overline{OA} = \overline{OB} = \boxed{\overline{OC}}$이다.

$\triangle OBD$와 $\triangle OCD$에서

$\angle ODB = \angle ODC = \boxed{90°}$,

$\overline{OB} = \boxed{\overline{OC}}$,

$\boxed{\overline{OD}}$는 공통

이므로 $\triangle OBD \equiv \triangle OCD(\boxed{RHS}$ 합동)이다.

따라서 $\overline{BD} = \boxed{\overline{CD}}$이므로 점 D는 변 BC의 중점이고, $\overline{OD}$는 변 BC의 수직이등분선이다.

그러므로 $\triangle ABC$의 세 변의 수직이등분선은 한 점 O에서 만난다.

06 삼각형의 세 내각의 크기의 합은 $180°$이므로

$\angle A + \angle C = 180° - \angle B = 100°$

$\triangle BCE$에서 $\angle x = \dfrac{1}{2} \angle C + 80°$

$\triangle ABD$에서 $\angle y = \dfrac{1}{2} \angle A + 80°$

따라서

$\angle x + \angle y = \dfrac{\angle A + \angle C}{2} + 160° = 210°$

07

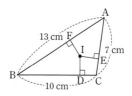

그림과 같이 내심 I에서 $\overline{AC}$, $\overline{AB}$에 내린 수선의 발을 각각 E, F라 하자.

삼각형의 각 꼭짓점에서 내접원과의 두 접점까지의 거리는 같으므로 $\overline{BD} = x$ cm라 하면

$\overline{BF} = x$ cm,

$\overline{AE} = \overline{AF} = (13 - x)$ cm,

$\overline{DC} = \overline{EC} = 7 - (13 - x) = (x - 6)$ cm

$\overline{BC} = \overline{BD} + \overline{DC}$이므로

$10 = x + (x - 6)$, $2x = 16$, $x = 8$

따라서 $\overline{BD} = 8$ cm

08 외접원의 반지름의 길이가 5 cm이고, 직각삼각형의 외심은 빗변의 중점이므로 직각삼각형의 빗변의 길이는 10 cm이다.

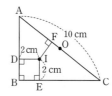

따라서 위의 그림과 같이 나타낼 수 있고 □BEID는 한 변의 길이가 2 cm인 정사각형이다.

이때

($\triangle ABC$의 둘레의 길이)

$= \overline{AD} + \overline{DB} + \overline{BE} + \overline{EC} + \overline{CA}$

$= \overline{AD} + 2 + 2 + \overline{EC} + 10$

$= \overline{AC} + 14 = 24$ (cm)

이므로

($\triangle ABC$의 넓이)

$= \dfrac{1}{2} \times$ (내접원의 반지름의 길이)

$\qquad \times (\triangle ABC$의 둘레의 길이)

$= \dfrac{1}{2} \times 2 \times 24 = 24$ (cm²)

09 평행사변형의 두 쌍의 대변의 길이는 각각 같으므로

$2x + 3 = 3x - 1$에서 $x = 4$

$5y - 2 = 3y + 4$에서 $y = 3$

따라서 $x + y = 7$

10 $\triangle ABC$는 $\overline{AB} = \overline{BC}$인 이등변삼각형이므로

$\angle A = \angle C$

$\overline{BC} /\!/ \overline{ED}$이므로 $\angle ADE = \angle C = \angle A$

따라서 $\triangle AED$는 $\overline{AE} = \overline{ED}$인 이등변삼각형이므로

$\overline{BE} + \overline{ED} = \overline{BE} + \overline{EA} = \overline{BA} = 12$ cm

평행사변형의 두 쌍의 대변의 길이는 각각 같으므로

(□BFDE의 둘레의 길이) $= 2(\overline{BE} + \overline{ED})$
$= 2 \times 12 = 24$ (cm)

11 평행사변형의 두 쌍의 대변의 길이는 각각 같으므로

$\overline{DC} = \overline{AB} = 7$ cm, $\overline{AD} = \overline{BC} = 9$ cm

$\overline{AD} /\!/ \overline{BC}$이므로

$\angle DEC = \angle BCE = \angle DCE$

즉, $\triangle CDE$는 $\overline{DE} = \overline{DC} = 7$ cm인 이등변삼각형이다.

따라서 $\overline{AE} = \overline{AD} - \overline{ED} = 9 - 7 = 2$ (cm)

12 □ABCD는 정사각형이고, $\triangle EBC$는 정삼각형이므로

$\overline{AB} = \overline{BC} = \overline{BE}$

$\triangle ABE$는 $\angle BAE = \angle BEA$인 이등변삼각형이므로

$\angle ABE = \angle ABC - \angle EBC = 30°$,

$\angle BEA = \dfrac{1}{2} \times (180° - 30°) = 75°$

같은 이유로 $\angle CED = 75°$

따라서

$\angle AED = 360° - 2 \times 75° - \angle BEC = 150°$

13 등변사다리꼴의 두 대각선의 길이는 서로 같으므로

$5 + x = 9$에서 $x = 4$

등변사다리꼴의 두 밑각의 크기는 서로 같으므로

$\angle y = \angle ABC = 180° - 140° = 40°$, 즉 $y = 40$

따라서 $y - x = 40 - 4 = 36$

14 ① 마름모의 한 내각의 크기가 $90°$이면 정사각형이다.

② $\overline{AO} = \overline{BO}$이면 $\triangle ABO$는 직각이등변삼각형이다.

즉, $\angle ABO = 45°$이고 $\overline{CO} = \overline{AO} = \overline{BO}$이므로

$\angle CBO = 45°$, $\angle ABC = 90°$이다.

③ ②와 같은 이유로 정사각형이 된다.

④ $\triangle ABC \equiv \triangle BAD$이면

$\angle ABC = \angle BAD = 90°$이므로 정사각형이다.

⑤ $\overline{AB} /\!/ \overline{CD}$이므로 정사각형이 아니어도

$\angle BAD + \angle CDA = 180°$는 성립한다.

15 $\overline{AD} /\!/ \overline{BE}$이므로

$\triangle AED = \triangle ACD = \dfrac{1}{2} \square ABCD$

$= \dfrac{1}{2} \times 18 = 9$ (cm²)

따라서

$\triangle AFD = \triangle AED - \triangle DFE$
$= 9 - 4 = 5$ (cm²)

16 두 마름모의 둘레의 길이의 비가 $12 : 16 = 3 : 4$이므로 닮음비가 $3 : 4$이다.

따라서 넓이의 비는 $3^2 : 4^2 = 9 : 16$이므로

$\square EFGH = 30 \times \dfrac{16}{9} = \dfrac{160}{3}$

17 두 구의 닮음비가 $8 : 3$이므로 부피의 비는

$8^3 : 3^3 = 512 : 27$

$\dfrac{512}{27} = 18.9\cdots$이므로 최대 만들 수 있는 쇠구슬의 개수는 18개이다.

18 $\triangle ABC$와 $\triangle BCD$에서

$\angle A = \angle DBC$, $\angle ACB = \angle D$

이므로 $\triangle ABC \backsim \triangle BCD$ (AA 닮음)

즉, $\overline{AB} : \overline{BC} = \overline{BC} : \overline{CD}$이므로

$4 : 6 = 6 : \overline{CD}$

따라서 $\overline{CD} = 9$ cm

19 $\triangle ABC$와 $\triangle EDA$에서

$\overline{AB} /\!/ \overline{DE}$이므로 $\angle BAC = \angle DEA$ (엇각)

$\overline{AD} /\!/ \overline{BC}$이므로 $\angle C = \angle EAD$ (엇각)

따라서 $\triangle ABC \backsim \triangle EDA$ (AA 닮음)이므로

$\overline{AB} : \overline{BC} : \overline{CA} = \overline{ED} : \overline{DA} : \overline{AE}$에서

$6 : 12 : (\overline{AE} + 5) = \overline{ED} : 8 : \overline{AE}$

$\overline{ED} = 4$ cm

$3 : (\overline{AE} + 5) = 2 : \overline{AE}$에서

$3\overline{AE} = 2\overline{AE} + 10$

$\overline{AE} = 10$ cm

따라서 $\triangle AED$의 둘레의 길이는

$4 + 8 + 10 = 22$ (cm)

20

그림의 $\triangle ABC$와 $\triangle EDC$에서 거울의 입사각과 반사각의 크기가 같으므로

$\angle ACB = \angle ECD$, $\angle B = \angle D = 90°$

따라서 $\triangle ABC \backsim \triangle EDC$ (AA 닮음)

$\overline{AB} : \overline{ED} = \overline{BC} : \overline{CD}$이므로

$1.5 : \overline{ED} = 1.8 : 8.4$

$\overline{ED} = 7$

따라서 건물의 높이는 7 m이다.

21 $\triangle MDB$와 $\triangle MEC$에서

$\angle BDM = \angle CEM = 90°,$

$\overline{BM} = \overline{CM},$

$\overline{MD} = \overline{ME}$

이므로 $\triangle MDB \equiv \triangle MEC$ (RHS 합동) ··· **1단계**

따라서 $\angle B = \angle C = \dfrac{1}{2} \times (180° - 58°) = 61°$이고

$\angle BMD = 90° - 61° = 29°$ ··· **2단계**

채점 기준표

단계	채점 기준	배점
1단계	$\triangle MDB \equiv \triangle MEC$임을 보인 경우	3점
2단계	$\angle BMD$의 크기를 구한 경우	2점

22

그림과 같이 $\overline{OB}$를 그으면

$\angle OBA = \angle OAB = 15°$이고

$\angle OBC = \angle OCB = 35°$이므로

$\angle B = \angle OBA + \angle OBC = 50°,$

$\angle AOC = 2\angle B = 100°$ ··· **1단계**

따라서 $\angle ACO = \dfrac{1}{2} \times (180° - 100°) = 40°$ ··· **2단계**

채점 기준표

단계	채점 기준	배점
1단계	$\angle B$의 크기를 구한 경우	3점
2단계	$\angle ACO$의 크기를 구한 경우	2점

23

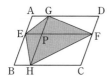

그림과 같이 $\overline{EF}$와 $\overline{GH}$의 교점을 P라 하자.

$\overline{AB} /\!/ \overline{GH}$, $\overline{AD} /\!/ \overline{EF}$이므로 평행사변형 ABCD는
$\overline{EF}$와 $\overline{GH}$에 의해 4개의 평행사변형으로 나뉜다.

··· **1단계**

평행사변형의 대각선은 평행사변형의 넓이를 이등분하
므로

$\square EHFG$

$= \triangle EPG + \triangle EPH + \triangle HPF + \triangle GPF$

$= \dfrac{1}{2}(\square AEPG + \square EBHP + \square PHCF + \square GPFD)$

$= \dfrac{1}{2}\square ABCD = \dfrac{1}{2} \times 30 = 15 \ (\text{cm}^2)$ ··· **2단계**

채점 기준표

단계	채점 기준	배점
1단계	네 개의 사각형이 모두 평행사변형임을 보인 경우	2점
2단계	$\square EHFG$의 넓이를 구한 경우	3점

24 $\angle BAC = \angle BCA$이므로 $\triangle ABC$는 $\overline{AB} = \overline{BC}$인 이
등변삼각형이다.

또 $\triangle ABD$는 $\overline{AB} = \overline{AD}$인 이등변삼각형이므로

$\angle ADB = \angle ABD = \angle CBD$

따라서 $\overline{AD} /\!/ \overline{BC}$이고 $\overline{AD} = \overline{BC}$이므로 $\square ABCD$는
한 쌍의 대변이 평행하고 길이가 같은 평행사변형이다.

··· **1단계**

또한 이웃한 두 변인 $\overline{AB}$, $\overline{AD}$의 길이가 같으므로

$\square ABCD$는 마름모이다. ··· **2단계**

채점 기준표

단계	채점 기준	배점
1단계	$\square ABCD$가 평행사변형임을 보인 경우	3점
2단계	$\square ABCD$가 마름모임을 보인 경우	2점

25 $\triangle AEB'$과 $\triangle DB'C$에서

$\angle A = \angle D = 90°,$

$\angle AEB' = 90° - \angle AB'E = \angle DB'C$

이므로 $\triangle AEB' \backsim \triangle DB'C$ (AA 닮음) ··· **1단계**

$\overline{B'E} = \overline{BE} = 5$ cm, $\overline{B'C} = \overline{BC} = \overline{AD} = 10$ cm이므로

닮음비는 1 : 2이다. ··· **2단계**

이때 $\overline{AB'} = x$ cm라 하면 $\overline{CD} = 2x$ cm,

$\overline{B'D} = (10 - x)$ cm이므로

$\overline{AE} = \dfrac{10 - x}{2}$ cm이다.

$\overline{CD} = \overline{AE} + \overline{EB}$이므로

$2x = 5 - \dfrac{x}{2} + 5$, $\dfrac{5}{2}x = 10$, $x = 4$

따라서 $\overline{AB'} = 4$ cm ··· **3단계**

채점 기준표

단계	채점 기준	배점
1단계	$\triangle AEB' \backsim \triangle DB'C$임을 보인 경우	2점
2단계	닮음비를 구한 경우	1점
3단계	$\overline{AB'}$의 길이를 구한 경우	2점

01 ②	**02** ①	**03** ①	**04** ③	**05** ④
06 ①	**07** ④	**08** ②	**09** ③	**10** ④
11 ③	**12** ⑤	**13** ③	**14** ②	**15** ③
16 ②	**17** ⑤	**18** ③	**19** ③	**20** ②
21 6 cm	**22** 60°	**23** 풀이 참조		
24 5.5 cm	**25** △DBA, △DAC			

01 $\overline{AB}=\overline{AC}=8$ cm이고 △ABC의 둘레의 길이가
27 cm이므로
$\overline{BC}=27-8-8=11$ (cm)
이등변삼각형의 꼭지각의 이등분선은 밑변을 수직이등
분하므로
$\overline{BD}=\dfrac{1}{2}\overline{BC}=\dfrac{1}{2}\times 11=5.5$ (cm)

02 △ABC에서
$\angle B+\angle C=180°-\angle A=116°$
△BDE와 △DCF는 각각 $\overline{DB}=\overline{DE}$, $\overline{DC}=\overline{DF}$인 이
등변삼각형이므로
$\angle B=\angle BED$, $\angle C=\angle CFD$이고
$\angle BDE=180°-2\angle B$, $\angle CDF=180°-2\angle C$
따라서
$\angle EDF=180°-\angle BDE-\angle CDF$
$\qquad=180°-(360°-2\angle B-2\angle C)$
$\qquad=2(\angle B+\angle C)-180°=52°$

03 △ABD와 △ACD에서
$\angle B=\angle C$,
$\overline{AD}$는 공통,
$\angle BAD=\angle CAD$이므로 $\angle ADB=\angle ADC$
이므로 △ABD≡△ACD (ASA 합동)

04 △ADB와 △BEC에서
$\angle D=\angle E=90°$,
$\overline{AB}=\overline{BC}$,
$\angle BAD=90°-\angle ABD=\angle CBE$ (②)
이므로 △ADB≡△BEC (RHA 합동)
따라서 $\overline{AD}=\overline{BE}$, $\overline{DB}=\overline{EC}$
① $\overline{DE}=\overline{DB}+\overline{BE}=\overline{AD}+\overline{CE}$
④ □ADEC$=\dfrac{1}{2}\times(\overline{AD}+\overline{CE})\times\overline{DE}=\dfrac{1}{2}\overline{DE}^2$
⑤ △ADB$=\dfrac{1}{2}\times\overline{AD}\times\overline{DB}$

$\qquad\qquad=\dfrac{1}{2}\times\overline{AD}\times\overline{CE}$

05 삼각형의 외심 O는 세 변의 수직이등분선의 교점이므
로 두 점 D, F는 각각 $\overline{AB}$, $\overline{AC}$의 중점이다.
즉, $\overline{AB}=2\overline{BD}=12$ cm,
$\overline{AC}=2\overline{CF}=14$ cm
따라서 $\overline{BC}=40-12-14=14$ (cm)

06 직각삼각형의 외심은 빗변의 중점이므로 $\overline{AB}$는
△ABC의 외접원의 지름이다.
따라서 외접원의 둘레의 길이는 12π cm이다.

07 점 I는 △ABC의 내심이므로
$\angle IBC=\angle ABI=38°$
점 I′은 △IBC의 내심이므로
$\angle I'BC=\dfrac{1}{2}\angle IBC=19°$

08 △ABC의 내접원의 반지름의 길이를 r cm라 하면
(△ABC의 넓이)$=\dfrac{1}{2}\times 5\times 12=30$ (cm²)

$\qquad\qquad=\dfrac{1}{2}(5+12+13)r=15r$

이므로 $r=2$
따라서 $\overline{ID}=\overline{DB}=2$ cm이므로
□IDBC$=\dfrac{1}{2}(2+12)\times 2=14$ (cm²)

09 $\angle BAD=180°-\angle B=180°-116°=64°$이므로
$\angle DAE=\dfrac{1}{2}\angle BAD=32°$
이때 $\angle ADE=90°-\angle DAE=58°$이고
$\angle ADC=\angle B=116°$이므로
$\angle CDE=\angle ADC-\angle ADE=58°$

10 $\overline{AB}=\overline{DC}$, $\overline{AD}=\overline{BC}$인 □ABCD에서 대각선 AC를
그으면 △ABC와 △CDA에서
$\overline{AB}=\boxed{\overline{CD}}$, $\overline{BC}=\overline{DA}$, $\boxed{\overline{AC}}$는 공통
이므로 △ABC≡△CDA ($\boxed{SSS}$ 합동)이다.
따라서 $\angle BAC=\angle DCA$, $\angle BCA=\boxed{\angle DAC}$이고
$\overline{AB}/\!/\overline{DC}$, $\overline{AD}/\!/\boxed{\overline{BC}}$이므로 □ABCD는 평행사변
형이다.
따라서 두 쌍의 대변의 길이가 각각 같은 사각형은 평
행사변형이다.

11 평행사변형의 두 대각선으로 나뉜 4개의 삼각형의 넓이는 모두 같으므로

$\triangle BCD = 2\triangle OAB = 2 \times 4 = 8 \ (cm^2)$

12
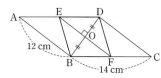

그림과 같이 $\overline{BD}$와 $\overline{EF}$의 교점을 O라 하면

$\triangle ODE$와 $\triangle OBF$에서

$\angle DOE = \angle BOF$,

$\overline{DO} = \overline{BO}$,

$\angle EDO = \angle FBO$ (엇각)

이므로 $\triangle ODE \equiv \triangle OBF$ (ASA 합동)

즉, $\overline{DE} = \overline{BF}$

$\square CDEF$는 두 쌍의 대변이 평행하므로 평행사변형이고 $\overline{DE} = \overline{CF}$가 되어 $\overline{BF} = \overline{CF} = 7 \ cm$

$\square BFDE$는 $\overline{DE} = \overline{BF}$이고 $\overline{DE} /\!/ \overline{BF}$이므로 평행사변형이고 두 대각선이 서로 직교하므로 마름모이다.

따라서

($\square BFDE$의 둘레의 길이)$= 4\overline{BF} = 4 \times 7 = 28 \ (cm)$

13 $\overline{AD} = x \ cm$라 하면 $\square ABCD$는 등변사다리꼴이므로

$\overline{BE} = \dfrac{\overline{BC} - \overline{AD}}{2} = 7 - \dfrac{x}{2} \ (cm)$

$\overline{AE} = h \ cm$라 하면

$\triangle ABE = \dfrac{1}{2} h \left(7 - \dfrac{x}{2}\right)$,

$\square ABCD = \dfrac{1}{2}(x+14)h$

이때 $\triangle ABE : \square ABCD = 1 : 5$이므로

$1 : 5 = \left(7 - \dfrac{x}{2}\right) : (x+14)$

$x + 14 = 35 - \dfrac{5x}{2}$

$\dfrac{7x}{2} = 21, \ x = 6$

따라서 $\overline{AD} = 6 \ cm$

14

그림과 같이 등변사다리꼴의 두 대각선이 서로 직교하지만 직사각형이 아닌 경우가 있다.

15 $\overline{EF} : \overline{FC} = 2 : 1$이므로

$\triangle DEF = 2\triangle DFC = 8 \ cm^2$

$\overline{AE} /\!/ \overline{DB}$이므로 $\triangle ABD = \triangle EBD$

따라서

$\square ABFD = \triangle ABD + \triangle DBF$

$= \triangle EBD + \triangle DBF$

$= \triangle DEF = 8 \ cm^2$

16 반지름의 길이의 비가 $1 : 2 : 3$이므로 세 원의 넓이의 비는 $1^2 : 2^2 : 3^2 = 1 : 4 : 9$

따라서 $A : B : C = 1 : (4-1) : (9-4) = 1 : 3 : 5$

이므로 C부분의 넓이는 A부분의 넓이의 5배이다.

17 ① $\dfrac{\overline{AB}}{\overline{DE}} = \dfrac{\overline{BC}}{\overline{EF}} = \dfrac{\overline{CA}}{\overline{FD}}$이면 SSS 닮음이다.

②, ③인 경우 AA 닮음이다.

④인 경우 SAS 닮음이다.

⑤는 두 쌍의 대응변의 길이의 비는 같지만 그 끼인각의 크기가 같은지 아닌지 알 수 없으므로 닮은 도형인지 알 수 없다.

18 $\overline{AC} = \overline{AE} + \overline{EC} = \overline{A'E} + \overline{EC} = 15 \ cm$이고

$\triangle ABC$는 정삼각형이므로

$\overline{BA'} = \overline{BC} - \overline{A'C} = 15 - 5 = 10 \ (cm)$

$\triangle CEA'$과 $\triangle BA'D$에서

$\angle C = \angle B = 60°$,

$\angle CA'E = 180° - \angle EA'D - \angle BA'D$

$= 180° - \angle B - \angle BA'D = \angle BDA'$

이므로 $\triangle CEA' \backsim \triangle BA'D$ (AA 닮음)

즉, $\overline{CA'} : \overline{BD} = \overline{CE} : \overline{BA'}$이므로

$5 : \overline{BD} = 8 : 10$

따라서 $\overline{BD} = \dfrac{25}{4} \ cm$

19 $\triangle ABD$와 $\triangle ACE$에서

$\angle A$는 공통,

$\angle ADB = \angle AEC = 90°$

이므로 $\triangle ABD \backsim \triangle ACE$ (AA 닮음)

즉, $\overline{AB} : \overline{AC} = \overline{AD} : \overline{AE}$이므로

$18 : 15 = 12 : \overline{AE}$에서

$\overline{AE} = 10 \ cm$

따라서 $\overline{BE} = \overline{AB} - \overline{AE} = 18 - 10 = 8 \ (cm)$

20 $\triangle ABC$와 $\triangle EBD$에서

$\angle ABC = \angle EBD$,

$\angle C = \angle D = 90°$
이므로 $\triangle ABC \circ \triangle EBD$ (AA 닮음)
즉, $\overline{AC} : \overline{ED} = \overline{BC} : \overline{BD}$이므로
$\overline{AC} : 3 = 12 : 4$
따라서 $\overline{AC} = 9\,m$

21

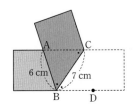

그림과 같이 점 D를 잡으면
$\angle ABC = \angle DBC$ (접은 각)
$\overline{AC} /\!/ \overline{BD}$이므로 $\angle DBC = \angle ACB$ (엇각)
따라서 $\angle ABC = \angle ACB$이고
$\triangle ABC$는 $\overline{AC} = \overline{AB}$인 이등변삼각형이므로 ••• 1단계
$\overline{AC} = 6\,cm$이다. ••• 2단계

채점 기준표

단계	채점 기준	배점
1단계	$\triangle ABC$가 이등변삼각형임을 보인 경우	3점
2단계	$\overline{AC}$의 길이를 구한 경우	2점

22 점 O는 $\triangle ABC$의 외심이므로 $\triangle AOC$는 $\overline{AO} = \overline{CO}$
인 이등변삼각형이다.
$\triangle AOC$에서
$\angle AOC = 180° - 50° - 50° = 80°$ ••• 1단계
$\triangle ABC$에서 $\angle ABC = 90° - \angle A = 40°$
내심 I는 삼각형의 세 내각의 이등분선의 교점이므로
$\angle IBO = \dfrac{1}{2} \angle ABC = 20°$ ••• 2단계
따라서 $\angle BDO = \angle AOC - \angle IBO = 60°$ ••• 3단계

채점 기준표

단계	채점 기준	배점
1단계	$\angle AOC$의 크기를 구한 경우	2점
2단계	$\angle IBO$의 크기를 구한 경우	2점
3단계	$\angle BDO$의 크기를 구한 경우	1점

23 $\overline{AD} = \overline{BC}$이므로 $\overline{MD} = \overline{BN}$이고
$\overline{MD} /\!/ \overline{BN}$이므로 ••• 1단계
한 쌍의 대변의 길이가 같고 평행한
$\square BNDM$은 평행사변형이다. ••• 2단계

채점 기준표

단계	채점 기준	배점
1단계	평행사변형이 되는 조건을 찾은 경우	3점
2단계	평행사변형이 됨을 보인 경우	2점

24 $\triangle ABD$와 $\triangle CBA$에서
$\angle B$는 공통,
$\overline{AB} : \overline{CB} = 8 : 16 = 4 : 8 = \overline{BD} : \overline{BA}$
이므로 $\triangle ABD \circ \triangle CBA$ (SAS 닮음) ••• 1단계
즉, $\overline{AD} : \overline{AC} = 1 : 2$이므로
$\overline{AD} : 11 = 1 : 2$
따라서 $\overline{AD} = 5.5\,cm$ ••• 2단계

채점 기준표

단계	채점 기준	배점
1단계	$\triangle ABD \circ \triangle CBA$임을 보인 경우	3점
2단계	$\overline{AD}$의 길이를 구한 경우	2점

25 $\triangle ABC$와 $\triangle DBA$에서
$\angle B$는 공통,
$\angle BAC = \angle BDA = 90°$
이므로 $\triangle ABC \circ \triangle DBA$ (AA 닮음)이다. ••• 1단계
$\triangle ABC$와 $\triangle DAC$에서
$\angle C$는 공통,
$\angle BAC = \angle ADC = 90°$
이므로 $\triangle ABC \circ \triangle DAC$ (AA 닮음)이다. ••• 2단계
따라서 $\triangle ABC$와 닮음인 삼각형은 $\triangle DBA$와 $\triangle DAC$
이다.

채점 기준표

단계	채점 기준	배점
1단계	$\triangle ABC \circ \triangle DBA$임을 보인 경우	2.5점
2단계	$\triangle ABC \circ \triangle DAC$임을 보인 경우	2.5점

실전 모의고사 3회

본문 100~103쪽

01 ②	02 ③	03 ④	04 ③	05 ④
06 ①	07 ②	08 ②	09 ③	10 ②
11 ④	12 ②	13 ④	14 ④	15 ⑤
16 ④	17 ③	18 ②	19 ④	20 ②
21 27°	22 3 cm	23 90°	24 라지 사이즈 2판	
25 6 cm				

01 이등변삼각형의 꼭지각의 이등분선은 밑변을 수직이등분하므로 점 D는 $\overline{BC}$의 중점이다.

즉, $\overline{BC}=8$ cm이고 $\overline{AD}\perp\overline{BC}$

따라서

$\triangle ABC=\dfrac{1}{2}\times 8\times 7=28\ (\text{cm}^2)$

02 $\triangle CED$는 $\overline{DC}=\overline{DE}$인 이등변삼각형이므로

$\angle DCE=\angle E=78°$

$\overline{AD}/\!/\overline{BE}$이므로

$\angle ADC=\angle DCE=78°$

$\triangle ACD$는 $\overline{AC}=\overline{AD}$인 이등변삼각형이므로

$\angle DAC=180°-78°-78°=24°$

$\overline{AD}/\!/\overline{BE}$이므로

$\angle BCA=\angle DAC=24°$

따라서 $\triangle ABC$는 $\overline{AB}=\overline{AC}$인 이등변삼각형이므로

$\angle BAC=180°-24°-24°=132°$

03 ㄱ. 삼각형의 나머지 한 내각의 크기가 60°이므로 이등변삼각형이 아니다.

ㄴ. 두 변의 길이가 3으로 같으므로 이등변삼각형이다.

ㄷ. 두 내각의 크기가 40°로 같으므로 이등변삼각형이다.

ㄹ. 두 내각의 크기가 65°로 같으므로 이등변삼각형이다.

ㅁ. 나뉜 두 직각삼각형이 한 변을 공유하고 양 끝각의 크기가 같으므로 ASA 합동이다. 따라서 두 삼각형의 두 변의 길이가 같아지므로 이등변삼각형이다.

04

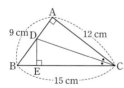

그림과 같이 점 D에서 $\overline{BC}$에 내린 수선의 발을 E라 하자.

$\triangle ADC$와 $\triangle EDC$에서

$\angle CAD=\angle CED=90°$,

$\overline{CD}$는 공통,

$\angle ACD=\angle ECD$

이므로 $\triangle ADC\equiv\triangle EDC$ (RHA 합동)이다.

즉, $\overline{AD}=\overline{ED}$

$(\triangle ABC$의 넓이$)=\dfrac{1}{2}\times 9\times 12=54\ (\text{cm}^2)$

이므로

$\dfrac{1}{2}\times\overline{AC}\times\overline{AD}+\dfrac{1}{2}\times\overline{BC}\times\overline{ED}$

$=6\overline{AD}+7.5\overline{ED}=13.5\overline{AD}=54$

따라서 $\overline{AD}=4$ cm

05 외심 O는 삼각형의 세 변의 수직이등분선의 교점이므로 점 D는 $\overline{AB}$의 중점이다.

따라서 $\overline{AB}=8$ cm이고 $\triangle AOB$의 둘레의 길이는 18 cm이므로 $\overline{OA}=\overline{OB}=5$ cm이다.

즉, 외접원의 반지름의 길이가 5 cm이므로 외접원의 넓이는 25π cm²이다.

06 직각삼각형의 외심은 빗변의 중점이므로 점 O는 $\triangle ABC$의 외심이다.

따라서 ② $\overline{OA}=\overline{OC}$이고

① $\angle A\neq 60°$이면 $\angle A\neq 2\angle B$이다.

③ $\angle BOC=2\angle BAC=2\angle A$이다.

④ $\triangle OBC$는 $\overline{OB}=\overline{OC}$인 이등변삼각형이므로 $\angle B=\angle OCB$이다.

⑤ 점 O가 $\triangle ABC$의 외심이므로 $\overline{AB}=(\triangle ABC$의 외접원의 지름)이다.

07

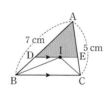

그림과 같이 $\overline{BI}$, $\overline{CI}$를 그으면 점 I는 내심이므로

$\angle DBI=\angle CBI$

$\overline{BC}/\!/\overline{DE}$이므로 $\angle DIB=\angle CBI$ (엇각)

따라서 $\angle DBI=\angle DIB$이므로 $\triangle DBI$는 $\overline{DB}=\overline{DI}$인 이등변삼각형이다.

같은 이유로 $\triangle EIC$도 $\overline{EI}=\overline{EC}$인 이등변삼각형이다.

따라서

$(\triangle ADE$의 둘레의 길이$)$

$=\overline{AD}+\overline{DI}+\overline{IE}+\overline{EA}$

$=\overline{AD}+\overline{DB}+\overline{EC}+\overline{EA}$

$=\overline{AB}+\overline{AC}=12$ cm

이므로

$(\triangle ADE$의 넓이$)$

$=\dfrac{1}{2}\times(\triangle ADE$의 내접원의 반지름의 길이$)$

$\times(\triangle ADE$의 둘레의 길이$)$

$=\dfrac{1}{2}\times 1\times 12=6\ (\text{cm}^2)$

08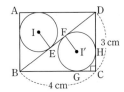

그림과 같이 내접원 I'과 $\overline{BC}$, $\overline{CD}$와의 접점을 각각 G, H라 하자.

삼각형의 각 꼭짓점에서 내접원과의 두 접점까지의 거리는 같으므로

$\overline{DF}=x$ cm라 하면 $\overline{DH}=x$ cm,

$\overline{CG}=\overline{HC}=(3-x)$ cm,

$\overline{BF}=\overline{BG}=4-(3-x)=(x+1)$ cm

$\overline{BD}=\overline{BF}+\overline{DF}$이므로

$5=(x+1)+x$, $-2x=-4$, $x=2$

따라서 $\overline{DF}=2$ cm

같은 방법으로 $\overline{BE}=2$ cm가 되어

$\overline{EF}=\overline{BD}-\overline{DF}-\overline{BE}=5-2-2=1\,(cm)$

09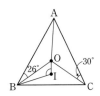

그림과 같이 $\overline{AO}$를 그으면 △ABO와 △AOC는 각각 $\overline{OA}=\overline{OB}$, $\overline{OA}=\overline{OC}$인 이등변삼각형이므로

$\angle OAB=\angle ABO=26°$, $\angle OAC=\angle ACO=30°$

$\angle A=\angle OAB+\angle OAC=26°+30°=56°$,

$\angle BOC=2\angle A=112°$

△BOC는 $\overline{OB}=\overline{OC}$인 이등변삼각형이므로

$\angle OBC=\dfrac{1}{2}\times(180°-112°)=34°$

점 I는 △OBC의 내심이므로

$\angle OBI=\dfrac{1}{2}\angle OBC=17°$, $\angle BOI=\dfrac{1}{2}\angle BOC=56°$

따라서 $\angle OIB=180°-56°-17°=107°$

10 ① 두 쌍의 대각의 크기가 각각 같으므로 평행사변형이다.

② 한 쌍의 대변이 평행하지만 그 대변이 아닌 다른 한 쌍의 대변의 길이가 같으므로 평행사변형이 아닌 등변사다리꼴이 될 수 있다.

③ 두 대각선이 서로 다른 것을 이등분하므로 평행사변형이다.

④ 두 쌍의 대변이 각각 평행하므로 평행사변형이다.

⑤ 두 쌍의 대변의 길이가 각각 같으므로 평행사변형이다.

11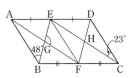

그림과 같이 $\overline{EF}$를 그으면 $\overline{AD}=\overline{BC}$이므로

$\overline{AE}=\overline{ED}=\overline{BF}=\overline{FC}$이다.

이때 □ABFE, □EFCD는 모두 한 쌍의 대변이 평행하고, 그 길이가 같으므로 평행사변형이다.

즉, $\overline{AB}\,/\!/\,\overline{EF}\,/\!/\,\overline{DC}$

따라서 $\angle FEG=\angle ABE=48°$,

$\angle FEC=\angle DCE=23°$

이므로 $\angle HEG=48°+23°=71°$

또 □AFCE는 $\overline{AE}=\overline{FC}$, $\overline{AE}\,/\!/\,\overline{FC}$이므로 평행사변형이다. 즉, $\overline{AF}\,/\!/\,\overline{EC}$이므로

$\angle EGF=180°-\angle AGE$

$=180°-\angle HEG=109°$

12 t초 후 $\overline{BP}=(16-3t)$ cm, $\overline{DQ}=5t$ cm

이므로 □PBQD가 평행사변형이 되는 시점은

$16-3t=5t$에서 $t=2$

즉, 2초 후이다.

이때 $\overline{BP}=\overline{DQ}=10$ cm이고

$\square PBQD=\dfrac{10}{16}\square ABCD$

$=\dfrac{10}{16}\times200=125\,(cm^2)$

13 $\angle ABD=\angle x$라 하면 △ABD는 $\overline{AB}=\overline{AD}$인 이등변삼각형이므로

$\angle ADB=\angle x$, $\angle BAD=180°-2\angle x$

□ABCD는 등변사다리꼴이므로

$\angle BAD=\angle ADC=\angle ADB+\angle BDC$

$180°-2\angle x=\angle x+78°$

$3\angle x=102°$, $\angle x=34°$

따라서 $\angle ABD=34°$

14 ④에서 $\overline{AC}=\overline{BD}$이므로 직사각형이고

△ABO≡△ADO이므로 $\overline{AB}=\overline{AD}$가 되어 마름모이다. 따라서 □ABCD는 직사각형이면서 마름모인 정사각형이 된다.

①, ②, ③은 마름모가 되는 조건이다.

⑤는 직사각형이 되는 조건이다.

15 $\overline{BO}:\overline{DO}=3:1$이고, △OBC$=24$ cm²이므로

$\triangle OCD=24\times\dfrac{1}{3}=8\,(cm^2)$

$\overline{AD}//\overline{BC}$이므로 $\triangle ABD=\triangle ACD$

따라서 $\triangle ABO=\triangle OCD=8\ cm^2$

16 두 직육면체의 닮음비는

$\overline{AB}:\overline{IJ}=4:6=2:3$

이므로 두 직육면체의 부피의 비는

$2^3:3^3=8:27$

이때 ((가)의 부피)$=2\times4\times3=24$이므로

((나)의 부피)$=24\times\dfrac{27}{8}=81$

17 $\triangle ABC$와 $\triangle DBA$에서

$\angle B$는 공통, $\angle C=\angle BAD$

이므로 $\triangle ABC\backsim\triangle DBA$ (AA 닮음)

즉, $\overline{CB}:\overline{AB}=\overline{AB}:\overline{BD}$이므로

$\overline{CB}:6=6:4$, $\overline{CB}=9\ cm$

따라서 $\overline{CD}=\overline{CB}-\overline{DB}=9-4=5\ (cm)$

18 직각삼각형의 외심은 빗변의 중점이므로 점 D는

$\triangle ABC$의 외심이다.

즉, $\overline{AD}=\overline{CD}=\overline{BD}=13\ cm$이고

$\overline{DE}=\overline{CD}-\overline{EC}=13-8=5\ (cm)$

$\triangle ABE$와 $\triangle CAE$에서

$\angle AEB=\angle CEA=90°$,

$\angle BAE=90°-\angle CAE=\angle ACE$

이므로 $\triangle ABE\backsim\triangle CAE$ (AA 닮음)

즉, $\overline{BE}:\overline{EA}=\overline{EA}:\overline{CE}$이므로

$18:\overline{EA}=\overline{EA}:8$, $\overline{EA}^2=144$

$\overline{EA}>0$이므로 $\overline{EA}=12\ cm$

따라서 $\triangle ADE=\dfrac{1}{2}\times5\times12=30\ (cm^2)$

19 $\triangle ACD$와 $\triangle AEM$에서

$\angle A$는 공통,

$\angle D=\angle AME=90°$

이므로 $\triangle ACD\backsim\triangle AEM$ (AA 닮음)

즉, $\overline{AC}:\overline{AE}=\overline{AD}:\overline{AM}$이므로

$10:\overline{AE}=8:5$

따라서 $\overline{AE}=\dfrac{25}{4}\ cm$

20

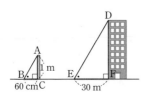

그림의 $\triangle ABC$와 $\triangle DEF$에서

$\angle B=\angle E$,

$\angle C=\angle F=90°$

이므로 $\triangle ABC\backsim\triangle DEF$ (AA 닮음)

따라서

$0.6:1=30:$(건물의 높이)이므로

(건물의 높이)$=\dfrac{30}{0.6}=50\ (m)$

21 내심 I는 삼각형의 세 내각의 이등분선의 교점이므로

$\angle EBC=\dfrac{1}{2}\angle ABC$ ··· **1단계**

$\angle ACD=\angle ABC+54°$이므로

$\angle ECD=\dfrac{1}{2}\angle ACD=\dfrac{1}{2}\angle ABC+27°$

따라서

$\angle BEC=\angle ECD-\angle EBC$

$=\dfrac{1}{2}\angle ABC+27°-\dfrac{1}{2}\angle ABC$

$=27°$ ··· **2단계**

채점 기준표

단계	채점 기준	배점
1단계	내심이 세 내각의 이등분선의 교점임을 이용한 경우	2점
2단계	$\angle BEC$의 크기를 구한 경우	3점

22 $\overline{AD}//\overline{BC}$이므로 $\angle CFD=\angle ADF$

이때 $\angle CFD=\angle CDF$이므로

$\triangle CDF$는 $\overline{CF}=\overline{CD}=5\ cm$인 이등변삼각형이다.

··· **1단계**

따라서

$\overline{BF}=\overline{BC}-\overline{CF}=\overline{AD}-\overline{CF}$

$=8-5=3\ (cm)$ ··· **2단계**

채점 기준표

단계	채점 기준	배점
1단계	$\triangle CDF$가 이등변삼각형임을 보인 경우	3점
2단계	$\overline{BF}$의 길이를 구한 경우	2점

23 $\angle ABD=\angle x$, $\angle BAE=\angle y$라 하면

$\angle ABC=\angle EAF=2\angle x$, $\angle AEF=\angle x+\angle y$

$\triangle ABE$와 $\triangle ADF$에서

$\overline{AB}=\overline{AD}$, $\overline{BE}=\overline{DF}$, $\angle ABE=\angle ADF$

이므로 $\triangle ABE\equiv\triangle ADF$ (SAS 합동)

즉, $\triangle AEF$는 $\overline{AE}=\overline{AF}$이므로 이등변삼각형이다.

··· **1단계**

따라서 $\angle AFE = \angle AEF = \angle x + \angle y$

$\triangle ABF$의 세 내각의 크기의 합은 $180°$이므로

$\angle ABF + \angle AFE + \angle EAF + \angle BAE$

$= \angle x + \angle x + \angle y + 2\angle x + \angle y$

$= 4\angle x + 2\angle y = 180°$

이고 $\angle BAF = \angle y + 2\angle x = 90°$임을 알 수 있다.

··· **2단계**

채점 기준표

단계	채점 기준	배점
1단계	$\triangle AEF$가 이등변삼각형임을 보인 경우	2점
2단계	$\angle BAF$의 크기를 구한 경우	3점

24 두 가지 피자의 닮음비가 $12 : 8 = 3 : 2$이므로 넓이의

비는 $3^2 : 2^2 = 9 : 4$이다. ··· **1단계**

두 피자의 가격의 비는 $3 : 2 = 6 : 4$인데 ··· **2단계**

넓이의 비는 $9 : 4$이므로 같은 넓이에 대해 라지 사이

즈의 피자가 스몰 사이즈의 피자보다 더 저렴하다.

따라서 60000원으로 최대한 많은 양의 피자를 사려면

라지 사이즈 피자를 2판 사야 한다. ··· **3단계**

채점 기준표

단계	채점 기준	배점
1단계	넓이의 비를 구한 경우	2점
2단계	가격의 비를 구한 경우	1점
3단계	사야 하는 피자의 방법을 구한 경우	2점

25 $\triangle ABC$와 $\triangle DEF$에서

$\angle BAC = \angle BAD + \angle CAF$

$= \angle BAD + \angle DBA = \angle EDF$

이고

$\angle ABC = \angle ABD + \angle DBC$

$= \angle BCE + \angle DBC = \angle DEF$

이므로 $\triangle ABC \circ\!\!\!\!\!\!\!\!\!\!\! \triangle DEF$ (AA 닮음)이다. ··· **1단계**

즉, $\overline{AB} : \overline{DE} = \overline{AC} : \overline{DF}$이므로

$9 : \overline{DE} = 6 : 4$

따라서 $\overline{DE} = 6$ cm ··· **2단계**

채점 기준표

단계	채점 기준	배점
1단계	$\triangle ABC \circ\!\!\!\!\!\!\!\!\!\!\! \triangle DEF$임을 보인 경우	3점
2단계	$\overline{DE}$의 길이를 구한 경우	2점

최종 마무리 50제

01 ④	**02** ③	**03** ①	**04** ①	**05** ⑤
06 ④	**07** ④	**08** ④	**09** ④	**10** ③
11 ②	**12** ③	**13** ③	**14** ②	
15 ②, ③	**16** ④	**17** ②	**18** ①	**19** ③
20 ③	**21** ⑤	**22** ③	**23** $45°$	**24** ③
25 ②	**26** ④	**27** ②	**28** ①	**29** ③
30 ②	**31** ③	**32** ③	**33** ④	**34** ②
35 ㄷ, ㅁ	**36** ⑤	**37** 40 cm^2	**38** ㄱ, ㄴ, ㄹ, ㅂ	
39 ④	**40** ⑤	**41** ①	**42** ②	**43** ⑤
44 ⑤	**45** ③	**46** ⑤	**47** ①	**48** ③
49 ②	**50** ⑤			

01 $\triangle ABC$는 $\overline{AB} = \overline{AC}$인 이등변삼각형이므로

$\angle B = \angle ACB = \dfrac{1}{2} \times (180° - 50°) = 65°$

따라서 $\angle ACD = 180° - 65° = 115°$

02 $\overline{AB} = \overline{AC}$인 이등변삼각형 ABC에서 $\angle A$의 이등분

선과 $\overline{BC}$와의 교점을 D라 하자.

$\triangle ABD$와 $\triangle ACD$에서

$\overline{AB} = \overline{AC}$, $\angle BAD = \boxed{\angle CAD}$, $\boxed{\overline{AD}}$는 공통

이므로 $\triangle ABD \equiv \triangle ACD$ ($\boxed{\text{SAS}}$ 합동)이다.

따라서 $\overline{BD} = \boxed{\overline{CD}}$이고 $\angle ADB = \angle ADC$이다.

$\angle ADB + \angle ADC = 180°$이므로

$\angle ADB = \angle ADC = \boxed{90°}$

따라서 $\overline{AD} \perp \overline{BC}$이다.

즉, 이등변삼각형의 꼭지각의 이등분선은 밑변을 수직

이등분한다.

03 $\angle A = \angle x$라 하면 $\triangle ACB$는 $\overline{AB} = \overline{BC}$인 이등변삼

각형이므로 $\angle BCA = \angle A = \angle x$, $\angle DBC = \angle 2x$

$\triangle BCD$는 $\overline{BC} = \overline{CD}$인 이등변삼각형이므로

$\angle CDB = \angle CBD = 2\angle x$,

$\angle BCD = 180° - 4\angle x$,

$\angle DCE = \angle A + \angle BDC = 3\angle x$이다.

$\triangle CED$는 $\overline{CD} = \overline{DE}$인 이등변삼각형이므로

$\angle DEC = \angle DCE = 3\angle x$, $\angle DEF = 105°$

$\triangle DCE$에서 $3\angle x + 105° = 180°$, $\angle x = 25°$

따라서 $\angle BCD = 180° - 4\angle x = 80°$

04 $\triangle ABC$는 $\overline{AB} = \overline{AC}$인 이등변삼각형이므로

$\angle$ACB$=\angle$ABC$=75°$, $\angle$A$=30°$
$\triangle$AEC는 $\overline{\text{AE}}=\overline{\text{CE}}$인 이등변삼각형이므로
$\angle$ACE$=\angle$A$=30°$이고
$\angle$DCB$=\angle$ACB$-\angle$ACE$=45°$
$\triangle$BCD는 $\overline{\text{BC}}=\overline{\text{BD}}$인 이등변삼각형이므로
$\angle$BCD$=\angle$BDC$=45°$이고 $\angle$DBC$=90°$
따라서 $\angle$ABD$=90°-75°=15°$

05 이등변삼각형의 꼭지각의 이등분선은 밑변을 수직이등
분하므로 $\overline{\text{BD}}=\overline{\text{DC}}$이고 $\angle$ADB$=90°$,
$\angle$DAB$=\angle$DBA$=45°$
따라서 $\triangle$ABD는 직각이등변삼각형이고
$\overline{\text{BD}}=\overline{\text{AD}}=4$ cm
따라서 $\overline{\text{BC}}=8$ cm

06 $\angle$B$=\angle$C이므로 $\triangle$ABC는 $\overline{\text{AB}}=\overline{\text{AC}}=12$ cm인
이등변삼각형이다.
$\triangle$ABC$=\triangle$ABD$+\triangle$ADC
$=\dfrac{1}{2}\times12\times(\overline{\text{DE}}+\overline{\text{DF}})=54$ (cm²)
이므로 $\overline{\text{DE}}+\overline{\text{DF}}=9$ cm

07 ② $\angle$CED$=\angle$AED$=\dfrac{1}{2}\times180°=90°$
③ $\overline{\text{AB}}=\overline{\text{AC}}=2\overline{\text{CE}}$
④ $\triangle$BCD가 이등변삼각형이 아니면
$\angle$B$\neq\angle$BDC이다.
⑤ $\triangle$ADC는 $\overline{\text{AD}}=\overline{\text{DC}}$인 이등변삼각형이므로
$\angle$A$=\angle$DCA이다.
따라서 $\angle$BDC$=2\angle$A이다.

08 두 직각삼각형이 RHA 합동이 되려면 빗변의 길이와
직각이 아닌 다른 한 각의 크기가 같아야 하므로
④ $\overline{\text{AB}}=\overline{\text{DE}}$, $\angle$A$=\angle$D일 때 성립한다.

09

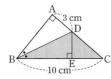

그림과 같이 점 D에서 $\overline{\text{BC}}$에 내린 수선의 발을 E라 하
면
$\triangle$ABD와 $\triangle$EBD에서
$\angle$A$=\angle$DEB$=90°$,
$\overline{\text{BD}}$는 공통,
$\angle$ABD$=\angle$EBD

이므로 $\triangle$ABD$\equiv\triangle$EBD (RHA 합동)
따라서 $\overline{\text{DE}}=\overline{\text{AD}}=3$ cm,
$\triangle$BCD$=\dfrac{1}{2}\times10\times3=15$ (cm²)

10 $\triangle$ADB와 $\triangle$BEC에서
$\angle$D$=\angle$E$=90°$,
$\overline{\text{AB}}=\overline{\text{BC}}$,
$\angle$BAD$=90°-\angle$ABD$=\angle$CBE
이므로 $\triangle$ADB$\equiv\triangle$BEC (RHA 합동)
즉, $\overline{\text{AD}}=\overline{\text{BE}}=5$ cm, $\overline{\text{DB}}=\overline{\text{CE}}=9$ cm
따라서
$\square$ADEC$=\dfrac{1}{2}(5+9)\times(5+9)=98$ (cm²)

11 $\triangle$BDE와 $\triangle$ADC에서
$\angle$BDE$=\angle$ADC$=90°$,
$\overline{\text{AC}}=\overline{\text{BE}}$,
$\overline{\text{CD}}=\overline{\text{DE}}$
이므로 $\triangle$BDE$\equiv\triangle$ADC (RHS 합동)
즉, $\overline{\text{BD}}=\overline{\text{AD}}=6$ cm,
$\overline{\text{AE}}=\overline{\text{AD}}-\overline{\text{DE}}=6-4=2$ (cm)
따라서 $\triangle$ABE$=\dfrac{1}{2}\times2\times6=6$ (cm²)

12

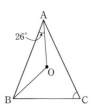

그림과 같이 $\overline{\text{BO}}$를 그으면 $\triangle$ABO는 $\overline{\text{AO}}=\overline{\text{BO}}$인 이
등변삼각형이므로
$\angle$OBA$=\angle$OAB$=26°$,
$\angle$AOB$=180°-26°-26°=128°$
따라서 $\angle$C$=\dfrac{1}{2}\angle$AOB$=64°$

13

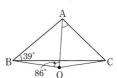

그림과 같이 $\overline{\text{CO}}$를 그으면 $\triangle$ABO는 $\overline{\text{AO}}=\overline{\text{BO}}$인 이
등변삼각형이므로
$\angle$OBA$=\dfrac{1}{2}\times(180°-86°)=47°$,
$\angle$OBC$=\angle$OBA$-\angle$ABC$=47°-39°=8°$

△BOC는 $\overline{BO}=\overline{CO}$인 이등변삼각형이므로

∠OCB=∠OBC=8°,

∠BOC=180°−8°−8°=164°,

∠AOC=∠BOC−∠AOB=164°−86°=78°

따라서 △AOC는 $\overline{AO}=\overline{CO}$인 이등변삼각형이므로

∠OAC=$\frac{1}{2}$×(180°−78°)=51°

14

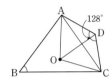

그림과 같이 $\overline{AO}$, $\overline{CO}$, $\overline{DO}$를 그으면 △AOD와

△DOC는 각각 $\overline{AO}=\overline{DO}$, $\overline{DO}=\overline{CO}$인 이등변삼각

형이므로

∠AOC=∠AOD+∠DOC

   =(180°−2∠ADO)+(180°−2∠ODC)

   =360°−2(∠ADO+∠ODC)=104°

따라서 ∠B=$\frac{1}{2}$∠AOC=52°

15 외심이 삼각형의 내부에 있는 것은 예각삼각형이므로
이에 해당하는 것은 정삼각형과 예각삼각형이다.

16 내심 I는 삼각형의 세 내각의 이등분선의 교점이므로

∠A+∠B+∠C=46°+2∠x+2∠y=180°

2(∠x+∠y)=134°

따라서 ∠x+∠y=67°

17 ∠AIB : ∠BIC : ∠CIA=7 : 5 : 6이므로

∠BIC=360°×$\frac{5}{18}$=100°

∠BIC=90°+$\frac{1}{2}$∠BAC=90°+∠IAB이므로

100°=90°+∠IAB

따라서 ∠IAB=10°

18

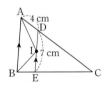

그림과 같이 $\overline{AI}$, $\overline{BI}$를 그으면 점 I는 내심이므로

∠DAI=∠BAI

$\overline{AB}/\!/\overline{DE}$이므로 ∠DIA=∠BAI (엇각)

따라서 ∠DAI=∠DIA이므로

△DAI는 $\overline{DA}=\overline{DI}$=4 cm인 이등변삼각형이다.

같은 이유로 △EIB도 $\overline{EI}=\overline{BE}$인 이등변삼각형이다.
따라서 $\overline{BE}=\overline{EI}=\overline{DE}-\overline{DI}$=7−4=3 (cm)

19

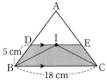

그림과 같이 $\overline{BI}$, $\overline{CI}$를 그으면 점 I는 내심이므로

∠DBI=∠CBI

$\overline{BC}/\!/\overline{DE}$이므로 ∠DIB=∠CBI (엇각)

따라서 ∠DBI=∠DIB이므로

△DBI는 $\overline{DB}=\overline{DI}$인 이등변삼각형이다.

같은 이유로 △EIC도 $\overline{EI}=\overline{EC}$인 이등변삼각형이다.

△ABC는 $\overline{AB}=\overline{AC}$인 이등변삼각형이므로

∠B=∠C

$\overline{BC}/\!/\overline{DE}$이므로

∠ADE=∠B=∠C=∠AED

즉, △ADE도 $\overline{AD}=\overline{AE}$인 이등변삼각형이므로

$\overline{CE}=\overline{BD}$=5 cm

따라서 $\overline{DE}=\overline{DI}+\overline{IE}=\overline{BD}+\overline{CE}$=10 cm이고

내접원의 반지름의 길이가 등변사다리꼴 BCED의 높

이가 되므로

□BCED=$\frac{1}{2}$×(10+18)×3=42 (cm²)

20

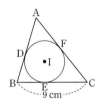

그림과 같이 내접원과 $\overline{BC}$, $\overline{AC}$와의 접점을 각각 E, F
라고 하자.

삼각형의 꼭짓점으로부터 내접원과의 두 접점까지의
거리는 같으므로

(△ABC의 둘레의 길이)

=$\overline{AD}+\overline{DB}+\overline{BC}+\overline{CF}+\overline{FA}$

=$\overline{AD}+\overline{BE}$+9+$\overline{EC}+\overline{AD}$

=2$\overline{AD}+\overline{BC}$+9=2$\overline{AD}$+18=28

따라서 $\overline{AD}$=5 cm

21 △ABC

=$\frac{1}{2}$×(△ABC의 내접원의 반지름의 길이)

   ×(△ABC의 둘레의 길이)

=42 cm²

이므로

$(\triangle ABC$의 둘레의 길이$)=42\times\dfrac{2}{3}=28\ (\text{cm})$

22

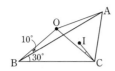

그림과 같이 $\overline{AO}$를 그으면 $\triangle OBC$는 $\overline{OB}=\overline{OC}$인 이등변삼각형이므로

$\angle OCB=\angle OBC=40^\circ$,

$\angle BOC=180^\circ-40^\circ-40^\circ=100^\circ$

$\triangle OBA$는 $\overline{OB}=\overline{OA}$인 이등변삼각형이므로

$\angle AOB=180^\circ-10^\circ-10^\circ=160^\circ$,

$\angle AOC=160^\circ-100^\circ=60^\circ$

$\triangle AOC$는 $\overline{OA}=\overline{OC}$인 이등변삼각형이므로

$\angle OCA=\dfrac{1}{2}\times(180^\circ-60^\circ)=60^\circ$,

$\angle ACB=60^\circ+40^\circ=100^\circ$

내심 I는 삼각형의 세 내각의 이등분선의 교점이므로

$\angle ICB=\dfrac{1}{2}\angle ACB=50^\circ$

따라서 $\angle OCI=\angle ICB-\angle OCB=10^\circ$

23 $\triangle ABC$에서 $\angle A+\angle B=90^\circ$

삼각형의 각 꼭짓점에서 내접원과의 두 접점까지의 거리는 각각 같으므로

$\triangle ADF$와 $\triangle BED$는 각각 $\overline{AD}=\overline{AF}$, $\overline{BD}=\overline{BE}$인 이등변삼각형이다.

따라서 $\angle BDE=\dfrac{180^\circ-\angle B}{2}$,

$\angle ADF=\dfrac{180^\circ-\angle A}{2}$

이므로

$\angle EDF=180^\circ-\dfrac{180^\circ-\angle B}{2}-\dfrac{180^\circ-\angle A}{2}$

$=\dfrac{\angle A+\angle B}{2}=45^\circ$

24 평행사변형의 대각선은 서로를 이등분하므로

$\overline{AO}=5\ \text{cm},\ \overline{DO}=3\ \text{cm}$

$\triangle AOD$의 둘레의 길이는 $15\ \text{cm}$이므로

$\overline{AD}=15-5-3=7\ (\text{cm})$

이때 평행사변형의 대변의 길이는 서로 같으므로

$\overline{BC}=7\ \text{cm}$

25

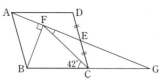

그림과 같이 $\overline{AE}$의 연장선과 $\overline{BC}$의 연장선의 교점을 G라 하면 $\overline{AD}\ /\!/\ \overline{BG}$이므로

$\triangle AED$와 $\triangle GEC$에서

$\angle ADE=\angle GCE$,

$\overline{DE}=\overline{CE}$,

$\angle AED=\angle GEC$

이므로 $\triangle AED\equiv\triangle GEC\ (\text{ASA 합동})$

즉, $\overline{CG}=\overline{AD}=\overline{BC}$이고

직각삼각형 BGF에서 점 C는 빗변의 중점이므로 외심이다.

따라서 $\triangle CGF$는 $\overline{CF}=\overline{CG}$인 이등변삼각형이므로

$\angle CFE=\dfrac{1}{2}\angle BCF=21^\circ$

26 평행사변형이 되려면 $\angle A+\angle B=180^\circ$이어야 하므로

$\angle A=180^\circ\times\dfrac{3}{5}=108^\circ$

대각의 크기가 같아야 하므로

$\angle C=\angle A=108^\circ$

27 ① $\triangle ABC\equiv\triangle CDA$이면 $\overline{AB}=\overline{CD}$, $\overline{BC}=\overline{DA}$이므로 두 쌍의 대변의 길이가 같아 평행사변형이다.

②
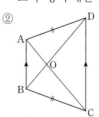

그림과 같이 $\square ABCD$가 $\overline{AB}\ /\!/\ \overline{DC}$인 등변사다리꼴인 경우 $\triangle AOD\equiv\triangle BOC$이지만 평행사변형이 되지 않을 수 있다.

③ $\overline{AC}=2\overline{AO}$, $\overline{BD}=2\overline{DO}$이면 대각선이 서로를 이등분하므로 평행사변형이다.

④ $\angle A=\angle C$, $\angle B=\angle D$이면 두 쌍의 대각의 크기가 각각 같으므로 평행사변형이다.

⑤ $\overline{AB}=\overline{CD}$, $\angle BAC=\angle DCA$이면 한 쌍의 대변이 평행하고, 그 길이가 서로 같으므로 평행사변형이다.

28 $\overline{AB}\ /\!/\ \overline{GH}$, $\overline{AD}\ /\!/\ \overline{EF}$이므로 $\overline{EF}$와 $\overline{GH}$로 나뉘어진 4개의 사각형도 모두 두 쌍의 대변이 평행한 평행사변형이다. 따라서

$x=12-7=5$, $y=10-4=6$, $z=180-130=50$
이므로 $z-xy=50-30=20$

29 $\triangle PDA+\triangle PBC=\frac{1}{2}\square ABCD=80\ cm^2$
이므로
$\triangle PDA=80-48=32\ (cm^2)$

30 $\triangle CDM$과 $\triangle BEM$에서
$\overline{DC}/\!/\overline{BE}$이므로 $\angle DCM=\angle EBM$이고
$\overline{CM}=\overline{BM}$, $\angle CMD=\angle BME$
이므로 $\triangle CDM\equiv\triangle BEM$ (ASA 합동)
즉, $\overline{DM}=\overline{EM}$이므로 $\triangle CME=\triangle CMD$
따라서
$\triangle CME=\triangle CMD=\frac{1}{2}\triangle BCD$
$=\frac{1}{4}\square ABCD=\frac{1}{4}\times 20=5\ (cm^2)$

31 $\triangle ABE$와 $\triangle ADF$에서
$\angle AEB=\angle AFD=90°$,
$\overline{AB}=\overline{AD}$,
$\angle B=\angle D$
이므로 $\triangle ABE\equiv\triangle ADF$ (RHA 합동)
즉, $\overline{AE}=\overline{AF}$
이때 $\angle BAD=180°-\angle B=112°$이고
$\angle DAF=\angle BAE=90°-68°=22°$이므로
$\angle EAF=112°-22°-22°=68°$
따라서 $\triangle AEF$는 $\overline{AE}=\overline{AF}$인 이등변삼각형이므로
$\angle AFE=\frac{1}{2}\times(180°-68°)=56°$

32 $\triangle AED$와 $\triangle CED$에서
$\overline{AD}=\overline{CD}$,
$\angle ADE=\angle CDE=45°$,
$\overline{DE}$는 공통
이므로 $\triangle AED\equiv\triangle CED$ (SAS 합동)
따라서
$\angle CED=\angle AED=\angle ABD+\angle BAE=73°$

33 $\square ACED$는 두 쌍의 대변이 평행한 평행사변형이므로
$\overline{DE}=\overline{AC}$이고, $\square ABCD$는 $\overline{AD}/\!/\overline{BC}$인 등변사다리꼴이므로 $\overline{AC}=\overline{DB}$이다.
따라서 $\triangle BED$는 $\overline{DB}=\overline{DE}$인 이등변삼각형이므로
$\angle DEB=\frac{1}{2}\times(180°-126°)=27°$

이때 평행사변형의 대각의 크기는 서로 같으므로
$\angle CAD=\angle DEB=27°$

34 ② 한 내각의 크기가 $90°$인 평행사변형은 직사각형이다.

35 ㄱ과 ㄴ은 마름모가 되는 조건이다.
ㄷ은 대각선의 길이가 서로 같으므로 직사각형이 되는 조건이다.
ㄹ은 직사각형이 아닌 경우가 있다.
ㅁ은 한 내각의 크기가 직각이 되므로 직사각형이 되는 조건이다.

36 $\overline{BE}:\overline{EC}=1:2$이므로 $\overline{BE}:\overline{BC}=1:3$
즉, $\triangle ABC=3\triangle ABE=12\ cm^2$
따라서 $\square ABCD=2\triangle ABC=24\ cm^2$

37 $\overline{AD}/\!/\overline{EC}$이므로 $\triangle ADE=\triangle ADC$
따라서
$\square ABDE=\triangle ABD+\triangle ADE$
$=\triangle ABD+\triangle ADC$
$=\triangle ABC$
$=\frac{1}{2}\times 10\times 8=40\ (cm^2)$

38 ㄷ. 원뿔은 밑면의 반지름과 높이의 비율이 달라질 수 있으므로 항상 닮은 도형은 아니다.
ㅁ. 마름모는 두 대각선의 길이의 비가 달라질 수 있으므로 항상 닮은 도형은 아니다.

39 $\square ABCD\backsim\square HEFG$이므로
$\overline{CD}:\overline{FG}=\overline{BC}:\overline{EF}$에서
$4:3=6:x$, $x=\frac{9}{2}$
이때 $\angle C$와 $\angle F$가 대응각이므로 $y=60$
따라서 $xy=\frac{9}{2}\times 60=270$

40 겉넓이의 비가 $4:9=2^2:3^2$이면
닮음비는 $2:3$이고 부피의 비는 $2^3:3^3=8:27$
즉, (A의 부피) : (B의 부피)$=8:27$이므로
$48:$ (B의 부피)$=8:27$
따라서 (B의 부피)$=\frac{27\times 48}{8}=162\ (cm^3)$

41 원뿔 모양의 그릇과 물이 담겨진 부분의 닮음비는
$5 : 2$이므로 부피의 비는 $5^3 : 2^3 = 125 : 8$
이때 물의 부피가 8π cm³이므로 원뿔 모양의 그릇의
부피는 125π cm³이다.
그릇 윗면의 원의 반지름의 길이를 r cm라 하면
(원뿔 모양의 그릇의 부피)
$= \dfrac{1}{3} \times \pi r^2 \times 15 = 5\pi r^2 = 125\pi$
$r^2 = 25$, $r = 5$
따라서 그릇 윗면의 원의 둘레의 길이는
$2\pi \times 5 = 10\pi$ (cm)

42 ① $\overline{AB} = 4$, $\overline{DE} = 6$이면
$\overline{AB} : \overline{DE} = \overline{AC} : \overline{DF} = 2 : 3$이고
$\angle A = \angle D = 60°$이므로
△ABC∽△DEF (SAS 닮음)이다.
② $\angle B = \angle E = 70°$이면
△ABC∽△DEF (AA 닮음)이다.
③ $\overline{BC} : \overline{EF} = 2 : 3$이면 두 쌍의 대응변의 길이의 비
는 같지만 그 끼인각의 크기가 같은지 알 수 없으므
로 닮음이 되는 조건이 아니다.
④ $\angle C = \angle F = 50°$이면
△ABC∽△DEF (AA 닮음)이다.
⑤ $\overline{BC} = 6$, $\overline{EF} = 9$이면 두 삼각형이 모두 정삼각형이
되므로 닮음이다.

43 △ABC와 △AED에서
$\angle A$는 공통,
$\overline{AB} : \overline{AE} = 6 : 3 = 8 : 4 = \overline{AC} : \overline{AD}$
이므로 △ABC∽△AED (SAS 닮음)
즉, $\overline{BC} : \overline{ED} = \overline{BC} : 6 = 2 : 1$이므로
$\overline{BC} = 12$ cm

44 △ABE와 △CFB에서
$\angle A = \angle C$,
$\angle ABE = \angle CFB$
이므로 △ABE∽△CFB (AA 닮음)
즉, $\overline{AE} : \overline{BC} = \overline{AB} : \overline{CF}$이므로
$\overline{AE} : 12 = 6 : 8$
따라서 $\overline{AE} = 9$ cm

45 △CDF와 △EDB에서
$\angle D$는 공통,
$\angle DCF = \angle DEB = 90°$

이므로 △CDF∽△EDB (AA 닮음)
즉, $\overline{DF} : \overline{BD} = \overline{CD} : \overline{ED}$이므로
$\overline{DF} : 14 = 6 : 12$
$\overline{DF} = 7$ cm
따라서 $\overline{EF} = 5$ cm

46 △ADC와 △BDA에서
$\angle ADC = \angle BDA = 90°$,
$\angle CAD = 90° - \angle BAD = \angle B$
이므로 △ADC∽△BDA (AA 닮음)
즉, $\overline{DC} : \overline{DA} = \overline{DA} : \overline{DB}$이므로
$4 : 6 = 6 : \overline{DB}$
$\overline{DB} = 9$ cm
따라서 $\overline{BC} = 13$ cm

47 △AEB′과 △CED에서
$\angle B′ = \angle D = 90°$,
$\overline{AB′} = \overline{AB} = \overline{CD}$,
$\angle B′AE = 90° - \angle AEB′$
$\qquad = 90° - \angle CED$ (맞꼭지각)
$\qquad = \angle DCE$
이므로 △AEB′≡△CED (ASA 합동)
따라서 △ACE는 $\overline{AE} = \overline{CE}$인 이등변삼각형이고 그
림과 같이 $\angle AEC$의 이등분선이 $\overline{AC}$와 만나는 점을
M이라 하면 $\overline{EM}$은 $\overline{AC}$를 수직이등분한다.

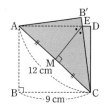

△CEM과 △CAB에서
$\angle CME = \angle B = 90°$,
$\angle ECM = \angle ACB$ (접은 각)
이므로 △CEM∽△CAB (AA 닮음)
즉, $\overline{CE} : \overline{CA} = \overline{CM} : \overline{CB}$이므로
$\overline{CE} : 12 = 6 : 9$
$\overline{CE} = 8$ cm
따라서
$\overline{B′E} = \overline{B′C} - \overline{CE} = \overline{BC} - \overline{CE}$
$\qquad = 9 - 8 = 1$ (cm)

48 축척이 $\frac{1}{20000}$ 이므로 실제 거리가 3 km인 두 지점의

지도 상에서의 거리는

$$\frac{3\,(\text{km})}{20000} = \frac{300000\,(\text{cm})}{20000} = 15\,(\text{cm})$$

49 (A5용지와 A9용지의 가로 길이의 비)=4 : 1,

(A5용지와 A9용지의 세로 길이의 비)=4 : 1

이므로 A5용지와 A9용지의 닮음비는 4 : 1

50

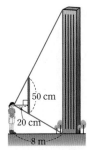

막대기와 건물이 서로 평행하므로 그림의 두 삼각형은

세 쌍의 대응각의 크기가 각각 같은 닮음인 삼각형이

다. 그러므로

0.2 : 8=0.5 : (건물의 높이)

따라서

$$(건물의 높이) = \frac{4}{0.2} = 20\,(\text{m})$$

인용 사진 출처

ⓒ **국립광주박물관** 수막새 본문 45쪽, 풀이 27쪽

뉴런

세상에 없던 새로운 공부법!
기본 개념과 내신을
완벽하게 잡아주는 맞춤형 학습!

꿈을 키우는 인강

이상미 선생님

최경일 선생님

김정민 선생님

이정우 선생님

정승익 선생님

김청해 선생님

박하얀 선생님

정병욱 선생님

장동준 선생님

정유빈 선생님

김도윤 선생님

최주연 선생님

김지원 선생님

레이나 선생님

시험 대비와 실력향상을 동시에! 교과서별 맞춤 강의

EBS중학프리미엄